高等院校观赏园艺方向"十一五"规划教材

花卉装饰与应用

郑诚乐　　金研铭　　主编

中国林业出版社

内容简介

本教材是根据观赏园艺及相关专业方向创新人才培养要求，从大学生认知角度构建内容体系，力求反映当前国内外有关花卉装饰与应用的新动态。全书分为 8 章，包括绪论，花卉种质资源与分类，花卉观赏特性与花文化，室内花卉装饰，庭园花卉装饰，插花艺术与时尚花艺，花卉组合盆栽、艺栽、瓶栽与盆景艺术应用，花卉装饰配套素材。每章有小结、思考题和推荐阅读书目。

本教材不仅适用于高等院校园艺、园林等专业学生，同时也可为其他专业学生开设公共选修课，以及广大园艺工作与爱好者学习和参考。

图书在版编目（CIP）数据

花卉装饰与应用/郑诚乐，金研铭主编. —北京：中国林业出版社，2010.8（2018.8 重印）
高等院校观赏园艺方向"十一五"规划教材
ISBN 978-7-5038-5892-5

Ⅰ. 花… Ⅱ. ①郑…②金… Ⅲ. ①花卉装饰－高等学校－教材 Ⅳ. ①S688.2

中国版本图书馆 CIP 数据核字（2010）第 156545 号

国家林业和草原局生态文明教材及林业高校教材建设项目

中国林业出版社·教材建设与出版管理中心

策划、责任编辑：康红梅
电话：83143551　　　　传真：83143516

出版发行　中国林业出版社（100009　北京市西城区德内大街刘海胡同 7 号）
　　　　　E-mail：jiaocaipublic@163.com　电话：(010)83143500
　　　　　网　址：http://lycb. forestry. gov. cn
经　　销　新华书店
印　　刷　中国农业出版社印刷厂
版　　次　2010 年 8 月第 1 版
印　　次　2018 年 8 月第 3 次印刷
开　　本　850mm×1168mm　1/16
印　　张　16.5　　彩插　8
字　　数　415 千字
定　　价　39.00 元

高等院校观赏园艺方向系列教材
编写指导委员会

《花卉装饰与应用》编写人员

主　编　郑诚乐

　　　　　金研铭

副主编　李房英

编　委（以姓氏拼音排序）

　　　　　高丽丽（华南农业大学）

　　　　　金研铭（吉林农业大学）

　　　　　李房英（福建农林大学）

　　　　　李永华（河南农业大学）

　　　　　林晓红（漳州城市职业学院）

　　　　　刘冬云（河北农业大学）

　　　　　沈　漫（北京农学院）

　　　　　王敏华（福建农林大学）

　　　　　郑诚乐（福建农林大学）

当今社会，人们对现代生活的质量要求赋予新的认识，特别是在城市中，高楼、汽车和家用电器的人均占有率已不再是衡量生活质量的唯一指标，而空气、水质和绿化环境的高质量更成为人们追求的目标。绿化美化已成为大环境建设中必不可少的一项内容，绿化除了有美化环境、休养生息的作用外，在大环境中更是作为良性生态环境的重要组成部分，起着改善生态、陶冶性情、提高人们生活质量的作用；而在小环境中，花卉装饰同样具有其他建筑装饰要素所不可替代的作用。人们沐浴在绿色之中，享受着植物给人们带来的温馨。随着时代的发展，花卉装饰应用几乎是与人类活动范围的逐步拓展、游乐设施的不断增设同步发展，或者说，凡有人们活动的环境及场所，大到生态农业园、广场，小至居室、几案，都有花卉装饰，且应用方式上也达到了多层次、全方位的空间装饰效果。

随着素质教育呼声的日益增强，对新时期大学生的教学内容也提出了新的要求，学生除完成本专业规定科目的学习外，还要让他们有更大的空间来选择自己感兴趣的课程，以培养宽口径、厚基础、强能力、高素质、具有创新精神和实践能力、能适应21世纪需要的人才。因此，开设"花卉装饰与应用"课程教学，顺应了时代对大学生素质培养的要求，也符合市场对园艺、园林专业人才的需求。

然而"花卉装饰与应用"尚无统编教材，也没有绿化装饰方面的系统资料可供借鉴，编者在长期教学实践和从事园林工程建设实践中，虽然深刻意识到该课程具有广阔的发展前景，但从该课程的性质来看，也十分清楚开设该课程有一定的难度。从传统开设的课程看，花卉作为绿化装饰主材被广泛应用于园林景观建设中，但多局限于都市庭园的应用，而忽视了其在日常生活、工作环境中的装饰应用，原来开设的相关课程，如"花卉学"、"园林树木学"等多注重栽培技术的科学性与系统性教育，部分课程如"插花艺术"、"盆景艺术"、"园林规划设计"等课程，专业性很强，而对大众喜闻乐见、实用性极强的花卉装饰应用的普及性教育缺乏系统教材，因此，编写出版一本融知识性、趣味性、实用性、普及性于一体的《花卉装饰与应用》教材，合理整合教材内容，优化教学体系，让新时代的大学生了解更多的花卉装饰方面知识，并广泛应用于现代生活中，为我们的学习、生活、工作创造出优美的环境显得十分必要。

本教材是根据观赏园艺及相关专业创新人才培养要求，从大学生认知角度构建内容体系，力求反映当前国内外有关花卉装饰应用的新动态。为了便于学生复习和巩固所学知识，每章结尾有小结、思考题和推荐阅读书目。全书分为8章，由郑诚乐、金研铭任主编，李房英任副主编，编写者具体分工如下：第1章绪论（郑诚乐）、第2章花卉种质资源与分类（郑诚乐、李永华）、第3章花卉观赏特点与花文化（郑诚乐）、第4章室内花卉装饰（金研铭）、第5章庭园花卉装饰（李房英）、第6章插花艺术与时尚花艺（6.1节~6.4节高丽丽、6.5节~6.8节沈漫）、第7章花卉组合盆栽、艺栽、瓶栽与盆景艺术应用（7.1节~7.2节王敏华、7.3节~7.4节刘冬云）、第8章花卉装饰配套素材（林晓红）。

全书由郑诚乐统稿。编写过程中福建农林大学陈青青、钟凤林老师协助书稿整理核对，刘小芝协助收集相关资料，部分同学帮助绘制插图，在此一并致谢。

限于编者水平，错误和不足之处恳请读者批评指正。

编　者
2010年4月

目 录

1

绪论

中国素有"世界园林之母"的美誉。由于我国地大物博,气候复杂多变,花卉植物资源丰富,尤其是经过勤劳、智慧的中华民族几千年来的引种、驯化,培育了许多花卉新品种,并与园林景观、庭园观赏、室内装饰相结合,具有了新的旺盛的生命力和极高的美学价值。当代世界,花卉饰物应用作为幸福、美好、友谊的象征相当盛行。用盆花和切花制作插花、花篮、花圈、花环、花束和串花造型等来美化室内及建筑庭园,可创造优美舒适的劳动、生活和休息环境;或应用花卉专为各种集会、展览场所、宾馆、舞台及居家环境进行美化布置,以突出主题,烘托或调和气氛。随着国际交往的增加,旅游事业的发展和人民生活水平的提高,花卉及花卉装饰将日益成为喜庆迎送、社交活动、生活起居及工作环境的必需品和组成部分。

1.1 花卉装饰应用及其特点

1.1.1 花卉装饰应用的基本概念

1.1.1.1 花卉的概念

花卉狭义的概念是指具有观赏价值的草本植物。但在实际应用中,人们赋予花卉更丰富的含义。广义的花卉,是指具有观赏价值的植物,包括草本、木本和藤本植物,还包括具有特定功能的草坪植物和地被植物。随着社会的发展,花卉在人类生活中的作用,早已突破最初的药用、食用、工业原料用等实用性,逐渐上升到以培育具有较高观赏价值为目的、专门用于观赏的装饰作用,由此花卉被赋予了更深层的含义,成为一种文化,与人类文明、社会进步同步发展。随着人类花卉审美活动的发展,花卉装饰应用范围的扩大与普及,花卉资源的开发、品种选育、栽培技术、应用水平等有了很大的提高,使花卉从栽培到应用逐渐形成具有很高经济价值的产业,以满足人们在社会生活中对花卉装饰应用不断增长的需要。

1.1.1.2 花卉装饰的概念

花卉装饰是指用盆花、切花、压花等制作成的各种装饰品,或将花卉经过合理的配置(植),布置成花坛、花境、花丛等,对室内外环境进行的美化和布置。花卉装饰的环境与对象既包括室内外公共环境的美化布置,也包括居家环境及人体服饰等。在各种公共场所如车站、广场、码头、展厅、宾馆、饭店等场所进行花卉装饰布置,可以烘托气氛、突出主题;室内居家环境花卉装饰,可消除疲劳、放松紧张情绪、清新环境、改善环境质量、增进身心健康等;社交、礼仪场合馈赠花卉装饰品可交流感情,表达友谊,有利于形成社交新风尚。花卉装饰的美是艺术的美,花卉的各种姿态,如茎枝千变万化的仙人掌类植物、雍容富贵的牡丹、典雅幽香的兰花以及采用人工造型的各种花卉都给人们带来美的享受和艺术遐想空间。这种装饰美是综合的、统一的美,表现出花卉本身与器皿、环境、季节及人工技巧的协调和统一。

不同场所所选装饰用的植物种类和摆设位置有所不同。如舞台或讲台前沿，宜以整齐常绿盆栽观叶植物为基调；庆典性集会可适当增加色彩鲜艳的盆花、花篮或插花；展览厅角隅及展台间隔处可用常绿中、大型盆栽树木点缀；公共会客室、餐厅、疗养或休养性机构的休息厅等处，可摆设多种色彩丰富的盆栽花草；窗台、茶几上可用插花或盆景作重点装饰；工作场所可用常绿观叶植物布置；住家可在窗台、阳台上或角隅处花架上放置中小型盆栽树木或盆花；宽大的窗格或博古式间隔架上，可陈设微型盆景、仙人掌类等。此外，把花卉人格化，用花的姿态、习性象征人的性格已成为一种文化现象，如芍药的祥和、荷花出淤泥而不染的性格等，这些都给人以丰富的联想，借花草来表达人的情和意。随着花卉装饰应用的兴起，花卉装饰艺术必将在提高人民生活品质和增加国民收入等方面发挥越来越大的作用。

1.1.1.3　花卉立体装饰的概念

花卉立体装饰是欧美、日本等国家非常流行的一种绿化形式，近年来随着城市建筑格局的变化，其他国家也常见应用。在我国，花卉立体装饰属园林绿化中新兴手法之一，不仅政府比较重视，家庭也对这种绿化形式情有独钟。花卉立体装饰通常是把花卉或观叶植物栽植于装饰性较强的盆器内，用精美的吊绳悬挂供观赏，或通过各种形式的容器及组合架，搭建大中型组合花槽，结合园林色彩美学及装饰绿化原理，将花卉种植其中，充分利用立体空间，一改城市钢筋混凝土的面目，增添许多自然韵味。人们在工作之余感到困倦时，可从各个角度仰视多态的花姿，欣赏花卉的立体美，饱赏自然情趣。

花卉立体装饰使花卉装饰功能由单纯的平面延伸到立体空间，即花卉装饰由二维扩大到二维形成的立面，是一种集园林、工程、环境艺术等学科为一体的绿化手法。花卉立体装饰的主要特点包括：

空间利用率高，应用范围广　在同等的地平面上，立体装饰比平面绿化的绿化量大，不仅充分强化了绿化效果，而且还能在平面绿化无法进行或难以达到满意效果的地方，如阳台、窗台、门庭、楼梯等处大显身手。

创造灵活性大　花卉立体装饰多以各种个性形式的载体构成基本骨架，然后配以各种花材完成特定的景观塑造，在追求个性造景的今天，备受园艺设计师的青睐。

成景快，符合城市发展需求　花卉立体装饰摆脱了土地的局限性，可移动，能快速组装成型，短时间内就能形成较好的景观效果。

塑造人性化的生活空间　花卉立体装饰能充分绿化、美化高大的建筑物或桥梁的立面，削弱建筑物给人们带来的压迫感和空间上的单调感。

维护便捷　大部分立体装饰产品都配有成套的滴灌系统，大大降低了日常维护强度，使得日常维护大大简化。

用于立体造型的花卉最好选择株型矮小、分枝多、枝叶茂密、花量较大、开花时间较长的种类。主要包括悬垂植物、直立式植物和攀缘植物。悬垂植物种类较多，通常在自然界呈匍匐状生长而无直立茎的植物大多可以作为悬垂盆栽，常见的种类有金鱼花、网纹草、绿串珠、吊兰、猪笼草、仙人指、吊竹梅、盾叶天竺葵、垂吊矮牵牛、龙翅海棠、豆瓣绿、匍匐鸭跖草、虎耳草、紫绒三七等，此类植物最适合配置在组合花塔、大型花钵、吊篮、花槽的边缘，能有效遮挡容器，充分展示植物材料的美化效果。直立式植物主要有万寿菊、皇帝菊、四季海棠、长寿花、新几内亚凤仙、矮牵牛、彩叶草、三色堇、孔雀草等，这类植物可以配置于花柱、大型花钵、花槽、吊篮、壁挂篮等，以形成栽植组合的中心主题和色彩焦点。攀缘植物通常向上生长，缠绕的类型可以沿支撑物生长缠绕或靠卷须攀附在支撑物上，有些能产生气生根的种类，在空气湿度比较大的条件下气生根可以固着在支撑物上，常见的种类有绿萝、喜林芋、球兰、白粉藤、合果芋、爬山虎、常春藤、炮仗花、珊瑚藤、龙吐珠、龟背竹等，这类植物常用于各式盆栽图腾柱，也可以根据植物特性和个人爱好选择各种支架进行引导栽培。

1.1.1.4　切花和压花

（1）切花

从广义上讲，栽培或野生观赏植物的花、叶、茎、果、芽，无论其色彩还是气味、姿容，凡是具有观赏价值的，都可被切取下来作为瓶插水养或用来制作花束、花篮、花环、壁花、胸饰、花圈等的装饰材料，统称其为切花。可作为切花栽培的花卉种类很多，在实际生产与应用中，通常按照其观赏部位分成三大类：

切花类　以观花为主，其特色是花色艳丽，花形妖娆，为切花的主要类别，如菊花、月季、唐菖蒲、香石竹、非洲菊、百合、小苍兰、鹤望兰、满天星等。

切叶类　以观叶为主，其特点是叶形独特美丽，如文竹、蕨类植物、天门冬、银边翠、苏铁、散尾葵等。

切果类　以观果为主，这类植物往往果实累累，且果色鲜艳或果形奇特，如五色椒、佛手、南天竹、枸骨、火棘、冬珊瑚、朱砂根等。

随着人们生活水平和审美要求的提高，鲜切花日益受到消费者的青睐，应用范围不断扩大，需求量不断增加。市场需求的不断增长，也给鲜切花生产企业带来较高的经济效益，使得全球鲜切花生产表现出强劲的发展态势和喜人的前景。

（2）压花

压花，也叫平面干燥花，源于英文的 pressed flower，是指利用物理和化学处理方法，将植物的花、叶、茎等材料经脱水、保色、压制和干燥等科学处理而成平面花材的过程。用于压花的植物材料叫压花花材。广义的压花花材包括植物的根、茎、叶、花、果、树皮等。但狭义的压花花材只指花卉植物的花、花瓣和叶片等。压花艺术是以压制好的花材作为创作的基本材料，依其形态、色彩和质感，经设计构思粘贴在各种衬物上制作成具有观赏性和实用性的植物制品的一门艺术。压花艺术将自然界的奇花异卉融入人们的生活空间，让人们能够更好地认识大自然，亲近大自然，使人们能在冬天见到春花，夏日看到冬草。压花艺术作为一种新兴的艺术，是植物科学和艺术相结合的产物，是内涵丰富的花卉艺术中的一个门类，具有更美的内涵，更强的生命力和表现力。

压花作品可大可小，小到书签之类的工艺品，大到宽 1.2m，长 2m 的大型压花画作。很多作品与日常生活密不可分，如压花贺卡、压花蜡烛、压花首饰、压花桌布、压花灯罩等。压花作品形式不拘，大小、构图不限，种类繁多，世界各地有很多风格和流派，如古典风格、田园风格、写意风格、浪漫风格、简约风格、中式风格等。

压花可以从不同的角度进行分类。依据艺术类型有艺术压花和工艺压花之分；依据构图形式，可分成写生压花、插花式压花、图案式压花、风景压花、人物及动物压花、中国画式压花、抽象压花和幻想压花等八大类型；按照应用情况来分，可分成压花画、压花卡片和压花用品3种类型。

1.1.1.5 插花及插花艺术

插花，是指将植物器官从母体上切离，经过巧妙构思，对花材进行剪裁、造型后合理配置组合在一起，插在盛水的容器或能保持水分的花泥中，使之成为一件有生命的具有视觉艺术形象的装饰品。插花艺术是一种立体的造型艺术，它是以有生命而又富于变化的鲜花作为素材，通过造型来表达作者美的意念，配置成一件精致美丽、富有诗情画意，并能再现大自然美与生活美的花卉艺术品。它能陶冶情操，使人赏心悦目，又能烘托和渲染环境气氛。插花具有制作与布置灵活、画面生动、装饰性强、意境深远等特点，既是室内优美的装饰品，又是馈赠、接待宾客等的高雅礼品。

插花艺术重色、重形、重质，更重神韵与生命。一件优秀的插花作品，应当具备"三美"，即造型美、色彩美和意境美。插花是一种艺术，艺术需要不断创造，才能推陈出新，给人以美的享受。

插花看似简单容易，然而要真正完成一件好的作品却并非易事。因为它既不是单纯的素材堆砌，也不是简单的造型，而是体现一种雅或趣，使人产生审美的快感，要以形传神，形神兼备，以情动人，融生活、知识、艺术为一体的一种艺术创作活动。插花是用心来创作花型，用花型来表达心态的一门造型艺术。

可用作插花花材的种类很多，色、香、姿、韵俱佳的切花、切叶、切枝和果实等，经适当剪裁和修整后，都可以用作插花花材。根据花材的形态与特点，通常将其分为线形花材、块状花材和散状花材。线形花材花姿或枝条直立、修长，如唐菖蒲、金鱼草、紫罗兰、棕榈叶、银柳、朱蕉等。块状花材单花或花序、叶片外形呈团块状，色彩鲜艳，如月季、香石竹、非洲菊、花叶芋、龟背竹等。散状花材花朵小而分散，如香豌豆、一枝黄花、勿忘我、天门冬等。这些花材经缜密构思和构图设计，可完成礼仪插花、艺术插花和趣味性插花等多种形式的插花作品。常见的插花形式有瓶插、盘插、花束、花篮、花圈、花环、桌饰、捧花和胸花等。

1.1.1.6 干花

干花是经过物理或化学处理，使之脱水、脱色、漂白、染色、保色和定形而制成的具有持久观赏性的植物制品。用于干花制作的花材除了花以外，还包括植物的根、茎、叶、果、种子等其他器官。干花饰品的造型雅致，既保持了鲜花自然美观的形态，又具有独特的造型、色彩和香味。干花有鲜花所不及的耐久性，也比人造花真实、自然。干花在西方国家十分流行，制作与经营干花已成为一门有历史渊源并且极富艺术性的独立行业。常用的干花饰品有花篮、花环、门饰、壁饰、花束、捧花、胸花、钟罩花、装饰盘、香花等。

1.1.1.7　人造花

人造花通常指用绸绢、皱纸、涤纶、塑料、水晶等制成的假花，也称仿真花。人造花顾名思义，就是以鲜花作为蓝本，用布、纱、丝绸、塑料等原料加以模仿。当前，仿真产品越做越好，几可乱真。人造花除了模仿各种鲜花外，还有仿真叶、仿真枝干、仿真野草、仿真树等类型。由于人造花花色艳丽，造型别致、端庄典雅，保存时间长久；成本价格远远低于鲜花，市场利润空间大；品种繁多，不会因为季节交替而发生缺货现象；对花粉过敏的爱花人士，可以放心大胆的享用，因此近几年随着国际室内装饰业的速度发展，人造花已呈现出广阔的市场前景。

人造花的出现与应用，满足了人们对花卉观赏时间的要求，使花卉作品的生命得以延长。除可长久保持外，还具有可塑性强的特点，给了花艺设计师更大的创作自由。弯、折、串、剪等多种花艺制作手法的共同使用，为栩栩如生的花艺作品的创作提供了广阔的舞台。

选择人造花美化居室，有如下优点：①可塑性强，绿色环保。人造花原料主要有塑料制品、丝绸制品、涤纶制品，也有用树脂黏土调配制成的材料，此外还用到金属棒、玻璃管、吹塑纸、纤维丝、装饰纸、彩带，这些材料均无污染或污染很小。材料的弹性大，可配合特殊高度、形状的模型，并且可保持常绿，突破真品的限制。②受环境影响小。目前公共场所、办公室大多采用空调，室内光线不充足，而人造花不受此影响，可长时期保持鲜艳。③维护简便。人造花的枝叶不发霉、不腐烂，不需浇水，不滋生蚊蝇，不需要人工培育，可省去浇水、修剪、病虫害防治等麻烦。④大多人造花的价格适度，运输便利、搬运轻松，运用灵活。在需变更设计时，重新组合搭配，可变化不同的气氛，适合大众家庭美化环境。

人造花可用来美化家居，也可在大型酒店、展览馆、超市、车站等公共场合摆设装饰，被誉为"永不凋谢的时尚之花"。盛产"胡姬"洋兰的新加坡，更别出心裁地把镀金工艺应用到兰花中去，创造出多种熠熠生辉的胸针、耳环、链坠等饰物，受到许多影视明星、歌星、球星的欢迎。日本新型手工仿真鲜花又叫面包花、磁土花、树脂花等，是近年风靡日韩、欧美及中国港台地区的一种特别逼真的手制产品。它完全不同于国内市场见到的仿真绢花、塑料花、塑胶花等产品，制作出来的仿真花卉、盆景、水果、蔬菜等工艺品，鲜活逼真、形态自然，新产品一上市，就让人难辨真假、无不称奇，其娇艳完美令国内目前的仿真花制品自愧不如。该产品保鲜期可达 3~5 年，故有"家中鲜花开不败，一年四季闻花香"的美称。这种仿真花于 20 世纪 90 年代末经台湾传入大陆后，因其色彩艳丽，造型丰富，具有半透明的特性，富有独特的艺术表现力和感染力，而成为仿真花卉中的一朵奇葩。如今，现代化城市中钢筋水泥构筑的高楼林立，人们享受自然的空间越来越狭小，人们心中倍感沉闷、压抑。在这喧闹繁琐的都市，人们开始寻求亲近自然的绿色装饰。而人造花的出现，无疑为人们建立了通向美好大自然的纽带。

1.1.1.8　组合花卉装饰

组合花卉装饰或称组合盆栽，是近年来国内外流行的一种盆花栽植形式，它主要是通过艺术配置的手法，将多种观赏植物同植在一个容器内。它比盆栽单一品种的植物更具观赏性，提升了植物的商品价值；与插花相比，它的生命力更强。近年来在欧美和日本等国相当风行，在荷兰花艺界还有"活的花艺、动的雕塑"之美誉。目前，组合盆栽在国外已达到消费鼎盛时期，而在我国还处于刚起步阶段。随着社会的发展，人民生活水平的提高，单一品种的盆栽花卉因为色彩单调，已经满足不了市场的需求，而组合盆栽因其色彩组合较为丰富，对消费者更有吸引力，有望成为花卉流行新时尚。

组合盆栽与插花艺术有异曲同工之妙。插花艺术是以切花花材为主要素材，将花插在容器里，通过剪和插的手法完成，其作品力求表现自然中花卉的自身之美。而组合盆栽将不同种类的植物经过艺术加工种植在同一容器内，作品表现自然中植物群体之美。如作品"芬芳叠翠岭南春"是采用南方常见的植物种类红花蕉、金边富贵竹，以及蝴蝶兰、报春花、绣球花、枯木等，以插花艺术的手法结合组合盆栽的特点而创作的杰作。

在设计理念和表现手法上，组合盆栽的类型从风格上可分为东方式、西方式和现代自由式；从造型结构上可分为对称的均衡与不对称的均衡。它们之间是相互交叉、渗透，融于一体的。一般来说东方式在构图上喜用不对称的均衡，选材讲究简练，造型注重线条自然流畅，讲究自然美和寓意美；而西方式在构图上喜用对称的均衡，选材讲究繁盛，造型丰满圆润，色彩鲜艳，讲究人工美和图案美；现代自由式则兼容了东西方的特点，形式与选材不拘一格，造型较自由随意，讲究个性的表现。

组合盆栽可在室内外设置长期或临时的花钵。花钵的形状根据设置的场地和环境而定，形状多样。花钵多为木质，或白色玻璃缸，有的木质花钵内装金属槽以防渗水，节日的广场、宾馆、饭店和家庭中均可见到。这种花钵便于移动，可以分散，也可组合，容积较花盆大，装的基质多，便于花卉根系生长。一钵之内可栽几种花卉，观赏价值更高。栽植前要进行设计，考虑陈设的地点和周围环境，突出主题，然后选择花卉生态习性相似、花色和谐、管理措施相同的花卉，合理种植在一起。要高低错落，可以栽成中央高四周低的形状，也可栽成阶梯式。这些花卉的组合应更富于情趣，形成一幅美丽的自然图画。

每一花钵内花卉的品种不要过多，要确立 1~2 个主色调花卉，配以相协调的其他花草，以避免品种过多产生的杂乱拥挤感。

花钵的造型应简单大方，色彩应淡雅、庄重，配置的花卉要协调，其装饰效果是单一盆花无法相比的。

1.1.1.9 花卉艺栽

花卉艺栽是伴随现代紧张、拥挤的都市生活而出现的一种花卉装饰形式，是指以小型、精美的观赏植物作材料，经过巧妙的艺术构思种植在各式器皿中，成为一种优美和谐、趣味性强的花卉饰品。与盆景相比无论在植物材料选用，还是器皿上都有更大的随意性；与插花及切花饰品相比，使用上更有耐久性，因而在各国广为流行。它体量小巧，可充分利用窗前、门廊、过厅和角隅的各个空间进行装饰，所使用的器皿也多具有自然情趣和充满生活气息，如蚌壳、树根等。构图及设计形式上随意性大，个性突出，一个艺栽饰品常表现出主人的趣味或家庭的特点，其主要应用形式有悬挂式、标牌式、落地式等。

悬挂式艺栽　多选择体态适宜的树根作为栽植花卉的载体，在树根的分叉、交接处开出种植穴，将营养丰富的培养土放入，并在其间栽植花卉。如早春可以植入三色堇、金盏菊、石竹等花型较小、开花繁茂的一、二年生草花；秋季可以栽植植株低矮的各色小菊；冬春之交，可以种植水仙、郁金香等应时的球根花卉。悬挂式艺栽饰品，可以用来装点家庭的门户，带来温馨的豪华感，还可以悬挂在宾馆门厅，为通行者创造一个欣赏空间。

标牌式艺栽　以选择具有自然纹理的木板作为栽植花卉的载体。根据设计需要，在木板的适宜处打一直径 8～10cm 的圆孔，用金属网做一囊状栽植穴，固定在板孔处，用棕衣垫在金属网四周，放入培养土。植物材料以体态优美、生长强健、喜光耐干旱的小型多肉类植物最为适宜。常用的有青锁龙、莲花掌类、石莲花类、玉米石、松鼠尾等。标牌既是花卉饰品，又可与实用功能相结合，如在标牌的空白处写上文字。适合种植花小而繁茂的种类，如三色堇、香石竹、美女樱等。

落地式艺栽　常利用陶盆、塑料果筐、废旧轮胎等作为栽植器皿。陶盆素雅，质感粗犷，适合栽植花小而繁茂的种类，如三色堇、香雪球、美女樱等。小花盛开，在盆边自然延伸的姿态更富有天然情趣，非常适合作为住宅和宾馆的门前陈设。利用塑料编制的果筐耐湿性强，筐口向南横放在草地边缘，在筐内装入约 1/3 的培养土，栽进开花繁茂的低矮或半蔓性花卉，如三色堇、美女樱、旱金莲等，如同满筐的花朵由筐内倒出，构图活泼、流畅。废弃的轮胎容易得到，且不怕水湿，经简易加工处理可成为颇有趣的艺栽容器，种植铁线莲、茑萝、福禄考等花卉后做落地式布置，也别具情趣。

1.1.2　花卉装饰应用范围

21 世纪将是一个"绿色和丰润"的世界。人们沐浴在绿色之中，享受着植物和花卉带给人们的温馨。随着时代的前进，园艺植物的装饰应用，几乎与人类活动范围的逐步拓展、游乐设施的不断增设同步发展，或者说，凡有人们活动的环境及场所，大到生态农业园、广场、公共绿地、商业空间及写字楼，小至居室、厅、廊和几案，就有花卉装饰，且装饰与设计形式，力求达到多层次、多方位的空间装饰效果，使花卉和各种绿色植物最大限度地接近人，给人以亲近感。如今除在室外有花坛、花境等常见的装饰形式外，室内还有花园和水景园；此外像艺栽、瓶景、箱景等装饰形式，犹如把大自然中的景观尽收眼底，融汇浓缩在居住空间之中。

1.1.2.1　公共场所的花卉装饰

车站、码头、商场、体育馆、广场、影剧院、展览厅、博物馆、医院、疗养院等重要的公共场所一般都有花卉(包括观赏植物)的适量布置，或供人欣赏、评品，或为了适当遮掩而美化环境，或烘托氛围，或起标志、分散视线和注意力的作用。但装饰手法要因地制宜。

广场入口及建筑周围的应用　首先要保证交通、视线、采光等不受影响，布置时注重整体效果和远观效果。可用整齐高大的盆树或盆花对称摆设，也可用色彩艳丽的花草成排成列布置，或用花卉布置临时花坛、花带等。

门厅、过道等的装饰应用 花卉布置应与门厅、过道等相协调，可用观赏性较强的盆花或三五组团、或散散落落、或设立支架悬挂等来布置，既不影响交通，又不会占地太多，且观赏效果良好。

休息室应用 要求布置精致的盆花、花篮、盆景等，最好芳香，既可以供人们欣赏，又可消除人们的疲劳、放松人们的心情。

展览厅与陈列室应用 花卉装饰在展览厅与陈列室中起协调空间、点缀环境的作用，其数量一般不多，仅于角隅、窗台及展品空缺处散置一二，勿挡参观者视线及影响采光，色彩不宜艳丽，以免干扰展品的展出。

在绿地少而人口稠密的城市中，还可以在平顶建筑物上布置花园。一般选用大型盆景作主体，再配以生长快、适应性强的观花植物、藤蔓植物等，若面积较大还可设计小水池、配以山石盆景，使人如入小游园。有些地方的居民还在屋顶种植蔬菜、草药等，既可观赏，又可体会到采收的喜悦。布置屋顶花园时应特别注意轻质材料的选择，尤其是轻质培养基质的选择。

1.1.2.2 居住环境的花卉装饰

随着人们生活水平的提高和居住环境条件的改善，居住环境的绿化美化装饰尤显重要。居住环境中的花卉装饰主要应用于起居室、客厅、卧室、书房、餐厅、卫生间以及阳台等处。

1.1.2.3 花卉展览会场的装饰

花卉展览因其性质的不同可分为庆贺展览、纪念展览、品种评比展览等，或兼而有之。近年来，我国各城市常有各种专类花卉展览或季节特色的花展展出，常见有菊展、郁金香展、盆景展、月季品种评比展、牡丹芍药花展、国庆花展、春节花展等。一般花卉品种展览是按照品种类型、品种特性或装饰方式等的不同来进行分区布置；而科普展览都是按照植物类型、经济用途、地理分区或栽培应用方式等分类布置；节日花展多按花卉类型分区，如盆花区、插花区、盆景区、兰花区、沙漠植物区等。室外展出时应充分利用当地的地形、地貌及周围的景色等互相配合、左右呼应、相得益彰。

花卉展出中，游人多，室内空气污浊，室外尘土飞扬；也因布置需要，将盆花放在高架上或斜置歪放，烈日骤雨，淋晒无常，且养护多有不便；又因游人拥挤，不免践踏碰损。因此，花卉展览的养护管理及更新添补工作极为繁重。举行大型花卉展览时，足够的后备展品、方便的短途运输工具及多种方式的灌溉设备等不可事先无备。

1.1.2.4 游览观赏用温室的花卉布置

游览观赏温室是冬季陈列热带、亚热带花卉供游人参观游览，使人能在寒冷季节里感到春的温暖、夏的热烈，仿佛到了异国他乡；此外，在寒冷地带还建造宽敞的温室，分隔成各种气候分区，布置成不同气候地带的植物景观或室内花园。在观赏温室的构建与布置时，首先应满足不同花卉植物的生态要求，同时要考虑人流的集散、参观线路的组织及不同花卉材料观赏特性与环境气氛、布置艺术的有机结合。如北京市植物园1999年建成的大型热带观光温室，占地5.5 hm²，建筑主体面积为1000 m²，其中包括热带雨林、沙漠植物、兰花、食虫植物及四季花厅五大展区，共展出各类植物3000多种。除一些常见植物种类外，还收集了很多珍稀名贵物种，甚至还有很多珍稀濒危植物，如热带雨林展厅中的望天树是十分神奇、富有传奇色彩的植物；橡胶树、金鸡纳等是十分名贵的经济植物。此外，热带雨林中特有的绞杀现象、板根现象、附生现象等景观是居住在北京的人们难以见到、也难以想象的，十分吸引游客，同时还具有科普意义。沙漠植物展区内有高大的巨人柱、龙血树，有奇异的生石花等多浆植物、仙人掌类植物。兰花展厅中展出花形奇特的卡特兰、兜兰、拖鞋兰、蝴蝶兰等，令人叹为观止。四季花厅展示给游人的绚丽多姿的应时花卉，如四季海棠、仙客来、丽格海棠等，使人耳目一新，如入花的海洋，而与应时花卉搭配布置的假槟榔、王棕、棕榈、鱼尾葵等棕榈科植物呈现出一派迷人的南国风光。

1.1.3　花卉装饰应用的重要性

随着人们物质生活水平的不断提高，人们越来越讲究（追求）高质量的精神生活，崇尚回归自然的生活。拥有一个整洁、美丽、清新的工作、学习和生活环境，是所有人的共同愿望。因此，在财力允许的情况下，各地都在抓"创造文明城市，营造美好家园"建设，其中绿化美化环境是一项重要内容或指标。另外，随着经济的发展和人民生活水平的提高，人们的住房条件和生活环境逐步得到改善，越来越多的人开始注重美化和装饰自己的居住环境。花卉装饰的重要性主要体现在以下两方面：

陶冶情操、增进健康　花草树木千姿百态，五彩缤纷，具有很高的观赏价值，其形态、色彩、质地、气味、意境等特性能满足人们不同的观赏需要。尤其是植物是有生命的，能随着季节的更替，相继呈现出萌芽、展叶、生长、开花、结实、凋落等自然生长规律的变化，形成春蕾、夏荫、秋果、冬枯等各种不同的季相变化，达到人们深层的观赏需求，强烈地影响着人们的情绪。部分花卉可调节人们的生理、心理、精神状态，陶冶人们的情操，提高工作效率。心理学家发现，紫罗兰、水仙花可使人们情感温和；茉莉花、丁香花，可使人们沉静、轻松；玫瑰花使人愉快兴奋。人们在栽培、管理和欣赏花卉的同时，能消除疲劳，陶冶情操，调剂生活，增长知识，有利于身心健康。如通过鲜花布置和插花艺术的表现，培养人们热爱生活、热爱自然的情操。绿色植物也可作为感情寄托，如福州光明港公园，开辟福州建市2200年纪念树等，通过种花劳动怡情养性。

净化空气、调节气候　有些花卉能吸收二氧化碳、二氧化硫、氟、氯等有害气体，同时释放出氧气。如紫薇、桂花、月季等能吸收二氧化硫；棕榈、天竺葵、紫茉莉、女贞、刺槐等能吸收氟化氢；苏铁、合欢等吸收氯气；樟树、悬铃木等能吸收臭氧。

其他　此外，花卉植物能有效地阻隔尘土和噪声；许多植物如凤凰竹、樟树、银杏等能分泌杀菌素或某些有利于人体的挥发性物质；植物及植物群落能增加空气中负离子的浓度，有益于人体健康等。据测算，每个成年人的健康生活环境，应有20m²的绿化面积（15m²的树林或25m²的草坪）。人在绿色环境中的脉搏次数比在闹市中每分钟减少 4~8 次，有的甚至减少 14~18 次。可见宜人的环境有利于人的身心健康。一般情况下，充分绿化的环境能减少 20%~60% 的尘埃，空气中的细菌数也能降低 40% 左右。在炎热的夏天，满铺水泥的地面温度可高达 40℃ 以上，而同样环境下草地上的温度仅 32~34℃，林间的温度还可再低一些。在寒冷的冬季，绿地比铺装水泥的地面空气湿度稍有提高，同时，由于植物蒸腾水分的叶片面积要比所占的地面大许多，因此，绿地空气相对湿度和绝对湿度都要比无绿化区大。在室内绿化中室内植物吸收的水分经过叶片的蒸腾作用向空气中蒸散，可起到增加空气湿度的作用。因此，利用绿化可以调节温度，提高空气相对湿度，改善局部小气候。

其他　许多花卉还有重要的经济价值，是国民经济的重要组成部分。在用其装饰居住环境的同时，还有食用、药用、美容等功效。

1.1.4　花卉装饰应用的特点

花卉装饰具有许多不同于其他装饰要素的特点。

①花卉装饰最大的特点是具有生命，能生长，有季相变化，可随季节和岁月的变化而改变其色彩、形状、质地、叶丛疏密度以及全部的特征。如某些落叶植物，一年中有 4 个截然不同的观赏特征，表现为春季鲜花盛开，新绿初绽；夏季浓荫葱茏；秋季色叶斑斓；冬季枝丫横斜。

②花卉种类繁多，观赏特点各异，在装饰应用时可选择的余地大。一般根据室内外环境特点、空间位置来选择不同种类、不同数量、不同大小的花卉，这些花卉或单独应用，或依装饰需要进行多形式组合应用，以求达到最佳效果。

③花卉装饰应用的手法灵活多变，花卉植物可地栽，可盆栽，可水养，可切花应用，可制作干花，可平面布置，可立体装饰。就盆栽而言，常见的应用手法有摆放式、悬挂式、壁挂式、镶嵌式、攀缘式、瓶栽式和水养式等。庭园绿化常见的手法有自由式、规则式和混合式等。花卉装饰能迅速成景，符合现代化城市发展的需求和效率。很多立体装饰都可移动、能快速组装成形，在节假日期间或平时各种庆典场合中，短时间内就能形成较好的景观效果。

④花卉装饰应用的自由度大，可根据需要和个人喜好随时调整绿化美化方案。如在重要的节日、重大庆典活动中，可在重要的视觉空间临时增设不同形式的花卉装饰物，充分体现创造的灵活性。尤其是立体装饰多以各种个性形式的载体构成基本骨架，然后配以各种花材而完成特定的景观塑造，这种形式摆脱了土地的限制，且可移动，在造景方式上具有更大的自由度。

⑤充分利用各种空间，装饰应用范围广。大到公园、广场，小到居室、几架，都可通过各种手法达到全方位装饰效果。尤其是花卉立体装饰，在同等面积条件下要比平面绿化的绿化量大，不仅充分强化了绿化效果，而且还能在平面绿化难以达到良好效果或无法进行平面绿化的地方发挥作用，如窗台、阳台、门厅、楼梯、拐角等小空间内，也可在墙壁、街道护栏、围墙、隔离带等形成立面美化装饰效果。也可对已有的平面绿化进行点缀装饰，增强空间的色彩美感，丰富视觉效果。例如，对于居住空间狭窄、建筑拥挤的居民小区而言，立体装饰无须占用额外的平面空间，能极大地改善小区环境，提

高小区的绿化档次。

⑥花卉装饰应用能有效地柔化、绿化建筑物，塑造人性化的生活空间。现代城市的高速发展造成绿地减少，人们的生存环境遭到破坏。鳞次栉比的钢筋混凝土建筑和现代快节奏的生活方式使人的生理、心理产生不适感，迫切需要色彩丰富的花卉植物进行调和。花卉装饰既能突出植物自身的自然美感，又能以群体的空间美化效果形成更具观赏价值、更具艺术冲击力的生活空间，削弱建筑物给人们带来的压迫感和空间上的单调感。

植物具有季节性变化的特点，为花卉装饰选择植物带来难度。因此，设计者不仅要注意单株或群体植物在某个季节中的变化和功能作用，而且还要了解一年四季中是如何演替的，以及随年代的推移可能发生的变化，以达到艺术性和经济性的统一。

影响花卉装饰美的因素是多方面的。如植物株形、叶形的美，和谐的色彩美以及构图的艺术都决定着装饰美。花卉装饰是将不同形状，不同色彩的植物，以美的韵律组织起来，因此在应用时要做到搭配协调、富有变化、主次分明、比例适度。

1.2　花卉装饰应用的历史、现状与前景

1.2.1　国外花卉装饰应用的历史与现状

在西方，花卉装饰源于埃及和罗马宫廷宴会桌上的布置。他们取用大束切花插瓶或用绳索把花朵枝叶串编起来，悬挂在墙面、门廊或窗框等处。选材不拘，花朵繁多，色彩艳丽，为其特色。现今，社会通用的花篮、花圈及宴会桌饰、婚丧花饰等，多由西方的花卉装饰演化而来。据记载，花坛源于罗马时代的文人园林，16世纪在意大利园林中广泛应用，17世纪在法国凡尔赛宫中达到高潮。而西方插花起源更早，早在2500年前古埃及的壁画上就绘有插花图案，以后随着古希腊、古罗马的兴衰，插花艺术也在不断发展，并形成了以图案美和装饰美为插花造型的理论基础。到16~17世纪插花已在欧洲广为流传。19世纪西方插花进入辉煌时期。花卉立体装饰在欧洲运用较早，如吊篮在英国已有100多年的历史，而在阳台、窗台及栏杆上种植的槽式立体装饰很早就成为美化、绿化的重要手段。压花艺术最早也起源于欧洲，英国有300多年的压花历史，法国、意大利、德国、丹麦等国家有不同的压花流派和作品。19世纪后半叶到英国维多利亚时代，压花艺术达到一个新的高潮，从上流社会逐渐发展到民间，成为各阶层人士的休闲活动。

在日本花卉装饰中，突出发展了插花艺术。在唐代，插花随着佛教由中国传入日本，作为供品献佛的荷花插花形式，由日本僧人发展为独立的插花艺术。当时有严谨的花材选择与布局，大体上把一件作品的花枝分为"天"、"地"、"人"三部分。如今，日本插花艺术流派众多，有专设的学校传授技艺，并授予插花艺术家各种特别的称号。日本插花以选材严格、造型讲究、着重于形象与写意而著称于世。

随着历史的发展，花卉装饰也日益繁盛，当今，西方国家的园林绿化、插花事业都很发达，可以说到处绿树成荫、鲜花烂漫，居住的环境也十分幽雅、美丽。如美国、英

国、法国、日本、韩国、新加坡等，他们把爱护大自然、保护花草树木视为美德。许多人把培育花木、美化环境作为生活中不可缺少的一部分。据统计，美国有3000万个家庭拥有自己的花园，无论庭园面积大小，都能充分利用庭园、走廊、天井或阳台的有限空间地栽或利用各种容器栽种花草，而且常常利用假日全家一起动手修剪树木草坪，栽种花草，整理自家的小花园。孩子们从小参加劳动，认识自然、热爱自然，并从参加美化大自然的劳动中得到零用钱。更有些家庭把花园打扮得非常漂亮，向公众开放，希望更多的人来参观欣赏，并且经常举行家庭花园设计比赛。在法国大多数城市，到处嫣红翠绿，芳草如茵，几乎找不到裸露的土地，整个城市犹如建在绿色的海洋之中。马路绿树成荫，家家户户的阳台、窗台上都用大花盆等栽植着各种花卉，就连餐厅墙壁四周也挂满了绿色的蔓生花枝，在厨房和餐厅相通的门上也用绿色植物装饰。花卉装饰不仅应用于家居的美化，在酒吧、商场、广场等公共场所也普遍使用。目前，花卉立体装饰在欧美一些园艺较为发达的国家已非常普遍，尤其在西欧，无论是喧嚣的都市，还是宁静的乡间小镇，行人会时不时地看到墙面、阳台、窗台、路灯杆、街头护栏等处的吊篮、花槽、花球、花塔等，其样式繁多，色彩斑斓。

日本人的室内外用花卉装饰得非常典雅，树木也常常进行人工造型，使人们生活在非常整洁、舒适并富于自然情趣的环境当中。插花艺术更是盛行，现代许多日本妇女，不仅在学校里学习插花，而且还参加某个流派，拜花道家为师，参加各种花道的活动。

1.2.2　我国花卉装饰应用的历史与现状

从考古发现的中国河北望都东汉（公元25—220年）墓道壁画中，有开红花的盆花陈设于方形几座上，说明花卉装饰在中国源远流长。汉魏时的陆凯（公元198—269年）从江南将梅花一枝遥寄给长安的范晔，以花寄情，传为佳话。唐代（公元618—907年）佛教盛行，以折枝荷花插瓶作供奉已为常事。宋代（公元960—1279年）养花专著及花谱辈出，赛菊之举已广传于民间。特别是明万历二十七年（1599）袁宏道所著《瓶史》一书，对插花的选材、延长瓶花寿命，都有详尽的叙述，对花枝剪裁，插花造型，容器的形状、质地与色彩和花材的关系，瓶花与放置环境的协调等论述至今仍有不少指导意义。它是中国最早的一部插花专著，对日本插花艺术理论的创立与发展有很大影响。另外，从唐宋以来的绘画中，不难找到对各种盆花陈设与瓶花造型的描绘，说明了中国花卉装饰的广泛性与艺术特色。

现今不仅在国家庆典、节日美化、迎宾礼仪或各种集会上，花卉装饰成为不可缺少的一部分，而且在各种公共建筑、商场以及日常起居活动空间也是如此。花卉装饰已经由古代简单的盆花或瓶花摆设，发展成为大型的盆花组群或精巧立体造型的盆花、切花制品，并大量应用彩灯和电动装置。如2008年北京奥运会举办期间，针对北京夏季炎热、潮湿、气候多变的特点，采取相应的技术措施和预案，筛选适宜的花卉和植物品种，采用适当的栽培技术措施，精心设计各类花卉景观，并结合各类园林绿地，推出一大批奥运绿化美化的精品，以"中华文明、光彩奥运"为主题，在各大公园设置了主题花坛。布置特色的花坛60余组、花境100余处，总用花量500多万盆（株）。确保奥运会期间呈现良好的景观效果。空气清新、绿树成荫、花团锦簇、意蕴深远的奥运环境给来自全世界的宾客留下了深刻的印象。

随着国际间的广泛交流，不同的艺术风格相互渗透，我国的插花艺术正以前所未有的速度向前发展。1996年10月，上海举行了第一届插花艺术展，此后中国几乎每年都有相应的插花展览，特别是1999年在昆明举办的世界园艺博览会，对我国花卉业的发展和在世界上的影响起到了积极的促进作用。插花的理论研究也不断深入，各种关于插花理论和运用的书籍不断出现；全国各地普遍开展"美化家园"活动，并相继成立了插花花艺学校，热爱插花和学习插花的人不断增加。

1.2.3　花卉装饰应用的发展前景

随着人们生活水平的不断提高，人类对自然环境的要求也日益增高。以人为本，创造优美的人居环境，将是21世纪城市建设的重点，也是城市景观构造的主要目标。人们更加向往森林环抱、绿荫遍地、繁花似锦、四季葱绿的园林城市。花卉装饰能以其独特的应用特点为人类实现这一目标提供保证，通过花卉装饰应用就能使人们更亲近大自然，热爱大自然，让生活更加幸福和谐。压花、插花等花卉装饰艺术作为旧时皇室贵族的消遣和奢侈的代表已成为历史，如今已成为人们喜闻乐见、老少皆宜、妇孺均可的大众艺术。我国花卉装饰在漫长的发展历程中积累了丰富的经验，加上近些年花卉装饰事业的迅猛发展，它已经成为我国的一个重要产业分支。伴随着花卉产业的发展，也为花卉装饰应用提供更加广阔的空间，必将取得飞跃的发展。

1.3　"花卉装饰与应用"课程的内容与任务

本课程以广义花卉装饰（所用原材除草本花卉外，还包括了常用的木本装饰植物）为主要对象，详细阐述了花材种质资源与分类、花卉观赏特点与花文化、室内外花卉装饰、插花艺术与时尚花艺、组合盆栽、花卉艺栽、瓶栽与盆景艺术应用以及配套素材等方面的内容，编写过程中，主要根据观赏园艺及相关专业创新人才培养的要求，从大学生认知角度构建内容体系，力求反映当前国内外有关花卉装饰与应用的新动态。

花卉装饰与应用是一门多学科交叉的科学，内容涉及"花卉学"、"园林树木学"、"插花艺术"、"盆景艺术"、"园林规划设计"等学科内容，既包含自然科学内容，又是一门艺术，课程肩负的任务重，如何编写出一本融知识性、趣味性、实用性、普及性于一体的教材，让新时代大学生了解更多的花卉装饰方面知识，并广泛应用于现代生活中将是主要任务。

通过本课程学习，使学生能够初步掌握各类花卉植物的观赏特点和生态习性，以及花卉装饰应用的基本手法，并学会在实际生活中加以应用。

小　结

本章着重介绍花卉装饰应用的基本概念和应用特点，分析比较国内外花卉装饰应用的历史、现状和发展前景，提出了花卉装饰与应用的主要内容和学习任务。

思考题

1. 什么是花卉装饰、花卉立体装饰、切花、压花、花卉艺栽？
2. 花卉装饰应用包括哪些范围？
3. 花卉装饰应用有哪些特点？

推荐阅读书目

1. 园林花卉学．2 版．刘燕．中国林业出版社，2009.
2. 花卉学．2 版．包满珠．中国农业出版社，2008.
3. 压花艺术．陈国菊，赵国防．中国农业出版社，2009.
4. 花卉基础与插花艺术．徐玉安．湖北科学技术出版社，2005.

2

花卉种质资源

与分类

由于人类对花卉美的欣赏和追求不断提高，使花卉从观赏栽培扩展到生产栽培，形成了具有很高经济价值的花卉产业，最终目的是满足人类居住环境的绿化需要和人们在社会生活中用花卉表达情感的需要。花卉植物种类繁多，据不完全统计，全球植物有35万~40万种，其中近1/6具有观赏价值。现在用于观赏的多数花卉，是逐渐把野生花卉进行园艺栽培后形成的。花卉植物与其他作物相比，具有属、种众多，习性多样，生态条件复杂及栽培技术不一等特点。对花卉进行不同的分类，有助于对花卉种质资源的理解，同时创造适合栽培这些花卉的设施条件。

2.1 花卉种质资源与分布

花卉种质资源指的是能将特定的遗传信息传递给后代并能有效表达的花卉的遗传物质的总称，包括具有各种遗传差异的野生种、半野生种和人工栽培类型。野生花卉中，综合性状优良的种质资源可通过引种驯化，直接丰富花卉市场，满足人类的需要；而在某些重要性状上表现优异的野生花卉种质资源则是重要的育种原始材料，从根本上决定着现代育种的成效。

2.1.1 花卉种质资源的特点

花卉资源呈现出多样性的特点，包括物种多样性、品种多样性、生态系统多样性。全世界有观赏价值的植物达8000种以上，其中月季有10 000多个品种，郁金香8000多个品种，芍药2000多个品种，鸢尾4000多个品种，大丽花7000多个品种。我国有观赏价值的栽培植物有6000种以上，许多花卉的科、属都以我国为分布中心，在相对较小的范围内集中分布着众多的种类。我国还是多种名花的原产地，品种众多，如梅花品种300个以上，牡丹品种800个以上，杜鹃品种500个以上，菊花品种3000个以上。

在已栽培的观赏植物中，原产中国的约有113科523属，其中将近100属有半数以上的种产自中国。目前在世界园林中广泛应用的许多著名观赏植物是中国特有的，如银杏属(*Ginkgo*)、金钱松属(*Pseudolarix*)、银杉属(*Cathaya*)、水杉属(*Metasequoia*)、水松属(*Glyptostrobus*)、梅花(*Prunus mume*)、桂花(*Osmanthus fragrans*)、菊花(*Dendranthema morifolium*)、荷花(*Nelumbo nucifera*)、中国水仙(*Narcissus tazetta* var. *chinensis*)、牡丹(*Paeonia suffruticosa*)等均为我国特有的属、种。虽种数不及半数或更少，但却具有极高的观赏价值，凡是进行植物引种的国家，几乎都栽有原产我国的花卉。由于原产我国的花卉广泛栽培于欧美的园林中，"没有中国植物就不能称其为庭园"，因此我国被誉为"园林之母"、"花卉王国"。

随着生物科学的迅速发展，各国在野生花卉的引种及新品种的选育上有了很大突破。如月季、香石竹等已有蓝色花系的品种问世，不久的将来也将培育出蓝色系的菊花，牡丹、矮牵牛、红掌、百合等也都在不同程度上育出了全新的园艺化品种，丰富了花卉植物栽培品种的多样性。

2.1.2　花卉资源的自然分布

观赏植物广泛分布于全球五大洲的热带、温带及寒带，由于受气候、土壤等环境条件的影响，形成了不同类型的自然分布中心。植物在地球上的分布是不均匀的，东南亚地区特别丰富，非洲干旱地区、北美洲某些地区则比较贫乏。中国幅员辽阔，自然生态环境复杂，形成了极为丰富的植物种质资源。中国的中部和西部山区及附近平原，有极其多样的温带和亚热带植物，被前苏联植物学家瓦维洛夫认为是栽培植物最早和最大的独立起源中心。花卉的原产地并不一定是该种的最适宜分布区。如果它是原产地的优势种，才可能是最适宜分布区。植物体本身对外界条件还存在一定的适应性，但种间适应性差异很大。原产欧洲及北非和叙利亚一带的黄鸢尾（*Iris pseudacorus*）在中国华东及华北一带生长也很旺盛，能够露地越冬。马蹄莲（*Zantedeschia aethiopica*）是原产南非的花卉，世界不少国家引种以后，出现了夏季休眠、冬季休眠及不休眠的不同生态类型。总之，某一气候型地区原产的花卉移至不同气候型地区进行栽培，多数生长不良，有的甚至死亡，但有的种能适应不同栽培地区的气候条件，了解这一点对于花卉的引种是很重要的。

我国有近 3 万种高等植物，其中观赏植物占相当大的比例。我国不仅是很多亚热带花卉和一部分热带花卉的自然分布中心，而且还是很多著名花卉的栽培中心。如武汉和南京是梅花的栽培中心，洛阳和菏泽是牡丹的栽培中心，西南地区为兰属植物的分布中心，云南、四川、西藏是杜鹃属植物的分布中心，云南是云南山茶花的分布和栽培中心，同时中国还是菊花、芍药、荷花等的分布中心。

2.2　花卉分类

花卉是最多样化的一类植物，为了更好地识别花卉、了解花卉的生态习性、掌握花卉的繁殖和栽培管理方法，进而更好地应用好花卉，我们必须首先对花卉进行系统分类。常见的花卉分类方法有：根据生态习性分类，根据花卉的原产地分类，根据花卉的栽培应用特点分类。

2.2.1　依据生态习性分类

（1）一、二年生花卉(annuals and biennials)

一年生花卉(annuals)　在一个生长季内完成全部生活史的花卉。这类花卉一般春季播种，夏秋开花。这类花卉喜温暖气候，不耐寒，一般原产于热带地区，主要用于布置"十一"花坛。如鸡冠花、一串红、万寿菊、翠菊、半枝莲、长春花、凤仙花、百日草、千日红、彩叶草等。

二年生花卉(biennials)　其生命周期在两个年头内完成。这类花卉一般于秋季播种，当年只进行营养生长，翌年春季开花。这类花卉主要用于布置"五一"花坛，如金盏菊、石竹、三色堇、金鱼草、羽衣甘蓝、雏菊、虞美人等。

(2) 宿根花卉(perennials)

宿根花卉是指地下部分形态正常的多年生草本花卉。个体寿命超过两年，可以多次开花结实。宿根花卉又可分为落叶宿根花卉和常绿宿根花卉。落叶宿根花卉指冬季地上部枯死、根系在土壤中宿存，翌年春暖后重新萌发生长的多年生草本花卉，如菊花、芍药、萱草等。常绿宿根花卉指冬季地上部分不枯死的宿根花卉，如麦冬、沿阶草、君子兰、非洲菊等。

(3) 球根花卉(bulbs)

球根花卉均为多年生草本，共同的特点是具有由地下茎或根茎变态形成的膨大部分，以度过寒冷的冬季或干旱炎热的夏季。多数种类在不良的生长季节地上部分枯死，只有一小部分终年常绿。球根花卉种类很多，根据变态类型又分为：球茎类(corms)，如唐菖蒲、小苍兰、番红花、秋水仙等；鳞茎类(bulbs)，如水仙、郁金香、风信子、朱顶红、百合、石蒜等；块茎类(tubers)，如马蹄莲、仙客来、大岩桐、球根秋海棠、花叶芋等；根茎类(rhizomes)，如美人蕉、姜花、铃兰、六出花、红花酢浆草等；块根类(tuberous)，如大丽花、花毛茛、欧洲银莲花等。

(4) 水生花卉(aquatic flower)

常年生活在水中，或其生命周期内有一段时间生活在水中的花卉。包括水生及湿生的观赏植物，如荷花、睡莲、香蒲、水葱、千屈菜、再力花、石菖蒲、凤眼莲、浮萍等。这类花卉对水分的要求和依赖远远大于其他各类，根据其对水分的要求不同，可将其分为挺水类(根扎于水中，茎叶挺出水面，花开时离开水面)、浮水类(根生于泥中，叶片漂浮水面或略高出水面，花开时近水面)、漂浮类(根系浮于水中，叶完全浮于水面，位置不定，可漂移)和沉水类(根扎于泥中，茎叶沉于水中)。

(5) 仙人掌类及多浆植物(cacti and succulents)

仙人掌类及多浆植物指仙人掌科和其他科中具肥厚多浆肉质器官(茎、叶或根)植物的总称。全世界1万余种，分属近50个科。其中仙人掌科的种类较多，园艺上又将其单列，简称仙人掌类。如金琥、仙人掌、仙人指、仙人柱、昙花、蟹爪兰等。

多浆植物是指除仙人掌科之外其他科的多肉植物的总称，其中包括景天科、番杏科、龙舌兰科、菊科等的植物。如十二卷、玉米石、龙舌兰、芦荟、落地生根、伽蓝菜等。

(6) 兰科花卉(orchids)

本类根据其性状应属于多年生草本花卉，种类多，在栽培管理过程中有独特的要求，在生产上属于商品价值和观赏价值都很高的一类新兴花卉种类。据不完全统计，兰科花卉共35 000余种，已利用及有价值而尚未利用的种类均很多，著名的有兰属、石斛属、卡特兰属、贝母兰属、齿瓣兰属、兜兰属、蝴蝶兰属、万带兰属等许多栽培种。依其性状和生态习性不同又分为中国兰类和洋兰类。中国兰类中春兰、蕙兰、建兰、墨兰属地生类，而万带兰、虎头兰、蝉兰、台兰属于附生类型。洋兰多属附生类型，如卡特兰、蝴蝶兰、兜兰、石斛兰、大花蕙兰等。腐生兰植株只有发达的根状茎而无绿叶，是靠与真菌共生而获取养分，如天麻、红果山珊瑚、宽距兰等。

(7) 木本花卉(wooded flower plants)

木本花卉指以赏花为主的木本植物，其茎部木质，茎、干坚硬。根据树干高低和树干大小可分乔木、灌木及藤本花卉。乔木花卉植株高大，主干明显，长势健壮，常见的有梅花、玉兰、桃花等。灌木花卉植株较低矮，枝条丛生，无明显主干，如牡丹、月季、蜡梅等。藤本花卉茎、干细长，不直立，常攀缘在其他物体上面，如金银花、凌霄、木香等。

2.2.2 依据栽培应用特点分类

2.2.2.1 园林花卉(landscape plants)

(1) 花坛花卉(bed plants)

在一定几何轮廓的植床内种植的颜色、形态、质地不同的花卉，体现其色彩美或图案美，如金鱼草、一串红、鸡冠花、矮牵牛等。

(2) 花境花卉(border plants)

布置于绿篱、栏杆、建筑物前或道路两侧的花卉，主要是一些多年生的植物，如玉簪、鸢尾、萱草、芍药、随意草等。

(3) 花丛花卉(island plants)

能够成丛种植的园林花卉，一般茎秆挺拔直立，叶丛不倒伏，花朵或花枝着生紧密，以球根或宿根类花卉为主，如小菊、百合、郁金香、水仙、风信子等。

(4) 花架花卉(climber plants)

对花架或建筑小品进行绿化的花卉，主要是一些藤蔓类植物，如牵牛花、茑萝、香豌豆、小葫芦，也有一些经济作物如丝瓜、苦瓜、蛇瓜等。

(5) 水景园花卉(water plants)

能够对水面进行装饰的园林花卉，如荷花、睡莲、千屈菜、花菖蒲等。

(6) 岩石园花卉(rock plants)

对大面积的岩石地面进行点缀、装饰的花卉，一般植株低矮、紧密，枝叶细小，花色鲜艳，如荷包牡丹、宿根福禄考、剪夏罗、桔梗、玉簪等。

(7) 地被花卉(ground covers)

低矮、抗性强，用作覆盖地面的花卉。如萱草、麦冬、铃兰、白香石竹、波叶玉簪等。

2.2.2.2 室内花卉(indoor plants)

(1) 切花花卉(cut flowers)

如月季、菊花、香石竹、唐菖蒲、非洲菊、百合等用于生产商品切花，作为插花或瓶插应用的花卉种类。

(2) 室内观叶花卉(houseplants)、**切叶花卉**(cut green)

室内观叶花卉指以叶为主要观赏对象并多盆栽供室内装饰用的植物，大多为性喜温暖的常绿植物，其中很多为彩叶或斑叶品种，观赏价值较高。以天南星科、百合科、竹芋科、凤梨科、棕榈科、秋海棠科及蕨类植物等的植物种类最丰富。常见的有绿萝、龙血树(巴西木)、竹芋类、散尾葵等。

切叶花卉是用于生产商品切叶，作为插花或瓶插应用的花卉种类，如胡颓子、桃叶珊瑚、文竹、蕨类、巴西木、鱼尾葵等。

(3) 盆栽花卉(pot plants)

如菊花、一品红、巴西铁等栽培在花盆中作为盆栽生产的花卉种类。

(4) 干花花卉(drier flowers)

一些花瓣为干膜质的草花，如麦秆菊、千日红，以及一些观赏草类等，干燥后作花束用。

2.2.2.3 饮食应用花卉

不少花卉，不仅根、茎、叶、花及果实可观赏，还可供食用、制药、酿酒和提取香精等。据不完全统计，可食用的花卉约97个科，100多个属，180多种。用鲜花作为食品，不仅健身还能美容。鲜花食品含有氨基酸、铁、锌、碘、硒等十几种微量元素，14种维生素，80余种活性蛋白酶、核酸、黄酮类化合物等活性物质。菊花、玫瑰、紫罗兰和南瓜科植物的花朵，对大脑发育有极大帮助。我国食花方式繁多，如槐花饼、菊花糕、黄花菜、五花菜、五花茶、梅花粥、桂花酸汤等百余种鲜花盛宴；种植量最多的有玫瑰、月季、槐树、扶桑、紫苏、芙蓉、晚香玉等，食用花卉加工出的油，被称为"21世纪食用油"。

2.2.2.4 医疗应用花卉

花卉自古以来就是我国中草药的一个重要组成部分。《本草纲目》记载了近丁种花卉的性味功能及临床药效。《中国中草药汇编》列举了700多种花卉为常见的中药材。金银花、菊花、牡丹、荷花等都是常用的中药。

2.2.2.5 其他功能应用花卉

花卉在香料工业中占有重要地位。如玫瑰花中提取的玫瑰油是高级芳香物，在市场上售价高于黄金。如代代、茉莉、白兰花等都是重要的香料植物，是制作"花香型"化妆品的高级香料。

用花卉制作的花茶具有宜人的芳香。茉莉花、白兰花、桂花、玫瑰花、兰花等都是重要的茶用香花。其中茉莉花用量最大。

2.2.3 依据花卉原产地分类

依据 Miller 和塚本氏对花卉原产地气候型的分区，将花卉的原产地气候类型分为7种，每个气候型由于特有的气候条件，形成了野生花卉的自然分布中心。

(1) 中国气候型

冬寒夏热，年温差大；夏季降雨较多。范围包括中国大部分省份以及日本、巴西南部、大洋洲东部、非洲东南角附近等。因冬季气温高低不同又可分为温暖型和冷凉型。

温暖型生长部分喜温暖的球根花卉，如百合属（*Lilium*）、石蒜属（*Lycoris*）、中国水仙（*Narcissus tazetta* var. *chinensis*）、马蹄莲属（*Zantedeschia*）、唐菖蒲属（*Gladiolus*）及不耐寒的宿根花卉，如美女樱（*Verbena hybrida*）、非洲菊（*Gerbera jamesonii*）等。冷凉型中多为较耐寒的宿根花卉，如菊属（*Dendranthema*）、芍药属（*Paeonia*）等。

（2）欧洲气候型

冬季温暖，夏季气温不高，一般不超过 15～17℃。范围包括欧洲大部分地区以及北美洲西海岸中部、新西兰南部等，是某些耐寒性一、二年生草花及部分宿根花卉的分布中心，如羽衣甘蓝属、霞草属、宿根亚麻（*Linum perenne*）、铃兰、飞燕草属、剪秋罗属（*Lychnis*）、勿忘草属（*Myosotis*）、雏菊属（*Bellis*）、水仙属（*Narcissus*），紫罗兰（*Matthiola indica*）、三色堇（*Viola tricolor*）、毛地黄（*Digitalis purpurea*）、矢车菊、银白草（*Arrhena therum*）、锦葵（*Malva sylvestris*）等。

（3）地中海气候型

冬季不冷，夏季不热，冬季最低气温 6～7℃，夏季 20～25℃，冬春多雨，夏季极少降雨。范围包括地中海沿岸、南非好望角附近、大洋洲东南和西南部、南美洲智利中部、北美洲西南部（加利福尼亚）等地，是世界上多种秋植球根花卉的分布中心，如风信子属、郁金香属、仙客来属、花毛茛属、小苍兰属、君子兰属（*Clivia*）等。

（4）墨西哥气候型

四季如春，年温差小，周年气温在 14～17℃。范围包括墨西哥高原、南美安第斯山脉、非洲中部高山地带、中国西南部山岳地带（昆明）等，是一些春植球根花卉的分布中心。如大丽花属（*Dahlia*）、晚香玉属（*Polianthes*）、球根秋海棠（*Begonia tuberhybrida*）、万寿菊属（*Tagetes*）、波斯菊、旱金莲、报春花属（*Primula*）、老虎花、百日草、藿香蓟、滇山茶、常绿杜鹃、一品红、月季花（*Rosa chinensis*）、香水月季（*R. odorata*）、鸡蛋花等。原产于该区的花卉在中国东南沿海各地栽培较困难，夏季在西北生长较好。

（5）热带气候型

周年高温，月平均温差小，离赤道越远温差越大。范围包括中、南美洲热带（新热带）和亚洲、非洲与大洋洲三洲热带（旧热带）两个区。原产的木本花卉和宿根花卉在温带均需要用温室栽培，一年生草花可以在露地无霜期栽培。如鸡冠花、彩叶草、牵牛花、变叶木、万带兰、长春花、水塔花、美人蕉、蝙蝠蕨、猪笼草、红桑、卡特兰等及秋海棠属、五叶地锦、番石榴、番荔枝、紫茉莉属（*Mirabilis*）等。

（6）沙漠气候型

周年降雨少，气候干旱，多为不毛之地。夏季白天长，风大，植物常成垫状。范围包括撒哈拉沙漠的东南部、阿拉伯半岛、伊朗、黑海东北部、非洲、澳大利亚中部的维多利亚大沙漠、马达加斯加岛、南北美洲墨西哥西北部、秘鲁与阿根廷部分地区、中国海南岛西南部。该区是仙人掌和多浆植物的分布中心，常见的有仙人掌属（*Opuntia*）、芦荟属（*Aloe*）、十二卷属（*Haworthia*）、伽蓝菜属（*Kalanchoe*）、番杏科（Aizoaceae）、景天科（Crassulaceae）、大戟科（Euphorbiaceae）、萝藦科（Asclepiadaceae）、菊科（Compositae）、百合科（Liliaceae）、凤梨科（Bromeliaceae）、龙舌兰科（Agavaceae）、马齿苋科（Portulacaceae）、葡萄科（Viraceae）、葫芦科（Cucurbitaceae）等。

（7）寒带气候型

冬季漫长而寒冷，夏季凉爽而短暂，植物生长季只有 2～3 个月。年降雨量很少，但在生长季有足够的湿气。包括寒带和高山地区，如阿拉斯加、西伯利亚、斯堪的纳维亚等寒带地区。该区是耐寒植物和高山植物的分布中心。如绿绒蒿属（*Meconopsis*）、龙胆属（*Gentiana*）、雪莲（*Saussurea involucrata*）、细叶百合（*Lilium pumilum*）、点地梅属（*Androsace*）等。

2.3 室内外装饰常用花卉

室内外装饰常用的观赏植物有树木、草花、藤本等。树木根据观赏特性不同可分为观花、观果、观叶类等；草花根据栽培特性不同可分为一、二年生草花，宿根草花，球根草花，水生草花，也可依生态习性不同分为陆生类、水生类，或依赏花期不同分为春、夏、秋、冬四季花卉；藤本可分为木质藤本和草质藤本。

2.3.1 木本植物

2.3.1.1 观花类

（1）杜鹃花（*Rhododendron simsii*）

杜鹃花科杜鹃花属，别名迎春花、映山红。常绿或落叶灌木。株高 2～3m，枝细而直。开花时 2～5 朵聚生于枝顶，漏斗状花冠色彩艳丽。杜鹃花按花期可分春鹃、夏鹃、春夏鹃。春鹃 4 月上旬开花，夏鹃 6 月中旬开花。

喜生于疏松肥沃的酸性腐殖质土壤、气候凉爽而湿润的环境中，最适生长温度 12～25℃，可采用扦插、压条、嫁接等法繁殖。

布置庭园的极好材料，良好的室内装饰的盆栽花卉。

（2）梅花（*Prunus mume*）

蔷薇科李属，别名春梅、红梅，落叶乔木。少有灌木，高可达 5～6m。树冠开展，树皮淡灰色或淡绿色。花有白色、红色或淡红色，芳香，多在早春 1～2 月开花。

喜光树种，对温度特别敏感。耐贫瘠，畏涝。喜温润空气，忌栽植在风口。繁殖以嫁接为主，偶尔用扦插法和压条法。

可用于庭园绿化，也可作盆景、桩景或作切花瓶插供室内装饰用。

（3）桂花（*Osmanthus fragrans*）

木犀科木犀属，别名木犀、丹桂、岩桂。常绿灌木或乔木，高达 12m。叶革质。花序聚伞状，簇生叶腋，花冠橙黄色至白色，深 4 裂。果椭圆形，紫黑色。花期 9～10 月，果翌年 4～5 月成熟。

喜光，喜温暖和通风良好的环境，不耐寒。适生于土层深厚、排水良好、富含腐殖质的偏酸性砂壤土，忌碱性土和积水。多以分株、压条、扦插、嫁接等方法繁殖。

可用于盆栽观赏、切花、行道树和庭园绿化。

（4）蜡梅（*Chimonanthus praecox*）

蜡梅科蜡梅属，别名黄梅花、香梅。落叶或半常绿灌木。树干丛生，黄褐色，皮孔明显。小枝略成四棱形。单叶对生，表面绿色而粗糙，背面青灰色而光滑。花单生，蜡黄色，香气浓。落叶后冬春间开放，花后始发叶。

喜阳处或半阴处生长。有一定耐寒耐旱能力，但怕风，忌涝，土以湿润为宜。性喜肥，宜选土层深厚又排水良好的中性或微酸性土壤栽培。蜡梅繁殖以嫁接为主，其次是分株，再次是播种。

著名的冬季观花灌木，最适于丛植于窗前、墙前、草坪等处，也可用于庭园绿化、室内切花、盆景。

（5）玉兰（*Magnolia denudata*）

木兰科木兰属，别名白玉兰、玉树、望春花。落叶乔木，高 3～8m，有的甚至可达20m。花先叶开放，每花9瓣。花单生枝顶，花期 2～3 月。果期 8～9 月，果穗圆柱形，红色至淡红褐色，种子红色。

喜光稍耐阴，喜肥沃、湿润而排水良好的酸性土壤。忌旱怕涝。耐寒力较强。嫁接、压条、扦插、播种法均可。

宜布置庭园或草坪绿地、路边，也可作盆栽，或作桩景观赏。

（6）月季（*Rosa chinensis*）

蔷薇科蔷薇属，别名月月花、长春花。灌木或藤本，枝干直立，高达 1.5m，茎有刺。叶面有光泽。花单生或簇生于枝顶，单瓣或重瓣，花色繁多，有白、黄、粉、红、橙、蓝、紫、绿、咖啡等单色及复色。

性喜温暖，最适温度平均 18～20℃。较耐寒，喜充足的阳光。月季喜肥沃湿润的土壤，忌涝忌旱，微酸或微碱性土壤最适。常用扦插和嫁接法繁殖。

盆栽于阳台，花叶繁茂，暗香袭人。月季还是瓶插、切花的重要材料，也宜编扎花篮。

（7）牡丹（*Paeonia suffruticosa*）

芍药科芍药属，别名木芍药、富贵花、百两金。落叶灌木，高达 2m，枝粗壮。叶互生。花单生于当年生枝顶，花单瓣或重瓣，花色繁多，红、粉、黄、白、绿、紫、黛等。花期 4～5 月。

喜温暖而不耐炎热，喜凉爽而不耐严寒，喜湿润而不耐涝，喜阳光又忌夏季暴晒，宜生长在肥沃、疏松、土层深厚又排水良好的地方，土壤宜为中性或微酸性。繁殖通常以分株及嫁接为主。

牡丹花大色艳、芳香宜人，可谓姿、色、香兼备，观赏价值较高，素有国色天香之誉。可孤植、丛植于庭园或室内盆栽观赏，也可用于切花。在公园或植物园中多以牡丹专类园形式出现。

（8）合欢（*Albizzia julibrissin*）

豆科合欢属，别名绒花树。落叶乔木，高达 16m。树冠开展呈伞形。头状花序伞房状排列，花丝粉红色，细长如绒缨。花期 6～7 月。

喜温暖湿润和阳光充足环境，对气候和土壤适应性强，宜在排水良好、肥沃土壤中生长，耐寒、耐旱、耐土壤瘠薄及耐轻度盐碱。多播种繁殖。

树形优美，叶形雅致，昼开夜合，入夏以后绿荫绒花，有色有香，形成轻柔舒畅的景观。合欢多用作庭荫树，点缀栽培于各种绿地，或作行道树栽培。

(9) 茉莉 (*Jasminum sambac*)

木犀科茉莉属，别名茉莉花。常绿灌木，高1~3m。幼枝绿色，单叶对生，叶片广卵形或椭圆形。花腋生或顶生，在当年生新枝上开花，每花序着生花3~15朵小花，花白色，芳香，自初夏到晚秋开花不绝。

喜光，稍耐阴。喜温暖湿润气候，畏寒、旱。喜肥沃和排水良好的酸性土。不耐涝和碱。以扦插繁殖为主。

茉莉花香浓郁，叶色翠绿，终年不凋，常盆栽布置厅堂、书房、庭园，具有极高的观赏价值。

(10) 米兰 (*Aglaia odorata*)

楝科米仔兰属，别名树兰、米仔兰。常绿小乔木，高达4~5m。奇数羽状复叶，互生。圆锥形花序腋生，长5~10cm，黄色，极香。开花夏、秋间最盛，其他季节也常开花。

性喜温暖、向阳，不耐寒，怕干旱。喜半阴散光，适于室内布置。喜湿润肥沃、疏松的壤土或砂壤土，以微酸性为宜。可用扦插法和高空压条法繁殖。

米兰常绿多姿，花香馥烈，花期极长，又略耐阴，是常见的盆花材料，深受群众喜爱。可在室内观赏，也可用于布置厅堂、会场等，或露地栽培于庭园。

(11) 樱花 (*Prunus serrulata*)

蔷薇科李属，别名山樱花。落叶乔木，树皮紫褐色，平滑有光泽，有横纹。花每枝3~5朵，花瓣先端有缺刻，白、红色。花于3月与叶同放或叶后开化。核果球形，7月成熟。

喜光，喜肥沃、深厚而排水良好的微酸性土壤，不耐盐碱。耐寒，喜空气湿度大的环境。根系较浅，忌积水与低湿。繁殖以嫁接为主，主要是芽接和枝接。

用于庭园绿化、行道树，多以群植为主，最宜行集团状群植，在各集团之间配置常绿树作衬托。

(12) 山茶 (*Camellia japonica*)

山茶科山茶属，别名山茶花、茶花。常绿灌木，树冠圆头形。叶互生，倒卵形，叶柄短，叶缘有小锯齿。花两性，花瓣有纯白、大红、粉红等色。冬末春初开花。

生长的最适温度为18~25℃，适于花朵开放的温度为10~20℃。山茶喜半阴，忌晒。喜肥沃、疏松、微酸性的壤土或腐殖土，pH4.5~6.5范围内都能生长，喜润忌湿。繁殖以扦插、嫁接、压条为主，也可播种繁殖。

配置公园和用于建筑环境绿化，孤植、群植、丛植均可，盆栽是布置会场、厅堂等室内环境的高档材料，也可作切花。

(13) 紫薇 (*Lagerstroemia indica*)

千屈菜科紫薇属，别名痒痒树、百日红、满堂红。乔木或灌木，常绿或落叶，高可达7m。枝干屈曲光滑，树皮秋冬块状脱落。小枝略呈四棱形。花圆锥状丛生于枝顶，花被皱缩，鲜红、粉红或白色。花期7~9月。

喜光，耐半阴。喜暖，耐旱，怕涝，喜排水良好的壤土。常用播种、扦插、分株方法繁殖。

若以乔木形式出现，可孤植或丛植；以灌木形式出现则可散植或列植。可形成园门或绿廊，也可作盆景。

（14）桃树（*Prunus persica*）

蔷薇科李属。落叶小乔木，高可达6~8m。树干灰褐色，粗糙有孔。小枝红褐色或褐绿色。叶椭圆状披针形，边缘有细锯齿。花单生，有白、粉红、红等色，重瓣或半重瓣。花期3月。

性喜光。耐旱，畏涝。较耐寒。桃花宜轻壤土，水分以保持半墒为好。不耐碱土，不择肥料。繁殖以嫁接为主，也可播种。

可作庭园绿化、盆栽，也可切枝观赏，我国园林中习惯以桃柳间植水滨，以形成"桃红柳绿"之景色。

2.3.1.2　观果类

（1）石榴（*Punica granatum*）

石榴科石榴属，别名安石榴、若榴。落叶灌木或小乔木。小枝四棱形，光滑无毛，叶片倒卵形或长椭圆形。花顶生或腋生，具短梗，萼筒多肉而六裂，橙红色，花单瓣或重瓣。花期5~6月，果实球形。

性喜光，喜温暖，喜肥，冬季休眠时也能耐低温，较耐干旱，对土壤要求不严，但以石灰质的砂质壤土最好。根颈萌蘖性强，易形成丛生状。可用扦插、压条、分株、播种等方法繁殖。

石榴是观花、观果的优良花卉材料。石榴的老桩可以制作出名贵的树桩盆景，石榴也可作绿篱。

（2）栾树（*Koelreuteria paniculata*）

无患子科栾树属，别名灯笼树。落叶乔木，高达15m。花金黄色，大型圆锥花序。蒴果，三角状卵形，由膜状果皮结合而成灯笼状，秋季果皮呈红色。花期6~7月，果期9~10月。

喜光树种，耐半阴、耐寒、耐干旱瘠薄，喜生于石灰质土壤，也能耐盐碱及短期水涝。深根性，萌蘖力强；有很强的抗烟尘能力。繁殖主要以播种为主，也可进行分蘖、根插。

庭园中可以孤植、丛植或与其他观花或观叶树种配置，也可作行道树。

（3）南天竹（*Nandina domestica*）

小檗科南天竹属，别名南天竺。常绿灌木，高达2m，干丛生而少分枝。小叶革质，椭圆状披针形，全缘，先端渐尖，光滑无毛，深绿色，冬季变红色，长5~10cm。圆锥花序顶生，花小，白色。花期5~7月。浆果球形，鲜红色。果熟期9~10月。

性喜半阴，温暖气候及肥沃、湿润而排水良好的土壤，耐寒性不强，对水分要求不严，生长较缓慢。可用播种、扦插或分株繁殖。

盆栽、制作盆景，也可应用于花坛、花池、花境中；果枝可瓶插，多配置于山石旁、庭屋前后、院落角隅或花台之中。

(4) 苹果(*Malus pumila*)

蔷薇科苹果属。落叶乔木或灌木。叶缘有锯齿。花瓣粉红色，花药黄色。花期4～5月。9～10月果熟，果实不含石细胞。

苹果性喜冷凉干燥、日照充足的气候条件。为喜光性树种，适于土层深厚、排水良好和富含有机质的砂质壤土。土壤以微酸性到中性为宜，对土壤的耐盐力低于0.15%。均用嫁接繁殖。

庭园栽培或盆栽观赏，也可作盆景。可群植、孤植。

(5) 金橘(*Fortunella crassifolia*)

芸香科金橘属，别名金柑。常绿灌木或小乔木。节间短，无刺。叶披针形或椭圆形，两端渐狭而钝，叶脉不明显，叶背密生腺点。花单生或数朵簇生于叶腋，具短柄，白色，极芳香。果略呈椭圆形，皮薄，果肉多汁，味酸甜。夏季开花，秋冬果熟。

性喜温暖湿润和日照充足的环境条件，稍耐寒，不耐旱，南北各地均作盆栽。喜富含腐殖质、疏松肥沃和排水良好的中性培养土。嫁接繁殖为主。

金橘是冬季观果佳品，摆设在厅堂、客厅都显得格外雅致。

(6) 无花果(*Ficus carica*)

桑科榕属，别名映日果、奶浆果、蜜果、树地瓜。落叶灌木或乔木，高达12m，有乳汁。叶互生，厚膜质，宽卵形或近球形，3～5掌状深裂，边缘有波状齿，叶面粗糙，叶背有短毛。花期4～5月，果期9～10月。

适应性广，对环境条件要求不严，凡年平均气温在13℃以上，冬季最低气温在-20℃以上，年降水量在400～2000mm的地区均能正常生长挂果。抗盐碱能力强，不耐涝，较喜光。扦插或种子繁殖。

良好的园林及庭园绿化观赏树种。可盆栽观果。

(7) 火棘(*Pyracantha fortuneana*)

蔷薇科火棘属，别名火把果、救军粮。常绿灌木。侧枝短刺状。叶倒卵形，长1.6～6cm。复伞房花序，小花10～22朵，花直径1cm，白色。花期3～4月。

喜强光，耐贫瘠，抗干旱。黄河以南露地种植，华北需盆栽，塑料棚或低温温室越冬，温度可低至0～5℃或更低。常用扦插和播种法繁殖。

果实橘红色至深红色，深受人们喜爱。9月底开始变红，一直可保持到春节，是一种极好的春季看花、冬季观果植物。适作中小盆栽，或在园林中丛植、孤植于草地边缘。

(8) 冬珊瑚(*Solanum pseudocapsicum*)

茄科茄属，别名珊瑚樱、吉庆果。常绿灌木，株高20～40cm。叶狭长，翠绿。花小，白色，单生或数朵簇生叶腋。浆果，深橙红色，圆球形，直径1～1.5cm。

喜温暖和光线充足的环境，要求排水良好的土壤。用播种和扦插繁殖。

中小型盆栽。陈设于厅堂几架、窗台上，可增加喜庆气氛。

(9)乌柿(*Diospyros cathayensis*)

柿科乌柿属。常绿小乔木或灌木。花有芳香,傍晚尤浓。4月下旬开花,果实10月中旬成熟。果柄长3~6cm,萼片三角形,果小,圆形或稍长,橙黄或红色。

喜温暖亦耐寒,喜湿润也较耐干旱。适应性较强,微酸性至微碱性土壤均可栽培。扦插、分株繁殖,也可种子繁殖。

可作观果树桩盆景、观叶树桩盆景,置于客厅,也可用于庭园绿化。

(10)小檗(*Berberis thumbergii*)

小檗科小檗属,别名日本小檗,落叶灌木,高2~3m。叶倒卵形或匙形,全缘,两面叶脉不明显。伞形花序簇生,花黄色,花冠边缘有红晕。浆果红色,花柱宿存。种子1~2枚。花期5月,果熟9月。

多生于海拔1000m左右的林缘或疏林空地。喜光,略耐阴。喜温暖湿润气候,也耐寒。对土壤要求不严,喜深厚肥沃排水良好的土壤,耐旱。萌芽力强,耐修剪。分株、播种或扦插繁殖。

宜丛植草坪、池畔、岩石旁、墙隔、树下,可观果、观花、观叶,亦可栽作刺篱。

2.3.1.3 观叶与耐阴类

(1)文竹(*Asparagus plumosus*)

百合科天门冬属,别名云片竹、云竹、松山草。茎直立光滑,两年以后茎成蔓生,可缠绕在其他物体上生长,能蔓延2~3m。根系稍肉质化,但不膨大。叶片退化而成抱茎的膜质鳞片状叶,型小。茎上有节和三角状锐刺。花极小,1~3朵,着生在叶状小枝的细柄上,白色。浆果球形,成熟时紫黑色。

性喜温暖、湿润的环境。要求土壤通气、排水良好,忌积水,不耐寒,冬季要在8℃以上。宜半阴,忌直射阳光照射。播种和分株繁殖。

家庭盆栽作案头、几架摆设,也可作插花及花束的陪衬材料。

(2)橡皮树(*Ficus elastica*)

桑科榕属,别名印度橡皮树、印度榕。常绿乔木,高时可达30m,盆栽不超过5m,全株光滑。叶宽大具长柄,厚革质,表面有光泽,长15~30cm,宽6~10cm,茎顶端幼芽红色,如蜡烛,很别致。

性喜温暖、湿润的气候。不耐寒,冬季越冬不能低于10℃,30℃时生长快速。多用扦插繁殖。

橡皮树一般为大型观叶盆花,在家庭盆栽需控制株型,不宜过大。叶片常绿丰厚,在室内陈设可烘托热带气氛。

(3)苏铁(*Cycas revoluta*)

苏铁科苏铁属,别名铁树、凤尾蕉、避火蕉。常绿小乔木,茎干圆柱形,老干上布满螺旋状排列的菱形叶柄痕迹。大型羽状复叶,叶片簇生于茎顶端。7~9月开花,雌雄异株,花顶生,雄花圆柱形,雌花扁扇形。果实成熟后朱红色。

性喜温暖湿润,不耐严寒,0℃以下时易遭冻害。喜光,但也耐半阴。铁树喜酸性土壤,耐肥力强,生长缓慢,每年只长1~2cm。可播种、分株、扦插繁殖。

苏铁株型优美，是反映热带风光的观赏树种，多用于庭园盆栽，也常布置于花坛的中心或盆栽布置于大型会场内供装饰用。

（4）鹅掌楸（*Liriodendron chinense*）

木兰科鹅掌楸属，别名马褂木。落叶乔木。高达 40m，胸径可达 1m 以上。树皮纵裂，灰色。花淡黄绿色。聚合翅果长 7～9cm。花被片 9 片，排成 3 轮，外轮花瓣小且呈绿色，内两轮花瓣黄绿色，里面近基部有 6～8 条黄色条纹。花期 5～6 月，果 10 月成熟。

强喜光树种。喜湿润而排水良好的土壤，在干旱或积水处则生长不良。寿命长，根系深。繁殖以播种为主，扦插次之。是极为优美的庭园绿荫树与行道树，最适于孤植或丛植于安静休息区的草坪和庭园，或用作宽阔街道的行道树。

（5）红叶李（*Prunus cerasifera* 'Atropurpurea'）

蔷薇科李属，别名紫叶李。落叶小乔木，幼枝、叶片、花柄、花、雌蕊及果实都是暗红色。叶卵形至倒卵形，基部圆形，边缘具重锯齿。花常单朵，有时 2～3 朵聚生，粉红色。果实近球形。花期 3～4 月，果期 6～7 月。

喜阳光，在庇荫条件下叶片不鲜艳。较喜温暖、湿润的气候，不耐寒。较耐湿，可在黏质土壤生长。根系较浅，生长旺盛，萌枝力较强。多采用嫁接繁殖。

庭荫树，可群植、丛植，因其叶片紫红色，城市中多用作行道树。

（6）女贞（*Ligustrum lucidum*）

木犀科女贞属，别名冬青、蜡树。常绿小乔木。叶对生，革质，卵形至卵状披针形，长 8～12cm，先端尖或锐尖，叶表面深绿色，有光泽，背面淡绿色。圆锥花序顶生，白色，芳香。核果椭圆形，紫黑色。花期 4～5 月，果期 10 月。

喜光，也耐阴。较抗寒。适应性强，要求半墒，在湿润、肥沃的微酸性土壤生长良好，中性、微碱性土壤亦能适应。播种、扦插、压条繁殖均可。

可用于行道绿化及绿篱栽培，也可群植用于花坛布置，片植作色块图案，或修剪成球形及各种动物形象。

（7）重阳木（*Bischofia polycarpa*）

大戟科重阳木属。落叶乔木，高达 15m。小叶圆卵形或椭圆状卵形，长 5～10cm，先端突尖或短渐尖，基部圆形或近心脏形；叶柄长 4～5cm，小叶柄长 0.3～1.0cm，顶生小叶柄长 1～3cm。核果球形，直径 0.5～0.7cm，红褐色。花期 4～5 月，果期 10～11 月。

喜光，稍耐阴，喜温暖气候，耐寒力弱。对土壤要求不严，在湿润、肥沃土壤中生长最好，能耐水湿。多用播种繁殖，也可扦插。

盆栽观叶树种，也可植于庭园、墙边等处，是优良的行道树。

（8）黄杨（*Buxus sinica*）

黄杨科黄杨属，别名瓜子黄杨、千年矮、小叶黄杨。常绿灌木或乔木。叶对生，革质，椭圆形或卵圆形。花簇生在叶腋或枝条顶端，4 月开花，花淡黄绿色，有香气。果球形，9～10 月成熟。

喜光，喜温暖湿润的气候，对土壤要求不严，以中性而肥沃壤土最适宜。适应性强，耐干旱瘠薄。极耐修剪整形。以扦插繁殖为主，也可播种繁殖。

多植为矮篱，可配置于道路转角或假山石处，盆栽和制作树桩盆景，可用于室内装饰，木材是雕刻工艺用材。

(9) 水杉 (*Metasequoia glyptostroboides*)

杉科水杉属，别名水桫。落叶大乔木。树皮灰褐色；大枝近轮生，小枝对生。叶交互对生，叶基扭转排成 2 列，呈羽毛状，冬季与无芽小枝一同脱落。雌雄同株，单性。球果熟时深褐色。花期 2 月，果当年 11 月成熟。

喜光，喜温湿气候，在土层深厚、湿润肥沃且排水良好的河滩冲积土和山地黄壤中生长旺盛。在含盐量 0.2% 以下的轻盐碱地可以生长。耐旱力较弱，主要用播种和扦插繁殖。

叶落前砖红色的叶片具有很好的观赏价值，是河堤、广场、路旁、草地的优良绿化树种，可作盆景，南方城市也可作行道树。

(10) 圆柏 (*Sabina chinensis*)

柏科圆柏属，别名桧柏、桧。常绿乔木，树冠尖塔形或圆锥形。树皮深灰色，长条状纵裂。叶两型：幼树或基部徒长的萌蘖枝上的叶片多为三角状钻形，三叶轮生；成年树多为鳞形叶，交互对生。雌雄异株，花黄色，花期 3 ~ 4 月。球果翌年 9 ~ 10 月成熟。

喜光但耐阴性很强。耐寒、耐旱、耐热，对土壤要求不严，忌积水，但以在中性、深厚而排水良好处生长最佳。深根性，侧根也很发达。以播种、扦插、嫁接进行繁殖。

可庭园栽培，也是作绿篱或造型的优良树种。

(11) 银杏 (*Ginkgo biloba*)

银杏科银杏属。别名白果树、佛指甲、鸭掌树、公孙树等。落叶乔木，高达 30 ~ 40m。枝条长短兼有。叶扇形。雌雄异株，球花生于短枝。3 ~ 4 月开花，9 ~ 10 月种熟。

喜光，喜适当湿润而又排水良好的深厚砂质壤土，以中性或微酸性土壤最适宜；忌积水，较耐旱。耐寒性颇强，能适应高温多雨气候。以种子繁殖和嫁接繁殖为主，也可以进行扦插繁殖。

庭荫树，在许多城市作行道树。可盆栽。

(12) 雪松 (*Cedrus deodora*)

松科雪松属，别名喜马拉雅松、喜马拉雅杉。常绿大乔木，主干端直，塔形树冠。叶针形，蓝绿色。雌雄异株，罕同株，球花单生于枝顶；雌球花初紫红色，后转淡绿色；雄球花近黄色。花期 10 ~ 11 月。球果椭圆状卵形，形大直立，翌年 10 月成熟。

喜阳光充足，也稍耐阴，酸性土、微碱性土均能适应，于黏重黄土及瘠薄干旱地上也能生长；但在积水洼地或地下水位过高处，则生长不良，甚至会死亡，是浅根性树种。一般用播种或扦插繁殖。

为世界五大庭园树种之一，孤植或稀疏列植，可盆栽。

(13) 变叶木 (*Codiaeum variegatum*)

大戟科变叶木属，别名洒金榕。常绿灌木。单叶互生，有柄，革质；叶片的大小、形状和颜色变化较大，有黄、红、粉、绿、橙、紫红和褐色等，聚生于顶部。花单性，不明显，总状花序，雄花白色，雌花绿色。

喜高温、湿润和阳光充足的环境，不耐寒。属喜光性植物，整个生长期均需充足阳光，茎叶生长繁茂，叶色鲜丽，特别是红色斑纹，更加艳红。土壤以肥沃、保水性强的黏质壤土为宜。盆栽用培养土、腐叶土和粗沙的混合土壤。扦插、压条、播种繁殖。

叶色绚丽多彩，质感厚重，多盆栽，是室内高档的彩叶植物。

(14) 巴西木 (*Dracaena fragans*)

龙舌兰科龙血树属，别名香龙血树。常绿小乔木或灌木。茎直立。叶片宽大，宽线形，无柄，叶缘具波纹，浓绿色，丛生于茎顶，常柔软成弓状。伞形花序，秋季开花，具香气。

喜阳光充足，也很耐阴，适于高温多湿环境，宜室内栽培。冬季温度最低不得低于5℃。以扦插为主，也可播种繁殖。

巴西木四季常青，室内外均可栽植。由于植株挺拔、朴实、素雅，富有热带情趣，大型植株可布置庭园、大堂、客厅，小型植株适于装饰书房、卧室等。也可切枝观赏。

(15) 发财树 (*Pachira macrocarpa*)

木棉科瓜栗属，别名马拉巴栗。半常绿乔木，主干通直，枝条轮生。掌状复叶，小叶5～7片。花淡白绿色，花丝细长，花期9～11月。蒴果卵球形。

在全光照、半光照和遮阴处都能良好生长。喜温暖气候，其生长的最适宜温度为15～30℃。土壤要求以富含腐殖质、排水良好的砂壤土为佳。可采取播种和扦插繁殖。

发财树的主要观赏部位是平展的叶片和别具一格的粗大根颈。最常见的茎处理方式是将发财树3～5株植于一盆，将茎干编成辫状，别具一格，大大提高了其观赏效果。

(16) 一品红 (*Euphrobia pulcherrima*)

大戟科大戟属，别名象牙红、圣诞树。常绿直立灌木。茎光滑，体含乳汁。上部的叶较窄、苞片状、开花时呈红色。总苞有朱红、粉、白、黄等色，花期12月下旬至翌年2月。

性喜温暖湿润的环境，不耐寒。生长适温白天为20℃，夜晚为15℃。在遮阴情况下，常常茎弱叶薄，苞片色泽较淡。喜酸性土壤。以扦插繁殖为主。

一品红是冬春重要的盆花和切花材料。常用于布置花坛，或用于会场、会议厅、接待室等的装饰。

2.3.2　草本花卉

2.3.2.1　一、二年生草花

（1）三色堇（ *Viola tricolor* ）

堇菜科堇菜属，别名猫儿脸、人面花、蝴蝶花。叶腋生出花梗，梗顶开花。一般每朵花由白、紫、黄三色混合。花瓣 5 片，覆瓦状排列，3 种颜色匀称分配在 5 个花瓣上。

性喜阳光、喜温暖湿润气候，较耐寒，略耐半阴。在肥沃湿润的砂质壤土中，叶茂花繁。在干热贫瘠环境中，易引起品种退化。可采取播种、扦插繁殖。

三色堇是早春重要花卉，适宜布置花坛、花境、草坪边缘，也可盆栽。

（2）矮牵牛（ *Petunia hybrida* ）

茄科矮牵牛属，别名草牡丹，碧冬茄。一年生或多年生草本，株高 50～60cm，茎直立或蔓延地面长达数尺。花形似牵牛花，漏斗形，先端具钝波状浅裂。有单瓣、半重瓣、重瓣之分，花色有红、白、紫、深紫及各种斑纹。

性喜温暖、干燥、阳光充沛及通风良好的环境，耐干旱，忌积水雨涝。土壤以偏酸性、肥沃、排水良好的砂质土壤为宜。通常采用种子繁殖，也可扦插繁殖。

矮牵牛花期长且花色美，盛花期如群花争艳，远看近观、盆栽地植无所不宜。

（3）一串红（ *Salvia splendens* ）

唇形科鼠尾草属，别名西洋红、爆竹红。叶对生，三角形、卵形。轮伞状花序，具 2～6 朵花。花筒长，鲜红色，还有白、粉、紫、黄等种类。

喜温暖湿润的气候和光照充足的环境。忌强光直射，可耐半阴。不耐干旱及寒冻，最适生长温度在 20～25℃。在疏松肥沃、排水良好的土壤上生长健壮。多采用播种和扦插繁殖。

一串红是庭园中最广泛栽培的草本花卉。丛植以布置花坛、花境，或盆栽点缀喜庆之堂，均极为相宜。

（4）万寿菊（ *Tagetes erecta* ）

菊科万寿菊属，别名臭芙蓉。株高 30～80cm，分高、中、矮 3 种类型。叶对生，羽状深裂，叶缘具数个大油腺点。头状花序，单生于枝顶，花形变化较多。花色有黄、黄绿、橙黄等。花期 6～10 月。

性喜温暖湿润，需充足的阳光。适应性较强，对土壤要求不严，但以肥沃深厚、中性偏碱、富含腐殖质、排水良好的砂质壤土为宜。可以播种或扦插繁殖。

适宜作花坛布置或花丛、花境栽植，还可作窗盒、吊篮和种植钵；高型品种也可作切花水养。

（5）鸡冠花（ *Celosia cristata* ）

苋科青葙属，别名鸡冠头、红鸡冠。高 40～90cm，茎直立。鸡冠花是一个大的肉质花序，其上聚集着许多小花。根据颜色不同，还有紫鸡冠、黄鸡冠、白鸡冠、橙鸡冠和红黄相杂的五彩鸡冠。秋季开花。

不耐寒，需充足阳光，要求肥沃、疏松、排水良好的砂质壤土。吸肥性强，在瘠薄不通气的土壤中生长不良。怕积水，庭园栽培要栽较干燥处。多采用播种繁殖。

可作花坛、花境、盆花或切花。

(6) 金盏菊(*Calendula officinalis* **)**

菊科金盏菊属，别名金盏花、长生花。株高 30～60 cm，全株具毛。头状花序单生，总花梗粗壮，花序直径 5～10cm。盘心筒状花黄色。因品种不同，花色有黄、橙黄、橙红等色。花期 3～6 月。

耐寒，但不耐暑热。生长迅速，适应性强。耐瘠薄土壤，在气候温和、土壤肥沃条件下，花大且多。以播种繁殖为主。

春季花坛常用花材，也可盆栽观赏或用作切花。

(7) 瓜叶菊(*Senecio cruentus* **)**

菊科瓜叶菊属，别名千日莲、瓜叶莲。全株密被柔毛。叶心状卵形，掌状脉。茎生叶叶柄有翼，基部耳状；根出叶叶柄无翼。头状花序簇生成伞房状。

性喜凉爽湿润，不耐寒，也不耐热。要求肥沃和排水良好的土壤。播种或扦插繁殖。

可盆栽于冬春作室内装饰，多用来布置花坛、花台、花丛、花境。

(8) 雏菊(*Bellia perennis* **)**

菊科雏菊属，别名春菊、马兰头花。株高 15～20cm。叶基部簇生，匙形。头状花序单生，花径 3～5cm，舌状花为条形，有白、粉、红等色。花期 3～6 月。

耐寒，宜冷凉气候。生长期喜阳光充足，不耐阴。对土壤要求不严，但以疏松肥沃、湿润、排水良好的砂质土壤为好。不耐水湿。播种、分株或扦插繁殖。

春季花坛常用花材，可用于花境与岩石园，优良的盆栽花卉。

(9) 长春花(*Catharanthus roseus* **)**

夹竹桃科长春花属，别名日日草、四季梅。常绿直立亚灌木，株高 30～60cm，叶对生，深绿具光泽。花腋生，花冠高脚碟状，花径 3～4cm，白色、粉红色或紫红色。夏季开花。

喜温暖、稍干燥和阳光充足环境。忌湿怕涝，盆土浇水不宜过多。宜肥沃和排水良好的壤土，耐瘠薄土壤，但切忌偏碱性。常用播种、扦插和组培繁殖。

长春花适用于盆栽、花坛和岩石园观赏。在热带地区长春花作为林下的地被植物。高秆品种还可作切花观赏。

(10) 千日红(*Gomphrena globosa* **)**

苋科千日红属，别名火球花，万年红。叶对生。头状花序圆球形；花有小苞片，膜质，有光泽，长于花被。花期 7～10 月。

喜温暖，耐阳光，性强健，适生于疏松肥沃、排水良好的土壤中。千日红生长势强盛，对肥水、土壤要求不严。以播种繁殖为主，亦可扦插。

花坛、花境的优良材料，亦可盆栽观赏。作切花应用时，观赏期长。也是良好的干花材料。

(11) 羽衣甘蓝 (*Brassica oleracea* var. *acphala* **)**

十字花科甘蓝属，别名叶牡丹、牡丹菜。茎高 30~40cm，直立，基部木质化。叶抱基互生，边缘叶有青翠色、深绿色、灰绿色、黄绿色，中心叶有纯白、淡黄、黄、肉色、玫瑰红、紫红等。顶生总状花序，淡黄色。

较耐寒，喜阳光，忌高温多湿，在肥沃、湿润的壤土中生长良好。种子繁殖。

冬季花坛的重要材料，可盆栽观赏。

(12) 地肤 (*Kochia scoparia* **)**

藜科地肤属，别名扫帚草、绿帚、孔雀松。株高 50~100cm，株形呈卵形、倒卵形或椭圆形，茎基部半木质化。单叶互生。植株为粉绿色，秋季叶色变红。花极少，花期9~10 月，无观赏价值。

地肤喜阳光，抗干旱，不耐寒，对土壤要求不严，在肥沃的疏松土壤中生长良好，在偏碱性的土壤中亦能正常生长。常用种子繁殖，也可扦插。

用于布置花篱、花境，或数株丛植于花坛中央，可修剪成各种几何造型进行布置。盆栽地肤可点缀和装饰于厅、堂、会场等。

(13) 半支莲 (*Portulaca grandiflora* **)**

马齿苋科马齿苋属，别名龙须牡丹、松叶牡丹。株高 15~20cm，茎匍匐状或斜生状，叶尖形，肉质圆棍状。花色有深红、紫红、棕红、深黄、淡黄、白色，又有雪青和白底缀以红点等多种变化。

半支莲生性强健，极易栽培。性喜充足的阳光，喜肥沃的砂质壤土，耐瘠薄，怕渍水，不耐寒。繁殖以播种为主。

丛生密集，花繁艳丽，花期又长，是装饰草地、坡地和路边的优良配花，亦宜花坛边缘和花境栽植，盆栽小巧玲珑，可陈列在阳台、窗台、走廊、门前、池边和庭园等多种场所观赏。若让其部分茎叶和花朵垂挂于花盆四周，垂立结合，别有一番意趣。

(14) 百日草 (*Zinnia elegans* **)**

菊科百日草属，别名秋罗、步步高。茎直立，侧枝成叉状分生；叶抱茎对生，卵形至长椭圆形，全缘；头状花序单生，近扁盘状。花色有白、黄及深浅红色。花期7~10 月。

原产北美、墨西哥及南美等地，喜温暖，不耐寒，宜阳光充足。耐干旱、忌连作。要求排水良好、疏松、肥沃的土壤。播种、扦插繁殖。

百日草花期长，为夏秋季花坛常用花卉。高型品种可用于切花，水养持久。矮型品种用于花坛、花带，也可作盆栽观赏。

(15) 雁来红 (*Amaranthus tricolor* **)**

苋科苋属，别名三色苋、老来少。株高约1m，直立，少分枝。叶互生全缘。花小，不明显。

不耐寒，性强健，耐旱，耐碱，喜欢排水良好的砂质土。苗期生长喜湿润肥沃，后期喜干旱，特别是在秋季叶色变红时喜干旱，如能通风良好，叶色将更为艳丽。主要用播种繁殖。

秋时雁来红叶色鲜丽，叶片层叠，丛植时满园红艳一片，是极好的庭园背景材料。

布置花坛、花境十分相宜，也是盆栽的好材料，当前又常用于插花艺术。

(16) 旱金莲（*Tropaeolum majus*）

旱金莲科旱金莲属，别名金莲花、旱莲花。茎细长，半蔓性或倾卧。叶互生，圆盾形，叶柄细长，可攀缘；茎叶稍带肉质，灰绿色。花生于叶腋，有黄、红、乳白等色，不整齐；花瓣5枚。夏季开花，花期2~5月。

不耐寒，喜温暖湿润，越冬温度10℃以上。需充足阳光和排水良好的肥沃土壤。忌过湿或受涝。繁殖采用播种或扦插法。

旱金莲叶肥花美，盆栽可供室内观赏或装饰阳台、窗台。蔓性品种设支架或做成花篮状供悬挂观赏。

(17) 金鱼草（*Antirrhinum majus*）

玄参科金鱼草属，别名龙头花、龙口花，多年生作二年生栽培。叶基部对生，上部螺旋状互生。顶生总状花序，长20~60cm，小花密生，二唇形；花由花葶基部向上逐渐开放，花色有蓝、白、黄、橙、粉、红等色。花期3~6月。

金鱼草较耐寒，在凉爽环境生长健壮。忌高温多湿，较耐寒；喜光，稍耐半阴；喜疏松肥沃、排水良好的土壤，稍耐石灰质土壤。播种或扦插繁殖。

适用于花坛、花境、种植钵、盆栽。高型品种可作背景种植，矮型品种可在岩石园、窗台或边缘种植。也是优良的切花材料。

(18) 凤仙花（*Impatiens balsamina*）

凤仙花科凤仙花属，别名指甲花、小桃红、金凤花。高1m左右，有柔毛或近于光滑。叶互生，长达10cm左右，顶端渐尖；叶柄附近有几对腺体。花大而美丽，粉红色，也有白、红、紫或其他颜色。花果期6~9月。

凤仙花性喜阳光，怕湿，耐热不耐寒，适生于疏松肥沃微酸性土壤中，但也耐瘠薄。种子繁殖。

供观赏，除作花境和盆景装饰外，也可作切花。

2.3.2.2　宿根花卉

(1) 兰花类（*Cymbidium* spp.）

兰科兰属，别名草兰、幽兰、山兰。根肉质，茎有花茎和根茎两种，叶有寻常叶和变态叶两种。兰花的花萼因其形态不同而分成梅花瓣型、荷花瓣型、水仙瓣型和蝴蝶瓣型。花被的内三片是真正的花瓣，上侧两片称为"捧心"，常直立，下方一片较上侧两瓣大，称为唇瓣，俗称"舌"。有红紫斑点的称为荤瓣，白色无斑点的称为素瓣，以素瓣为名贵。在捧中间有柱状物，兰谱上称为"鼻"，是雌雄蕊合生而成，也是蕴藏香气的部分。

兰花性喜阴、怕晒，喜温暖、湿润的气候，忌酷热、干燥。要求栽于排水良好、含腐殖质丰富的微酸性土壤。常分株繁殖。

兰花朴实无华，叶色四季常青，叶质柔中有刚，叶态优美、秀丽多姿，即使不在开花期也是观叶的好花卉。一旦开花更是满室飘香，其香味清雅，沁人肺腑。我国古人对兰花香味颇为推崇，将兰香尊为"国香"、"天下第一香"。所以是家庭室内陈设观叶、观花的好材料，也可布置于庭园假山旁的荫蔽处。

(2) 菊花（*Dendranthema × morifolium*）

菊科菊属，别名黄花，秋菊。株高在 40～100cm 之间。茎基部木质化，直立多分枝。叶卵形至广披针形。头状花序的中央一般是两性的筒状花，边缘是雌性或中性的舌状花。舌状花色彩丰富，有红、黄、白、橙、棕、紫、雪青、淡绿、墨紫等。筒状花为黄色。

菊花性喜凉爽通风、阳光充足的环境，夏天忌烈日照射，较耐寒、枝叶耐轻霜，花忌霜冻。忌酷暑、雨涝。土壤以富含腐殖质而又排水良好的砂质壤土最好，较耐旱，也耐弱碱性土壤，但最好为中性土壤。以扦插繁殖为主，也可嫁接或播种。

菊花是我国栽培历史最悠久的传统名花之一，现在菊花品种繁多，花姿秀丽，花形多变，且能傲霜怒放，五彩缤纷，可盆栽欣赏，是重要的秋季园林花卉。适于园林中花坛、花境、花丛、花群、种植钵等应用，也是世界四大切花之一。

(3) 四季海棠（*Begonia semperflorens*）

秋海棠科秋海棠属，别名瓜子海棠、四季秋海棠。茎光滑，肉质多汁，全身透明，茎叶绿色带红色。叶呈不规则椭圆状，叶缘有刺，表面光亮。聚伞花序，腋生；花色有红、粉红、白等色。四季均可开花。

原产巴西。性喜温暖、湿润的气候条件，不耐寒，怕霜冻。冬季需充足阳光，夏季忌烈日照射。喜肥沃而疏松的土壤。种子繁殖和扦插繁殖均可。

四季均可观花，且叶形优美，叶色鲜绿。优良的室内观赏盆花，也可作花坛盆花布置。

(4) 君子兰（*Clivia miniata*）

石蒜科君子兰属，别名剑叶石蒜。叶基部套叠成鳞片状，像一股粗壮的喷泉平地涌出，而后向两侧洒落。叶色深绿革质，有光泽。君子兰花为广漏斗形，伞形花序，花朵橙红色。花期冬、春季。

既怕炎热又不耐寒，喜半阴而湿润的环境。喜通风的环境，喜深厚肥沃疏松的土壤，适宜室内培养。主要采用分株法和播种法繁殖。

君子兰株型美观大方、清秀高雅、花朵仪态雍容、色彩绚丽，是室内陈列的既能观花又能观叶的名贵花卉之一，常用于装饰门庭、客厅、书房等处。

(5) 红掌（*Anthurium andraeanum*）

天南星科安祖花属，别名大叶花烛、哥伦比亚花烛。株高可达 1m，具肉质根。节间极短，叶片从根茎抽出，单生叶具长柄，叶心形，叶脉凹陷。花单朵顶生，梗长 50cm，佛焰苞广心形，直立开展，蜡质，有红、白、粉等多种颜色。

红掌原产南美洲热带，喜高温多湿的环境条件。生长旺盛季节要求湿度更高，应常常在叶面喷水。怕夏季暴晒，必须遮阴。喜肥沃、排水良好的土壤环境，忌积水。主要用组培或分株繁殖。

中小型盆花，具有很好的装饰效果，也是良好的切花材料。

(6) 蝴蝶兰（*Phalaenopsis amabilis*）

兰科蝴蝶兰属，别名蝶兰，多年生常绿草本。茎短，叶大。花茎长，拱形；花茎从叶丛中抽出，稍弯曲而分枝。花大，蝶状，密生。单花可开1个月。

蝴蝶兰原产亚洲热带地区。常野生于热带高温、多湿的中低海拔的山林中，喜热、多湿和半阴环境。生长适温白天25~28℃，晚间18~20℃。栽培基质必须具备疏松、通风、透气性好、耐腐烂等特点。蝴蝶兰常用分株和组培繁殖。

珍贵的盆栽观赏花卉，可悬吊式种植。为国际上流行的名贵切花花卉，也是新娘捧花的主要花材。

(7) 香石竹(*Dianthus caryophyllus*)

石竹科石竹属，别名康乃馨、母亲花。常绿亚灌木，株高60~80cm，茎直立，有分枝。花单生或2~5朵簇生枝顶，直径约8cm；花瓣5~8枚。

喜冬季温和、夏季凉爽的环境，要求空气干燥，通风良好；喜保肥、通气和排水性能好、富含有机质的黏壤土，土壤的pH值要求在6~6.5；喜光，在阳光充足的条件下生长良好。扦插或组织培养繁殖。

花朵繁密，优良的鲜切花种类。用于花境、花坛、岩石园的布置。

(8) 广东万年青(*Aglaonema modestum*)

天南星科广东万年青属，别名亮丝草、大叶万年青。株高50~70cm，茎直立，无分枝，表面光滑有光泽。叶片卵形或卵状披针形，暗绿色。花葶自叶腋抽出，顶部着生1个狭长的菱形佛焰苞。秋季开花，少有结果。

喜阴湿环境，不耐寒冷，冬季室温需保持10℃以上。耐阴性极强；喜微酸性土壤，不耐盐碱，极耐水湿。一般采用分株繁殖和扦插繁殖。

万年青碧叶常青，多置于案头或几架上，也是餐桌和会议桌上的优良装饰植物。

(9) 非洲菊(*Gerbera jamesonii*)

菊科大丁草属，别名扶郎花。叶基生，具长柄，羽状浅裂或深裂。叶背具长毛。舌状花1~2轮或多轮，倒披针形，端尖，三齿裂；筒状花较小，常与舌状花同色。可周年开花。

性喜冬季温暖、夏季凉爽的气候条件。要求疏松肥沃、排水良好、富含腐殖质的深厚土层，以微碱性的砂质壤土最好。可采用播种、分株、扦插、组织培养等方法繁殖，以组培法为主。

重要的切花花卉，可以布置花境和自然丛植，也可盆栽观赏。

2.3.2.3 球根花卉

(1) 美人蕉(*Canna indica*)

美人蕉科美人蕉属，别名小花美人蕉。株高1~2m。肉质块茎粗壮。叶互生，长30~40cm，全缘，长椭圆形，顶端尖，有明显的平行叶脉，叶柄鞘状。花色鲜艳，有大红、粉红、白、紫、橙黄、黄或有橘红色斑点。花期8~10月。

喜阳光充足、温暖炎热的高温气候。美人蕉生性强健，喜湿，根部可耐短期水涝，对土质要求不高，但喜肥沃、湿润排水良好的深厚土壤。主要用分株法繁殖，播种法仅用于新品种培育。

美人蕉叶大舒展，在各种园林庭园、花坛多有美人蕉种植。盆栽可摆设于庭廊，也可作切花瓶插。

（2）唐菖蒲（*Gladiolus hybridus*）

鸢尾科唐菖蒲属，别名苍兰、剑兰。株高 60 ~ 100cm。叶剑形。聚伞花序直立、单生，常有花 12 ~ 24 朵；苞片 2 枚，佛焰苞状；花色有红、桃、黄、白、紫五色系列。夏秋开花。

唐菖蒲生性强健，以排水良好的砂壤土为好。土壤 pH 值要求微酸性、中性。栽培环境要求阳光充足、通风良好，忌闷热天气及土壤泛湿。唐菖蒲繁殖以分球为主，也用切球及组培繁殖。

为重要鲜切花，可作花篮、花束、瓶插等。可布置花境及专类花坛。矮生品种可盆栽观赏。

（3）马蹄莲（*Zantedeschia aethiopica*）

天南星科马蹄莲属，别名水芋。叶片箭形或戟形，全缘鲜绿色。花梗顶端着生黄色肉质圆柱花序，外围是乳白色喇叭状佛焰苞。自然花期从 11 月至翌年 6 月。

性喜温暖湿润，不耐寒，忌干旱和阳光暴晒。喜疏松肥沃、排水良好、富含有机质的砂质壤土。分生繁殖，也可播种繁殖。

世界著名的切花，也可作盆花于室内观赏。

（4）小苍兰（*Freesia refracta*）

鸢尾科香雪兰属，别名香雪兰。叶二列互生，狭剑形。花茎细长，稍扭曲，花色有白、黄、红、粉等色，有香味，以黄色花香味最浓。春季开花。

要求阳光充足，需肥中等，肥沃、湿润而排水良好的砂质壤土，忌黏重土，微酸性条件下生长更好，碱性条件下易缺铁而生长受阻。多以播种、分株或组培繁殖。

可盆栽室内观赏，也可作切花，或作花坛、花境边缘花卉。

（5）中国水仙（*Narcissus tazetta* var. *chinensis*）

石蒜科水仙属，别名金盏、银台。高 20 ~ 30cm。叶基生，线形，扁平。花期 1 ~ 2月。有单瓣型与重瓣型两品系。

不耐寒，华北地区覆盖可露地过冬。喜冬季温暖，夏季凉爽；喜湿润及阳光充足，耐半阴；要求湿润疏松而排水好的肥沃黏质壤土，以中性和微酸性土壤为宜；也耐干旱和瘠薄。有侧球繁殖、侧芽繁殖、双鳞片繁殖、组织培养等，主要用侧球繁殖。

早春重要的园林花卉，用于花坛、花境，尤其适宜片植，也是很好的地被花卉。可盆栽水养，也可作切花。

（6）大丽花（*Dahlia pinnata*）

菊科大丽花属，别名大丽菊、天竺牡丹、西番莲。具肥大的纺锤状肉质块根。株高 40 ~ 200cm。叶对生。头状花序，花色及花形多变。夏秋二季开花。

性喜阳光和温暖而通风的环境，忌黏重土壤，以富含腐殖质、排水良好的砂质壤土为宜。以分根和扦插繁殖为主，育种用种子繁殖。

由于姿态万千、色彩华丽、花期颇长、适应性强、栽培容易，各地栽培普遍，除用作布置花坛、花境外，也可盆栽观赏和用作切花，是世界名花之一。

(7) 仙客来 (*Cyclamen persicum*)

报春花科仙客来属，别名兔耳花。叶丛生于球茎上方，叶心状卵圆形，叶面深绿色，有白色条纹。根据花色不同，可分为白、玫瑰红、紫红、大红等多个品种。花期从10月开到翌年5月，达7个月之久。花梗细长，肉质红褐色；花冠5深裂，基部连成短筒。

仙客来喜温暖、湿润、凉爽的气候，不喜高温。喜充足阳光的环境。要求排水良好、腐殖质丰富的砂壤土或泥炭土。仙客来多用种子繁殖，还可采用球茎分割法繁殖。中小型盆花。下垂性的品种用作壁挂或吊挂观赏。

(8) 百合 (*Lilium brownii*)

百合科百合属，别名野百合、香港百合。叶散生多数，披针形。花顶生数朵，喇叭形，平展，花被筒深处淡绿色。花期8～10月。

喜温暖湿润和阳光充足环境。较耐寒。怕高温和高湿。百合要求肥沃、疏松和排水良好的砂质壤土，土壤pH以5.5～6.5最好。盆栽土壤以腐叶土、培养土和粗沙的混合土为宜。常用分株、扦插、播种和组培繁殖。

用于花坛、花境、专类园、盆栽、切花。中高类型的品种还可以于稀疏林下或空地上片植或丛植。

(9) 郁金香 (*Tulipa gesneriana*)

百合科郁金香属，别名洋荷花、草麝香。茎、叶光滑，被白粉。叶3～5枚，带状披针形。花有白、黄、橙、红等单色或复色。花期3～5月。

喜冬季温暖、湿润，夏季凉爽、稍干燥、阳光充足的环境。适宜富含腐殖质、排水良好的砂土或砂质壤土。以分球繁殖为主。

优秀的花坛或花境花卉，还是切花的优良材料及早春重要的盆花。

(10) 鸢尾 (*Iris tectorum*)

鸢尾科鸢尾属，别名屋顶鸢尾、蓝蝴蝶。花茎几与叶等长。总状花序。花期4～5月，果期6～8月。

自然生长于向阳坡地、林缘及水边湿地。性强健，耐寒性强。喜生于排水良好、适度湿润、微酸性的壤土，也能在砂质土、黏土上生长。耐干燥。用分株或播种繁殖。

在园林中可丛栽、盆栽，布置花坛，栽植于水湿洼地、池边湖畔、石间路旁，或布置成鸢尾专类花园，亦可作切花及地被植物，是庭园绿化的重要花卉之一。

(11) 芍药 (*Paeonia lactiflora*)

芍药科芍药属，别名将离、离草。高1m左右。具纺锤形的块根，初出叶红色，茎基部常有鳞片状变形叶。花大且美，有芳香，单生枝顶；花瓣白、粉、红、紫或红色。花期4～5月。

性耐寒，喜冷凉，忌高温多湿，土质以深厚的壤土最适宜，以湿润土壤生长最好，但排水必须良好。芍药性喜肥，圃地要深翻并施入充分的腐熟厩肥，在阳光充足处生长最好。芍药的繁殖方法有播种、扦插和分株，通常以分株繁殖为主。

芍药花大艳丽，品种丰富，在园林中常成片种植，花开时十分壮观，是近代公园或花坛装饰应用的主要花卉。或沿着小径、路旁作带形栽植，或在林地边缘栽培，更可用于完全以芍药为主题的专类花园。芍药还是重要的切花，或插瓶，或作花篮。

(12) 蜀葵(*Althaea rosea*)

锦葵科蜀葵属，别名大蜀葵、戎葵。蜀葵植株高可达 2～3m，茎直立挺拔，丛生，不分枝。叶片近圆心形或长圆形，花单生或近簇生于叶腋，有时成总状花序排列，花径 6～12cm，花色艳丽，有粉红、红、紫等。花期 6～8 月。

喜光，不耐阴，地下部耐寒，不择土壤，但以疏松肥沃的土壤为好。蜀葵可采用播种繁殖，也可用分株和扦插繁殖。

重要的夏季园林花卉，可栽植于墙边、路旁、坡脚、水边、花坛和庭园角隅处，用作背景、花墙等。

(13) 天竺葵(*Pelargonium hortorum*)

牻牛儿苗科天竺葵属，别名洋绣球、入腊红。多年生的草本花卉。叶掌状有长柄，叶缘多锯齿，叶面有较深的环状斑纹。花冠通常 5 瓣，花序伞状，长在挺直的花梗顶端；花色红、白、粉、紫，变化很多。花期由初冬直至翌年夏初。

生性健壮，适应性强，各种土质均能生长，但以富含腐殖质的砂壤土生长最佳；喜阳光，好温暖，稍耐旱，怕积水，不耐热。繁殖以扦插为主。

园林中多用于花坛、种植钵，也可盆栽观赏。

(14) 韭兰(*Zethyranthes grandiflora*)

石蒜科葱兰属，别名韭莲、风雨花。株高 15～30cm，成株丛生状。花粉红色，花瓣略弯垂。花期 4～9 月。

生性强健，耐旱，喜温暖、湿润和阳光。耐寒性稍差。喜排水良好、肥沃的砂质土壤。可用分株法或鳞茎栽植，全年均能进行。

适合庭园、花坛、缘栽或盆栽，半阴处作地被栽植。

(15) 文殊兰(*Crinum asiatieum*)

石蒜科文殊兰属，别名文珠兰、罗裙带、秦琼剑。叶片宽大肥厚，常年浓绿，长可达 1m 以上，前端尖锐，好似一柄巨人的绿剑。花被线形，白色。盛花期 7 月。

喜温暖，不耐寒，稍耐阴，喜潮湿，忌涝，耐盐碱，宜排水良好肥沃的土壤。常用分株法繁殖，也可用播种法。

文殊兰花叶并美，具有较高的观赏价值，既可作园林景区、校园、企业绿地、居住区草坪的点缀品，又可作庭园装饰花卉，还可作房舍周边的绿篱；如用盆栽，则可置于会议厅、宾馆、宴会厅门口等处。

(16) 风信子(*Hyacinthus orientalis*)

百合科风信子属，别名洋水仙、五色水仙。地下具球形鳞茎。叶厚，披针形，顶生总状花序，花钟状，小花密生在花茎上部，有红、黄、白、蓝、紫等色，具浓香，花期 3～5 月。

性耐寒，喜凉爽、湿润和阳光充足环境。喜肥，宜在排水良好、肥沃的砂壤土中生长。以分球繁殖为主，也可播种繁殖。

早春开花的著名球根花卉。适于布置花坛、花境和花槽，也可作切花、盆栽或水养观赏。

(17)朱顶红(*Hippeastrum vittatum*)

石蒜科朱顶红属，别名孤挺花、百子莲等。叶片两侧对生，带状，叶片多于花后生出。总花梗中空，被有白粉，顶端着花2~4朵，花喇叭形，有大红、玫红、橙红、淡红、白等色。花期由冬至春，甚至更晚。

朱顶红喜温暖湿润气候，忌酷热，阳光不宜过于强烈，应置荫棚下养护。怕水涝。喜富含腐殖质、排水良好的砂壤土。用分球、分割鳞茎、播种或组培法繁殖。

适合盆栽。园林中可用于花境、丛植。其茎干较长，可用于切花。

2.3.2.4　水生花卉

(1)荷花(*Nelumbo nucifera*)

睡莲科莲属，别名莲、水芙蓉。地下茎在浅水泥中横生，通称"藕节"。须根、叶及花均着生于茎节上。叶大盾状圆形，花单生，花朵大，色泽清丽，有白、粉红、淡紫等色。花期7~8月。

性喜温暖湿润的气候和阳光充足的水湿环境。喜肥，宜生长在肥沃、有机质多的微酸性黏土中。可用播种法和分株法繁殖。

盆栽、缸栽观赏，是重要的水面绿化植物。也可作瓶插观赏。

(2)睡莲类(*Nymphaea* spp.)

睡莲科睡莲属，多年生水生花卉。根状茎直生。叶基生，叶柄细长，浮于水面。叶光滑近革质，圆形或椭圆形。花单生于细长的花柄顶端。花色有深红、粉红、白、紫红、黄、蓝等。花期6~9月。

喜阳光充足、通风良好、水质清洁的环境。要求肥沃的中性黏质土壤。喜温暖。以分株繁殖为主，也可播种繁殖。

适宜丛植，点缀水面，可盆栽观赏。

(3)凤眼莲(*Eichhornia crassipes*)

雨久花科凤眼莲属，别名水葫芦、凤眼兰。须根发达，悬垂水中。倒卵状圆形或卵圆形叶片，全缘，鲜绿色而有光泽，叶柄中下部膨胀呈葫芦状海绵质气囊。花茎单生，高20~30cm，花为浅蓝色，呈多棱喇叭状，花瓣中心生有一明显的鲜黄色斑点，形如凤眼。花期7~9月。

环境适应性强，最喜水温18~23℃。具有一定耐寒性。喜生浅水中，随水漂流。以分株繁殖为主，也可播种繁殖。

可以片植或丛植水面，还可用于鱼缸装饰，良好的切花素材。

(4)雨久花(*Monochoria korsakowii*)

雨久花科雨久花属，别名水白菜、蓝鸟花。茎直立，高20~80cm，基部呈现红色。基生叶广卵圆状心形，长3~8cm，顶端急尖或渐尖。总状花序顶生，花直径约2cm。花果期7~10月。

喜温暖、潮湿和阳光充足的环境，也耐半阴，不耐寒。种子繁殖。

在园林水景布置中常与其他水生观赏植物搭配使用，是一种极好而美丽的水生花卉。亦可盆栽观赏，花序可作切花、插花材料。

2.3.3 藤本植物

(1) 吊兰(*Chlorophytum comosum*)

百合科吊兰属，别名吊竹兰、宽叶吊兰。叶基生，狭长呈宽线形，顶端渐尖。花茎细长，高出叶面，花小，白色。夏季开花。

性喜温暖、湿润的空气环境，耐半阴。忌直射阳光，不耐寒。要求疏松肥沃、排水良好的土壤。常用压条繁殖。

吊兰，叶形如兰，叶色翠绿，四季常青，匍匐茎常向盆外四周下垂。将其悬挂于窗前或橱顶，作垂直绿化用，人们称之为"空中花卉"。

(2) 洋常春藤(*Hedera helix*)

五加科常春藤属，别名长春藤。茎蔓柔软而细长，常攀绕在其他物体上生长。叶面暗绿色，叶脉黄白色，由叶脉构成不太明显的花纹，叶背苍绿至黄绿色。由许多小花组成球状伞形花球，再由几个花球共同组成总状花序。花期7~8月。

耐寒力较强，不耐高温酷暑。庇荫环境下才能正常生长。对土壤要求不严，喜疏松的中性和微酸性土，也耐轻碱。不耐旱而耐水湿。采用扦插繁殖。

盆栽室内观赏，是垂直绿化的良好材料。

(3) 龟背竹(*Monstera deliciosa*)

天南星科龟背竹属，别名蓬莱蕉。叶厚革质，幼时心脏形，无孔，长大后广卵形、具不规则羽状深裂，叶脉间有椭圆形穿孔。佛焰苞花序，淡黄色。花期8~9月。

喜凉爽而湿润的气候条件，喜光但应避免夏季中午的直射光。土壤以腐叶土最好。耐旱性较差，适宜富含腐殖质的中性砂质壤土。可用播种繁殖和扦插繁殖。

著名的观叶植物。室内盆栽陈设应用广泛。宜单株摆放，置于房间的角隅。室内花园多摆放在水池的边缘，让气生根围绕池壁生长，或植于假山脚下，让茎秆顺着山石向上生长，极富自然情趣。

(4) 绿萝(*Scindapsus aureum*)

天南星科绿萝属，别名黄金葛、魔鬼藤。茎蔓细长而下垂。叶片心形或卵形，光亮，嫩绿色，常具淡黄色斑块；长60cm以上，但在室内盆栽条件下，往往茎干纤细，叶片长约10cm；叶片较尖。

喜温暖、荫蔽、湿润，喜散射光。要求土壤疏松、肥沃的砂质壤土。冬季温度需高于5℃。可扦插或压条繁殖。

小型吊盆、中型柱式栽培或室内垂直绿化，营建绿色的自然景观，情趣生动。

(5) 紫藤(*Wisteria sinensis*)

蝶形花科紫藤属。叶互生，卵形或卵状披针形。总状花序下垂，侧生于一年生枝上，堇紫色，芳香，花先叶或与叶同时开放，花冠蝶形。花期4~5月。

适应性强，喜光，略耐阴。喜温暖湿润环境，但亦有一定的耐寒、耐旱能力。对土壤要求不严，在瘠薄、微碱性土壤中也能生长，但以深厚、肥沃、湿润的砂壤土或壤土为好，不耐移植。可用播种、扦插、压条、分株、嫁接等方法繁殖，主要用扦插法繁殖。

优良的垂直绿化材料，可用来绿化棚架，形成绿色亭廊，也可以作为枯树、山石的绿化材料，形成老态龙钟、枯木逢春的景观，还可以孤植、片植于庭前墙角，使其长成灌木状。紫藤还是作桩景的好材料，形成老树虬枝，古雅而优美。

（6）观赏南瓜（*Cucurbita pepo* var. *ovifera*）

葫芦科南瓜属。叶片大，浓绿色。花较大，鲜黄或橙黄色，筒状。瓜形有扁圆形、长圆形、梨形、瓢形、碟形等，瓜色有绿、橘红、黄等颜色，间有条纹或斑纹。

观赏南瓜吸肥力强，相当耐贫瘠和干旱。土壤以土层深厚、排水良好的壤土至轻松的砂质壤土最为理想，土壤 pH 值以 5.5 ~ 6.8 为宜。主要采用种子繁殖，也可扦插。

主要用于庭荫、棚架绿化，是较佳的观果植物。

（7）五叶地锦（*Partheocissus quinquefolia*）

葡萄科爬山虎属，别名美国地锦。茎卷须吸附型落叶大藤本。顶端具吸盘的卷须长，吸盘大，5 ~ 12 分枝，幼枝紫红色。小叶 5，两面绿色。圆锥花序。果蓝黑色，径约 7mm。

喜光及空气湿度高的环境，在我国较干燥地区和季节，吸盘形成难，故吸附能力较差。扦插、压条、播种均可，以扦插为主。

生长旺盛，秋叶血红，新枝叶亦红色，十分艳丽。宜用于屋面、墙壁等垂直绿化。

（8）凌霄（*Campsis grandiflora*）

紫葳科凌霄属，别名凌霄花、紫葳。落叶藤本类植物。小叶 7 ~ 9，无毛，叶缘疏生 7 ~ 8 齿，聚伞圆锥花序。花橘红色。花期 7 ~ 8 月，果期 10 月。

性强健，喜光，也略耐阴；喜温暖湿润，有一定的耐寒性。对土壤要求不严，最适于肥沃湿润、排水良好的微酸性土壤，也能耐碱；耐旱，忌积水。萌芽力、萌蘖力均强。扦插、压条、分株、播种繁殖。

依附在假山、古树、花架、竹篱或阳台铁窗，能组成各种造型的绿色画屏。也可修剪成灌木状丛植或盆栽。

（9）忍冬（*Lonicera japonica*）

忍冬科忍冬属，别名金银花。幼枝密被柔毛和腺毛，老枝棕褐色，呈条状剥离，中空。叶对生，卵形至长卵形。花成对腋生，花梗及花均有短柔毛；花冠初开时白色，后变黄色。花期 4 ~ 6 月，果期 7 ~ 10 月。

适应性强，生长迅速。喜光亦耐阴、耐寒、耐旱，对土壤要求不严，以湿润、肥沃、深厚的砂壤土生长最好。根系发达，萌蘖性强。播种、扦插、压条、分株繁殖。

布置夏景的优良材料。适于篱垣、花架、花廊、门架配置。用于山坡、水边、林间树下作地被。老桩可作盆景。鲜花经晒干或按制绿茶的方法制干，即为金银花的成品。

（10）扶芳藤（*Euonymus fortunei*）

卫矛科卫矛属，别名花叶爬行卫矛。茎匍匐，有气根。叶对生，卵圆形，叶边淡黄至金黄色。聚伞花序腋生，花白绿色。蒴果黄红或淡红色。花期 5 ~ 6 月，果熟期 9 ~ 10 月。

性喜温暖、湿润环境，喜阳光，亦耐阴。适于疏松、肥沃的砂壤土中生长。播种、扦插、压条繁殖。

扶芳藤是少有的常绿耐寒树种。它适应性强，枝叶繁茂，终年苍翠，常用于覆盖地面、攀附假山、岩石、老树。可以作为观叶地被，覆盖地面快，不但能美化环境，还能吸附粉尘。盆栽观赏，吊挂窗前，显得生机盎然。

（11）木香（*Rosa banksiae*）

蔷薇科蔷薇属，别名木香藤、七里香。树皮红褐色。小叶 3 ~ 5，椭圆状卵形，边缘细锯齿。伞形花序，木香花白色或淡黄色，芳香；有单瓣、重瓣之分；小花品种甚为普遍，大花品种不多见，较名贵；花径 1.5 ~ 2.5cm。果近球形，红色。花期 4 ~ 7 月，果期 9 ~ 10 月。

喜阳光，适宜背风向阳之地，忌潮湿积水，要求排水良好、土层深厚肥沃的砂质土壤。较耐寒，萌芽力强，耐修剪整形，可用扦插、压条、嫁接等方法繁殖。

木香可广泛用于棚架、花格墙、篱垣和墙壁上作垂直绿化，也可在假山旁、墙边或草地边缘种植，并可作为簪花、襟花、切花。也可编花门、花亭、花墙或整形后丛植于草坪、园路转角、天井等处。

（12）猕猴桃（*Actinidia chinensis*）

猕猴桃科猕猴桃属，木质藤本。叶近圆形或宽倒卵形，顶端钝圆或微凹，基部圆形至心形，表面有疏毛。花开时乳白色，后变黄色，单生或数朵生于叶腋。花期 5 ~ 6 月，果熟期 8 ~ 10 月。

喜光稍耐阴，较耐寒。以湿润肥沃、排水良好的壤土为宜。根系肉质，忌水湿。可扦插、播种繁殖。

良好的垂直绿化植物，可作花廊、花架的装饰，也可观果。

小　结

本章主要介绍了园林花卉种质资源的种类及其分布。根据生态习性、栽培应用特点、原产地对其进行分类，并按照形态特征、生长习性、应用形式等对 100 余种可用于花卉装饰与应用的常见园林植物进行了简单介绍。

思考题

1. 根据花卉的栽培应用特点分类与根据生态习性分类各有何意义？
2. 一年生花卉、二年生花卉、宿根花卉、球根花卉、室内观叶花卉的应用形式有哪些？
3. 室内外装饰常用的花卉有哪些？其观赏特点如何？

推荐阅读书目

1. 花卉学 . 2 版 . 包满珠，义鸣放 . 中国农业出版社，2003.
2. 室内花卉装饰 . 徐惠风，金研铭，余国营 . 中国林业出版社，2002.
3. 庭园绿化与室内植物装饰 . 孔德政，李永华，杨红旗 . 中国水利水电出版社，2007.
4. 室内盆栽花卉和装饰 . 盖尹·塞奇著[英] . 范晓虹，编译 . 中国农业出版社，1999.
5. 现代庭园与室内绿化 . 胡长龙 . 上海科学技术出版社，1997.
6. 花卉装饰技术 . 朱迎迎 . 高等教育出版社，2005.
7. 植物造景 . 卢圣，侯芳梅 . 气象出版社，2004.

3

花卉观赏特性

与花文化

花卉是人类生存环境中的自然精华,是人类美好生活的调色板。由五彩缤纷的花卉装点的世界,为人们生活奉献着天然的美丽、勃勃的生机、无限的喜悦和无穷的灵气。古往今来,在人们生活的各个领域,无论是诗词书画,还是工艺制品、装饰图案,到处可见花的风韵。在现代繁忙、紧张、高速的生活节奏下,花卉成为人们相互问候和传递感情的使者。花卉种类繁多,形态各异,表现出千姿百态的观赏特性。人们素有养花、赏花的高雅风尚,并视花为美的化身和美好幸福的象征。历代文人经常在赏花后赋诗、填词、谱曲、作画以抒发自己的情感;现代人赏花在传承历史的基础上,在应用形式方面有了新的发展。既欣赏其外部形态的静态美,更欣赏动态的生命的内蕴;不仅娱人感官,更撩人情思,寄以心曲,达到赏心悦目、畅神达意、陶冶情操的意境,并经世代传承与发展,形成独特的花文化。

3.1 花卉观赏的最大特点

不同花卉各具观赏性,是指花卉的各个器官在生长变化过程中所表现出来的大小、颜色、形状、气味、姿态以及生长发育、生存规律的特性。它是室内外花卉装饰最主要的因素,具有许多不同于其他装饰因素的特点。其中最大的特点是具有生命,能生长,有季相变化,可随季节和岁月的变化而不停地改变其色彩、形状、质地、叶丛疏密度等特征。如某些落叶植物,一年中有4个截然不同的观赏特征,表现为春季鲜花盛开,新绿初绽;夏季浓荫葱茏;秋季色叶斑斓;冬季枝丫横斜。植物的这种季节性变化,为花卉装饰选择植物带来难度。设计者不仅要注意单株或群体植物在某个季节中的变化和功能,而且了解它们一年四季是如何演替的,以及随年代的推移所发生的变化。室内装饰则大多采用盆栽植物,可经常替换,装饰自由度较大。

3.2 花卉观赏的基本特性

根据美国风景园林教授诺曼·布思所著《风景园林设计要素》一书中的论述,植物的观赏特性主要是植物的大小、形态、色彩和质地等。

3.2.1 植物大小

植物的大小是植物最重要的观赏特性之一。在装饰应用设计中,应首先考虑其大小,因其大小直接影响着空间范围、结构关系及设计的构思与布局。通常情况下可将花卉植物分为乔木、灌木、地被植物和藤本等几类。在室内运用则可分为大、中、小型盆栽等。

(1)乔木

一般具有较大的形体,大多主干明显。这类植物因高度和体积而成为显著的观赏要素,常作为庭园或室内空间的焦点和构图中心。乔木一般又分为大、中、小3种,从景观的结构空间来看,最重要的植物便是大中型乔木。大乔木的高度在成熟期可以超过

图 3-1　大乔木在景观中作主景

12m，如悬铃木、白蜡、雪松等。而中型乔木高度一般为 9～12m。这两类植物因其高度和面积较引人注目，同时又各有其典型的形态、色泽与风韵之美，从而成为显著的观赏因素，是室外环境的基本结构和框架，使局部具有立体的轮廓，在景观设计的综合功能中占主导地位（图 3-1）。在平面布局中，它占有突出的地位，可以充当视线的焦点。作为结构因素，其重要性随着室外空间的扩大而愈加突出。设计时应首先确定大乔木的位置，然后再配置中小型植物，以完善和增强大乔木形成的结构和空间特征。

　　高度在 4.5～6m 的植物为小乔木，如海棠类、紫荆类等。它在景观中也具有许多潜在的观赏功能。首先，小乔木的树干能从垂直面上暗示空间边界，常称为"框景"。当其树冠低于视平线时，它将会在垂直面上完全封闭空间。当视线能透过树干和枝叶时，小乔木就充当前景的漏窗（图 3-2）。其次，在顶平面上其树冠能形成室外空间的天花板，这样的空间常使人感到亲切。最后，小乔木也可以作为焦点和构图中心，这一特点是靠其明显的形态、花或果实来完成的，按其特征常被布置在那些醒目的地方，如入口附近、通往空间的标志及突出的景点等。在狭窄的空间末端小乔木也可以像是一件雕

图 3-2　小乔木充当雕塑的漏窗

图3-3　小乔木作为主景或出入口的标志

塑或是抽象形象布置，以引导和吸引游人进入此空间（图3-3）。

　　由于乔木在庭园中极易超出设计范围和压制其他较小因素，因此，在很小的空间设计中应慎用乔木。一般以树冠离地3～4.5m高的乔木和高度为1.8～2.5m的大型盆栽用于庭园和室内的花卉装饰时，其空间就会显示出情趣。乔木在庭园中还常被用来提供阴凉。对一个庭园来说，种植在庭园的西南面、西面或西北面的乔木将会起到最大的遮阴效果。

（2）灌木

　　灌木通常分为大、中、矮3种。高度在3～4.5m的植物为大灌木，中灌木的高度为1～3m，矮灌木是在尺度上较小的植物，成熟期其高度仅1m左右。灌木相对乔木植株较为矮小，无明显主干，一般枝干丛生，其最突出的特点是叶丛几乎贴地而长。在景观上，大灌木组合犹如一堵围墙，能在垂直面上构成空间闭合（图3-4），还能构成极强烈的长廊性空间，将人的视线和行动直接引向终端，常用作庭园视线屏障和私密空间控制。在有些没围墙的庭园，高灌木还可替代围墙和栅栏。在小灌木的衬托下，大灌木能形成构图的焦点，其形态越狭窄，色彩和质地越明显，其效果越突出。在对比作用方面，高灌木可作天然的背景，用以突出设置于其前方的特殊景物，如雕塑或低矮的灌木造型等。而较矮的灌木能在不遮挡视线的情况下限制或分隔空间。同时，在构图上，矮灌木具有从视觉上连接其他不相关因素的作用（图3-5）。另外，在庭园中可充当附属因素。它能与较高的景物形成对比，但使用时，应该达到一定的面积，才能使整个布局具有整体感。中灌木的叶丛通常贴地或仅略高于地面，其观赏特性与小灌木基本相同，只是围合空间范围较之稍大点。此外，中灌木还能在构图中起到高灌木与矮灌木之间的视线过渡作用。

　　在室内无论是木本植物，还是草本植物，作为中型盆栽常单株摆放于几案、桌柜

图 3-4   常绿大灌木在垂直面上封闭空间

图 3-5   小灌木将两个分割的群体连成统一的整体

上，或落地放置于沙发、座位一侧，与大型盆栽相呼应。

(3) 地被植物

所谓地被植物指的是所有低矮丛生或贴地爬蔓的植物，其高度一般不超过30cm。在植物种类上，不仅包括多年生低矮草本和蕨类植物，还有一些适应性强的低矮、匍匐型的灌木和藤本植物。它可以作为室外空间的植物性地毯铺地。与小灌木一样，地被植物常在外部空间中划分不同形态的地表面。它能在地面上形成设计所需各种图案。当其与草坪或铺装材料相连时，其边缘构成的线条在视角上能引导视线，暗示着空间边缘。地被植物的另一功能，是从视觉上将其他孤立因素或多组因素联系成一组有机的整体（图3-6），也可作为衬托主要因素或主要景物的背景。同时，它还可以为那些不宜种植草皮或其他植物的地方提供下层植被。

藤本植物作为地被植物的一种具有特殊的观赏性，这类植物指的是枝叶蔓生，可以攀缘、悬挂于各种支架上或吸附于垂直的墙壁、山石上的植物。它们本身没有固定的形

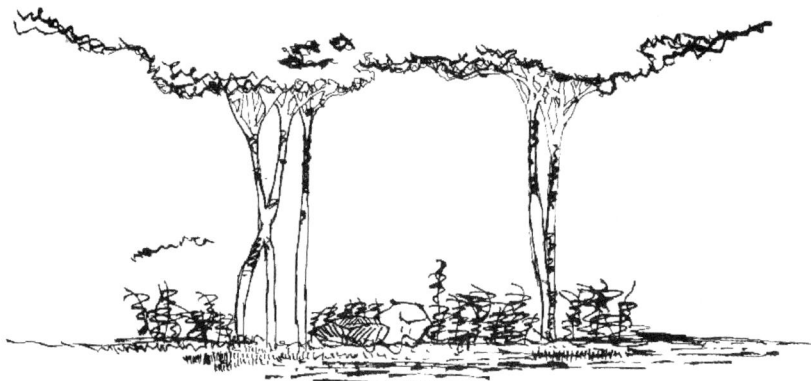

图3-6　地被植物将两组植物连成一体

图3-7　形态各异、大小不同的植物搭配以增强观赏效果

状，很少占用平面种植面积，但它们的空间大小可以随着所依附物的大小而变化。枝叶蔓生的植物通常还用于窗台、阳台的外缘种植，使其一侧的枝叶悬垂而下，组成绿色的飞瀑。在室内多用作悬吊或壁挂装饰，也可置于高柜的顶部外缘，让其蔓生枝叶自然下垂。

总之，植物的大小是所有植物材料中最重要、最引人注目的特征之一，如果从远距离观赏，这一特征更为突出。除色彩的差异外，植物的大小和高度在视觉上的变化特征更为明显。因此，既定的空间中，植物的大小应成为种植设计中首先考虑的观赏特性，成为种植设计的骨架，而植物的其他特性为其提供细节。在一个设计中植物的大小和高度，能使整个布局显示出统一性和多样性，使整个布局丰富多彩，植物的林冠线高低错落有致(图3-7)。

3.2.2 植物形态

形态是客体或空间真实的三维影像。植物形态包括植株形态与器官形态。植株形态是指单株或群体植物的大致外形轮廓。器官形态是指枝、叶、花、果呈现出的各种各样的形态。植物的形态变化范围很广，不仅树冠有圆、椭圆及各种不规则形状，大轮廓还会受到主干、枝条、叶、花、果等形态变化的影响而处于动态变化之中。虽然其观赏特征不如植物大小特征明显，但是它在装饰的构图和布局上，影响着统一性和多样性，在作为背景以及在与其他不变设计因素配合中，也是一个关键的因素。花卉植株形态的基本类型有：卵形(纺锤形)、圆柱形、水平展开形(伞形)、圆球形、圆锥形、垂枝形和特殊形。器官形态更是变化多端，每一种形态都具有自己独特的性质和设计应用。花卉这种造型上的多样性为装饰应用设计提供了巨大的灵活性，同时，也可改变空间及物体造型的凝固不变带来的枯燥感，有效地激活空间形象。

(1) 卵形(纺锤形)

卵形植物的形态中间宽，两头窄，顶部尖细，如圆柏、毛白杨等。如细分还可分为倒卵形、宽卵形等。这类植物通过引导视线向上的方式，突出空间的垂直面。还能为一个植物群落和空间提供一种垂直感和高度感。在设计中应慎重使用这类植物，以免造成过多的视线焦点。

(2) 圆柱形

圆柱形植物两头平，上下几乎一样宽，高度大于宽度。因此，与卵形的设计用途类似，也有突出空间垂直面的作用，但显得较为平稳。

(3) 水平展开形(伞形)

水平展开形植物具有水平方向生长的习性，宽度与高度几乎相等，如玉兰、山楂等。这类植物的形状能使设计构图在空间上产生一种宽阔感和外延感，引导视线沿水平方向移动。多用于从视线的水平方向联系其他植物形态。在构图中这类植物与纺锤形和圆柱形植物形成对比的效果。

(4) 圆球形

圆球形植物具有明显的圆球形状，如毛榉、鸡爪槭等。其外形圆柔温和，可以调和其他景物线条，也可以和其他曲线形的因素相互配合、呼应。它是植物类型最多的种类之一，在数量上也独占鳌头，在引导视线方向上既无方向性，也无倾向性。在整个构图中，不会因使用这类植物而破坏设计的统一性。

（5）圆锥形

圆锥形植物的外形呈圆锥状，整个形体从底部逐渐向上收缩，最后在顶部形成尖头，如雪松等。该类植物除具有易引人注意的尖头外，总体轮廓也非常分明和特殊。它可以用来作为视觉景观重点，特别是与较矮的圆球形植物搭配在一起时，其对比之下更为醒目（图3-8），也可以与尖塔形的建筑或尖耸的山巅相呼应。另外，它也可以用在协调硬质的、几何形状的传统建筑设计中。

图3-8　圆锥形植物在圆球形植物中的突出作用

（6）垂枝形

垂枝形植物具有明显的悬垂或下弯的枝条，常见的有垂柳等。它能起到将视线引向地面的作用，所以最理想的做法是将该类植物种在水池的边沿或地面的高处。在室内则多用作悬吊装饰。

（7）特殊形

这类植物具有奇特的造型，最好作为孤植树，放在突出的位置，以此构成独特的景观效果。特殊形植物具有奇特的造型，形状千姿百态，有不规则的、扭曲的和缠绕螺旋式的等。它们通常是在某些特殊环境中已生存多年的老树，其形态大多数都是由自然造成的。

虽然对树木的形态做了分类，但并非所有的植物都能准确地符合上述形态。有些形状极难描述，而有些越过了植物类型的界限。尽管如此，植物的形态仍是一个重要的观赏特性。当植物以群体出现时，单株的形象便消失，它自身的造型能力受到削弱，此时，整个群体植物的外观便成了重要的方面。

（8）器官形态

器官形态突出反映在叶、花、果上。在众多的植物中，叶的类型不乏新奇怪异者，如变叶木的形态多样、色彩艳丽；还有许多叶似花、叶胜花的种类，如一品红、三角梅、火鹤花、马蹄莲的苞叶，猪笼草的捕虫囊，以及芦荟的变形叶。这些多种多样、变化无穷的叶片给人以无限的遐想。

与叶相比，花乃人们的视觉中心。那绚丽缤纷的花朵，以其娇艳的姿色、馥郁的馨香，给人们带来美的享受。许多拟态花，如兜兰、三色堇、红绒球和鹤望兰等，它们那独特的形态也会给人留下深刻的印象。

果实也是植物的一个重要观赏器官。佛手、五指茄等以其神奇可爱的果形赢得人们的赞赏；金橘、锦柑则是一树千果，硕果累累，分外夺目；人心果不但果形美观，而且有一个美好的名字，喻示幸福吉祥。

此外，植物形态还与树叶类型密切相关。树叶的类型包括树叶的形状和持续性，并与植物的色彩在某种程度上有关。通常树叶类型有3种：落叶型、针叶常绿型、阔叶常绿型。

落叶型植物　秋天落叶，春天再生新叶。通常叶片扁薄，并具有不同的形状和大小。该类植物从地被植物到参天乔木均具有各种形态、色泽、质地和大小，突出表现在季相的变化上。可以与常绿植物形成鲜明的对比（图3-9），而且因具有特殊的外形、花色或秋色叶而被广泛应用。冬季凋零的稀疏枝干投影在路面或墙上时，可以造成迷人的景象，有助于消除单调感。

图3-9　落叶枝条在常绿植物的衬托下更加醒目

　　针叶常绿树　树叶常年不落。它既有低矮灌木也有高大乔木，并具有各种形态、色泽和质地。它没有艳丽的花朵，与落叶植物一样，它具有自己的独特性和多种用途。除柏树类以外，其色彩比所有种类的植物都深，特别是在冬季最为明显。这使得常绿树显得端庄厚重，在设计中常用以表现稳重、沉寂的视觉特征。常绿植物的一个显著特征，就是其树叶色彩一年四季相对稳定，能使某一局部构成一个永恒的环境。由于其树叶的密度大，在屏蔽视线、阻止空气流动方面非常有效。它是提供永恒不变的屏障和控制隐秘环境的最佳选择。

　　阔叶常绿型植物　叶型与落叶植物相似，但叶片常年不落。与针叶常绿树一样，叶色都呈深绿色，且叶片多具有反光的功能，从而使得该类树木在阳光下显得光亮。此类植物的一个潜在用途，是能使一个开放性户外空间产生耀眼的发光特性，还可以布局在向光处显得轻松通透。因其花期较短，使用此植物时应主要考虑其叶丛，花朵只作为附加因素考虑。

3.2.3　植物色彩

　　色彩是植物对光线吸收与反射的结果。人们通过眼睛能够分辨出不同波长的可见光，从而产生了红、橙、黄、绿、青、蓝、紫的感觉。单色光引起人的相应色觉的属性称为色相，色相有纯度、明度等特征。不同色相的色光及其纯度、明度的变化，能造成不同的温度、距离、方向、面积与重量感觉，从而形成了万紫千红的颜色。植物的色彩也是最引人注目的观赏特征之一。花卉的色彩十分丰富，可覆盖整个色谱。不同颜色有各自不同的色相特点，颜色对视觉在空间属性的大小、轻重和远近的作用，以及颜色对人们情感和心态的感受作用有很大的不同。植物的色彩直接影响着空间的气氛和情感。如鲜艳的色彩给人以轻快、欢乐的气氛，而深暗的色彩给人以郁闷的感觉。红、黄色等暖色系常给人温暖、热烈和兴奋的感觉，蓝色等冷色系常使人产生清凉、宁静的感觉，白色具有协调性。

（1）色彩呈现特征

　　植物包含的所有色彩通过植物的各个器官如花、果、叶、枝干等呈现出来，并伴随着季节呈现不同的季相变化。

　　①花色　在植物界中具有最丰富、最明显的色彩效果，有了鲜艳夺目的花卉装扮，可以使居室、庭园熠然生辉。因此，鲜花常用来烘托某种气氛或形成视觉焦点。各种不同的植物在不同的时间可以表现出不同的花色。

　　②果色　植物的果色以红紫为贵，黄白次之。一般果色大多显现于夏秋之际，此时花色较少，果实的色彩无疑为空间增色不少。

　　③叶色　自然界中绝大多数植物的叶色为绿色，绿色调中又有黄绿、蓝绿、铜绿、紫绿等不同深浅的变化，这些和谐的绿色成为园林的基调色，叶色中色彩效果最明显的莫过于秋色叶景观。另外，早春或新梢萌芽时的叶色变化也极为丰富。还有一些植物的叶色终年呈红色、黄色等，如红叶李、红叶乌桕、黄心梅、黄心榕等。此外，斑叶也多姿多彩，如五彩缤纷的彩叶草和变叶木、艳红美丽的朱蕉、嫣红黛绿的秋海棠、绮丽脱俗的花叶良姜等。

④枝干颜色 大多数植物枝干为普通的暗褐色，没有花、果、叶所具有的强烈色彩观赏效果。但也有一些树木具有色彩别致的树干，呈现红色、白色等，如柠檬桉。

⑤根色 不同植物的根也有不同的色彩，如许多植物的白色幼根、龙血树属植物的橘红色根等。一般只有当植物在透明容器中水培时，才能欣赏到观赏植物的根，如水仙花的根。

（2）色彩与视觉

色彩，能唤起人的第一视觉，在景观设计中最引人注目。人们可以根据不同的偏好，创造出不同视觉感受的空间。色彩对空间属性的大小、轻重和远近的视觉作用，以及对人们情感和心态的感受作用，在花色应用设计中是十分重要的。在光谱中，红、橙、黄称为暖色系，紫、蓝、绿为冷色系。暖色系视觉感受为温暖、热烈，视觉空间产生膨大感；而冷色系则显清凉、宁静，视觉上有收缩感。以暖色作背景时前面的物体显小，用冷色作背景时前面的物体显大。暖色系有向前和接近感，比较引人注目，使人目光久留；冷色系有后退及远离感，易分散人们的视线。因此，只有了解了色彩和视觉的特点，才能在花卉装饰应用与设计上运用自如。

以植物基本色绿色为例，就有许多不同的视觉效果。各种不同色调的绿色，可以突出景物，也以重复出现达到统一，或从视觉上将设计的各部分联结在一起。深绿色能使空间显得恬静、安详，使人产生接近感；浅绿色植物能使人产生欢欣、愉快和兴奋感，但在视觉上有后退及远离感。因此，在将各种色度的绿色植物进行组合时，相对于观赏者而言，较深色的植物通常为背景，使构图保持稳定，浅色植物作前景，使构图轻快。不同色相的重量感也不同，如红色、青色较黄色、橙色厚重。这些是室内花卉装饰中渲染气氛、达到均衡需要考虑的因素。在进行室内花卉装饰时应有确定的主题，以使植物同环境形成补充或对比的明确关系，避免用色杂乱造成视觉疲惫，导致装饰失败。

（3）色彩与季相

由于植物的季相变化，其色彩也随着时间的改变而相应变化，把不同色彩、不同花期的植物搭配种植，可使得同一地区在不同时期，产生某种特定的时间景观效果。由于色彩在一年中的大部分时间里十分重要，在设计时应多考虑夏季和冬季树叶的色彩，花朵的色彩和秋季的叶色虽然丰富多彩，但是其持续时间不长。在夏季树叶色彩的处理上，最好使用一系列具有色相变化的绿色植物，使构图产生丰富的视觉效果。将两种对比色配置在一起，其色彩的反差更能突出主题。例如，绿色在红色或橙色的衬托下会显得更加浓绿；使用夏季的绿色植物作基调，那么花色和秋叶则可以作为强调色，使观赏者注意设计中的某一重点景色。

植物还有常绿植物与落叶植物之分，这也是植物色彩变化和季相变化的一种体现。常绿植物在整体布局中有着相对的稳定性。落叶植物能使一年的季相变化更为显著，其枝干在冬季叶片凋零光秃后呈现的独特景象，是常绿植物无法比拟的。因此，在庭园的整体布局中应将这两种植物有效地组合起来，从而在视觉上相互补充。室内布置则可有意识地多选择常绿植物。

（4）色彩与习俗

色彩虽是物体对光线吸收和反射的结果，但不同国家和民族往往对不同的色彩有截然不同的感受，如我国习惯以素服黑纱表示哀悼，以白和黑表示悲痛的气氛；而日本却以绿色表示哀悼与悲痛。这种感觉上的差异是与历史背景、文化习俗密切相关的。花卉装饰应用中应考虑到地区传统的色彩隐喻，注意色彩的文化内涵。

红色是一种刺激性强、激动人心、热烈、使人兴奋的颜色，象征着生命与活力。在我国，红色被视为喜庆、美满、吉祥和尊严的象征，礼仪、庆典和各类民俗活动中多用红色和红花。民间多有赏红习俗，常用红纸圈束拢花梗和叶片或直接套在枝梢上表示喜庆祥和。很多国家也都喜爱红色，如日本的情人节以出售红色香石竹为主，法国人喜欢粉红色花卉，荷兰人将橙色和蓝色一起定为国色，泰国人认为红色是勇敢的象征。

黄色轻快、明亮，具有神圣和辉煌之感。我国封建时代的皇帝的龙袍和宫廷饰品多采用黄色，用以象征神圣与权威。东方的佛教常用黄色表示超脱世俗；希腊神话中的美神身着黄色服装；罗马婚礼礼服也用黄色，表现神圣和美丽气质。自然界中黄色系的花较常见，而且多数都有香气，如黄月季、栀子花、木香等。这些黄色花卉给人带来温馨感，是现代音乐会和婚礼用花中最常用的种类之一。但马来西亚、新加坡禁忌黄色，阿拉伯人也不喜欢黄色，因为黄色容易使人联想到沙漠的颜色。

蓝色有深远、凉爽与高贵感，是和平、诚实与善良的象征。在基督教艺术中，把蓝色作为天国的象征，圣母的眼帘多用蓝色。法国人也喜爱蓝色，荷兰人把蓝色定为国色，但埃及人却认为蓝色是魔鬼的象征。飞燕草、蓝亚麻和紫草科中一些植物的花为蓝色，颇受北欧各国喜爱。夏季用蓝色花装饰居室空间，会给人增添凉爽感，产生深远和宁静的效果。

绿色兼具蓝色的深远和黄色的明快，是一种象征和平和欢乐的色彩。如诺亚方舟中的橄榄叶，毕加索为世界和平大会画的和平鸽嘴里衔着的橄榄枝均是绿色。绿色是大自然的基色，在花卉装饰中，绿色的叶片永远是鲜花的衬托，切叶在花艺饰品中也起到了背景和底色的作用。

白色是暖色与冷色的过渡色。多数国家都把白色作为纯洁的象征，婚礼上新娘洁白的婚纱和白色捧花象征着纯洁无瑕和忠贞不渝的爱情。欧美白种人普遍喜爱白色花，但非洲人以及美洲印第安人却常用白色来描绘魔鬼。部分国家的丧礼使用白色。自然界中开白色花的花卉约占花卉总数的1/3。用白花作室内装饰具有柔和与清凉感，特别是盛夏更显清爽。用白花装点生活环境，还可营造恬静的气氛，利于习作和抚慰精神。

(5)色彩与景观设计

植物的色彩在景观设计中能发挥众多的功能。因为色彩足以影响设计的多样性、统一性及各空间的情调和感受。植物色彩与其他植物视觉特点一样，可以相互配合协调使用，在设计中起到突出植物的尺度和形态的作用。色彩关系除花材之间的搭配外，还应包括花材与周围环境及背景，花材与栽植容器间的关系。如在露地花卉的应用上，花坛、花境的花卉色彩是表现景观的主要因子，而背景颜色对它的烘托作用也是极为重要的。在吊盆观赏、花艺饰品的应用上，背景与容器颜色的选择更为重要。就花色应用而言，常见的运用方式如下：

①近似色的运用 指原色与相邻间色的组合，也包括同一色相内深浅程度不同的花色间的组合，如红色与橙色、橙红、粉红等同一色相花色的组合，黄色与绿色的组合

等。这种组合由于在色相、明度和纯度上都较接近，因此容易协调，并且具有柔和、高雅的气质。在居住空间等恬静环境的布置中，常运用这种组合，如窗帘、沙发套为淡紫色，用深紫色的补血草装饰桌面，就会显得高雅、宁静而协调。但色彩差异太小也会显得单调。

②补色对比的运用　互为补色的花色组合，由于色相、明度等方面差异大，因此对比强烈、醒目，能营造欢快、热烈的气氛。这在花坛、花境的设计中经常应用。如运用三色堇的黄、紫色园艺品种设计的盛花花坛，色调明快、醒目；橙红色郁金香与蓝色的风信子搭配，呈现出节日的欢快气氛。这种花色组合于空间较大、视觉距离较远的场合，能起到渲染气氛、引人注目、引导视线的作用。在花艺饰品中，也可运用这种组合提高色彩的明度，增加喜庆和欢乐气氛。

③三色系对比的运用　三色系对比是指 3 个距离相等的色彩之间的组合，如红、黄、蓝三色，橙、绿、紫三色等。这种色彩组合与补色效果相似，除大环境、远距离的运用外，也常用于花艺饰品。如采用橙、绿、紫一组三色系绑制的花束，搭配三色中任何一色的礼服，都具有华丽的效果。但三色系通常较难取得协调，若运用不当常会流于俗气，故需谨慎选择花材，并从花材数量和造型上进行协调，以收到理想的效果。

④冷色与暖色的运用　冷色与暖色的情感及视觉效果对比强烈，可用于花坛、花境的季相设计中。在夏季多利用蓝、紫等冷色系的花，在早春用红、橙、黄等暖色系的花，都能给人们增添舒适和愉悦感。冷暖色系均可与白色搭配使用，如红色花与白色花搭配，可增加红色的明快度，用白色作衬底和背景，可提高画面的清晰度。

⑤基色与特殊色的运用　在景观设计中，首先应以绿色为主，其他色调为辅。绿色这种无明显倾向性的色调能像一条线，将其他色彩有机地联系在一起。绿色的对比效果表现在具有明显区别的叶丛上，各种不同色度的绿色植物，不宜过多、过碎地布置，否则会使整个布局显得杂乱无章。另外，在设计中应谨慎使用一些特殊色彩，如紫色等，因为这些异常的色彩极易引人注意。如果慎重地将艳丽的色彩配置在阴影里，其色彩能给阴影中的平淡无奇带来欢快、活泼之感。同样，鲜艳的花朵也只宜在特定的区域内成片大面积地布置。

3.2.4　植物质地

所谓植物的质地，是指单株植物或群体植物直观的粗糙感和光滑感。它受植物叶片大小、表面光洁度、枝条长短、树皮的外形、植物的综合生长习性以及观赏植物的距离等因素的影响。质地除随距离而变化外，落叶植物的质地也随季相的变化而不同。植物的质地会影响其他设计因素，其中包括布局的协调性和多样性、视距感以及设计的色调、观赏情趣和气氛。质地是设计对象或要素可视或可触摸的表面性质。不同质地花卉的组合可产生许多变化，趣味无穷，给装饰设计者提供丰富的想象空间。各种植物之间都会有许多微小区别，根据植物的质地在景观的特殊性及潜在用途，通常将其分为 3种：粗壮型、中粗型及细质型。在庭园设计中，最理想的情况是均衡地使用这 3 种不同类型的植物，质地种类太少布局显得单调，但若种类过多布局又显得杂乱。对于较小的空间而言，适度的种类搭配更为重要。同时在质地的选取和使用上必须结合植物的大小、形态和色彩等其他观赏特性，以便加强这些特性的功能发挥。在布置中，近人的位置通常选用质地较细腻、较光洁的植物种类，质感粗的则宜作背景。

（1）粗壮型

粗壮型的花卉，通常叶片较宽大、浓密，枝干粗壮，质感粗糙，如橡皮树、龟背竹等。其观赏价值高、泼辣而有挑逗性。将其与中粗型及细质型植物配置时，格外抢眼。因此，粗壮型植物可作为焦点设计，以吸引观赏者的注意力。该类植物具有强壮感，能使景物有趋向赏景者的动感，从而造成观赏者与植物间可视距离短于实际距离的幻觉。众多的此类植物，能通过吸收视线"收缩"空间的方式，使某室外空间显得小于其实际面积。这一特性最适宜运用于超过人们正常舒适感的空间中。此类植物通常还具有较大的明暗变化，因此，多用于不规则的景观中。

（2）中粗型

中粗型植物是指具有中等大小叶片、枝干，质感中等，以及具有适度密度的植物，如龙血树、丝兰等。与粗壮型植物比较，中粗型植物透光性较差，而轮廓较明显。中粗型植物占植物种类的绝大多数，在景观设计中占绝大比例，与绿色一样，它也应成为设计的一项基本结构，充当粗壮型和细质型植物之间的过渡成分。该类植物还具有将整个布局中的各个部分联结成一个统一整体的功能。

（3）细质型

细质型植物长有许多小叶片和微小脆弱的小枝，具有整齐、密集的特性，如斑叶竹芋、孔雀竹芋、鸡爪槭等。该类植物的特征及观赏特性恰好与粗壮型植物相反。它们通常具有一种"远距"观赏者的倾向，当其大量植于户外空间时，会产生一个大于实际空间的幻觉。如恰当地种植在某些背景中，可使背景整齐、清晰、规则。该类植物最适宜在景观中充当更重要的中性背景，为布局提供幽雅、细腻的外表特征。在与粗壮型和中粗型植物相互配置时，可增强景观变化。

3.2.5　植物气味

植物的气味对于居室内外小空间而言，具有特别重要的意义。自然的香气能创造一种温馨、沁人的氛围，令人心情舒畅、疲劳消除、轻松健康。园林芳香植物作为一种新型的植物类群，应用前景广阔。芳香植物是指植物某器官中含有芳香油、挥发油和精油的一类植物，也叫香料植物。我国芳香植物资源丰富，种类繁多，主要集中在芸香科、樟科、唇形科、蔷薇科和菊科五大科。就木本园林芳香植物而言，目前园林中常用的种类主要涉及桂花、含笑、梅花、蜡梅、栀子、茉莉、柑橘类等植物。不同植物种类有不同的香气，程度也有所不同，如桂花的甜香，兰花的幽香，梅花的暗香，栀子、含笑、茉莉的浓香等。

随着经济的发展和人民生活水平的提高，人们对环境的要求越来越高，尤其是在人口集中的大城市，环境美化、香化尤显重要。芳香植物缓缓释放出的香气不仅给人带来嗅觉上的美妙感受，极大地丰富园林植物景观层次，而且具有较强的生态效益，能净化空气，防病疗疾，驱蚊逐蝇。很多芳香植物本身就是美丽的观赏植物，是香色形具备的植物种类，其花艳、果香、叶美的特点使芳香植物构成了观赏性极高的园林景观。玫瑰、月季、兰花、牡丹、芍药、米兰、桂花、含笑、蜡梅、丁香等观花类芳香植物，有的花色艳丽、有的小巧素雅；枇杷、柚、橙、金橘、佛手、柠檬等观果类芳香植物，累累果实色彩鲜艳，而且大部分可食用；紫苏、花叶鼠尾草等观叶类芳香植物含有丰富的色素成分，颇具观赏价值。同时，芳香植物还能散发香气，或浓郁、或清雅、或甜蜜，满足人们嗅觉的享受，舒缓紧张心理，解除烦恼和疲劳。各类芳香植物，其姿态、颜色、习性各异，能以花坛、花境、花丛、树丛等配置形式应用于园林，带来丰富的季相变化和强烈的视觉、嗅觉感受，具有独特的韵味和意境。此外，芳香植物散发出极具个性的香气，在现代生活中通过薰香、洗浴、美容美体、食物料理以及医疗保健等应用，可以愉悦身心、调节免疫系统、改善人的心理、生理功能，起到预防、治疗疾病和保健的作用。随着科技进步和经济发展，人们对生活的品质要求越来越高，使得芳香植物及其衍生产品的开发利用逐步受到社会各界的重视和青睐，得到了迅速发展，生产出一系列芳香产品，带动了日益兴旺的芳香植物产业，尤以园林芳香植物为主体的芳香休闲旅游和芳香疗法最为突出。不仅丰富了人们生活，创造了无限商机，而且丰富了城市园林植物景观。

园林建设中，绿化是基础，美化是提高，香化是升华，三方面的和谐统一是人居环境改善的目标，芳香植物是集三者为一体的首选。芳香植物种类丰富，观赏性状多样，应用形式多种，可广泛应用于行道树、庭荫树、园景树、防护坡、垂直绿化、绿篱、花坛和花境、地被、室内盆栽等方面。以丰富的芳香植物为主，加之其他园林设计要素的配合，可建造香草、香花、香蔬、香果、香乔、香灌、香藤、香味作物等综合开发的芳香植物园，使之成为人们在节假日、工作之余旅游观光、度假休闲、调整心态、放松神经、放飞心情的小憩驿站；成为追求时尚、追求美丽和美好、赏香品香、食香饮香、香薰香疗、陶冶情操的首选胜地；也可作为少年儿童学科学、用科学，老年修身养性、治疗疾病、颐养天年，青年谈情说爱，客商交际应酬，人们宴请宾朋的理想场所。

3.2.6 植物景观的意境

植物的意境美是一种抽象美。中国历史悠久，文化灿烂。我国很多古代诗词及民众习俗中都留下了植物人格化的优美篇章。从欣赏植物景观形态美到意境美是欣赏水平的升华，对植物的寓意，不但含义深邃，而且达到"天人合一"的境界。

如古人将"松、竹、梅"称为"岁寒三友"，是因为人们认为这3种植物具有共同的品格。松苍劲古雅，不畏霜雪风寒的恶劣环境，能在严寒中挺立于高山之巅，具有坚贞不屈、高风亮节的品格。因此在园林中常用于烈士陵园，纪念革命先烈。如上海龙华公园入口处红岩上配置黑松。松针细长而密，在大风中发出犹如波涛汹涌的声响。故园林中有"万壑松风"、"松涛别院"、"松风亭"等景观。竹是中国文人最喜爱的植物之一。现代园林也常见"竹海"、"百竹园"等景观。竹喻意气节高尚、虚心向上，古往今来有不少像"未曾出土先有节，纵凌云处也虚心"，"群居不乱独立自峙，振风发屋不为之倾，大旱干物不为之瘁，坚可以配松柏，劲可以凌霜雪，密可以泊晴烟，疏可以漏霄月，婵娟可玩，劲挺不回"，"宁可食无肉，不可居无竹"等赞美诗句。梅花有"高洁"之意，更为广大群众所喜爱。元朝杨维帧赞其"万花敢向雪中出，一树独先天下春"；毛泽东诗词中"俏也不争春，只把春来报"；陆游词中"无意苦争春，一任群芳妒"，都是赞美梅花不畏强暴的品质及虚心奉献的精神。陆游词中的"零落成泥碾作尘，只有香如故"表现梅花自尊自爱高洁清雅的情操。陈毅诗中的"隆冬到来时，百花迹已绝，红梅不屈服，树树立风雪"，象征其坚贞不屈的品格。以梅命名的景点极多，有梅花山、梅岭、梅岗、梅坞、香雪云蔚亭等。北宋林和靖（林逋）诗中"疏影横斜水清浅，暗香浮动月黄昏。"是最雅致的配置方式之一。

此外，还有梅、兰、竹、菊四君子一说，兰认为最雅，"清香而色不艳"。明朝张羽诗中"能白更兼黄，无人亦自芳，寸心原不大，容得许多香。"清朝郑燮诗曰"兰草已成行，山中意味长。坚贞还自抱，何事斗群芳？"陈毅诗曰"幽兰在山谷，本自无人识，不为馨香重，求者遍山隅。"兰被认为绿叶幽茂，柔条独秀，无娇柔之态，无媚俗之意；香最纯正，幽香清远，馥郁袭衣，堪称清香淡雅。菊花耐寒霜，晚秋独吐幽芳。我国有数千种菊花品种，目前除用于盆栽欣赏外，已发展成大菊、悬崖菊、切花菊、地被菊，应用广泛。宋朝陆游诗曰"菊花如端人，独立凌冰霜……高情守幽贞，大节凛介刚"，可谓幽贞高雅。东晋时陶渊明诗曰"芳菊开林耀，青松冠岩列。怀此贞秀枝，卓为霜下杰"。陈毅诗曰"秋菊能傲霜，风霜重重恶，本性能耐寒，风霜奈其何。"都赞美菊花不畏风霜恶劣环境的君子品格。

荷花被视作"出淤泥而不染，濯清莲而不妖"。桂花在李清照心中更为高雅："暗淡轻黄体性柔，情疏迹远只香留，何须浅碧深红色，自是花中第一流。梅定妒，菊应羞，画栏开处冠中秋，骚人可煞无情思，何事当年不见收"。连千古高雅绝冠的梅花也为之生妒，隐逸高姿的菊花也为它害羞，可见桂花有多高贵。此外，桃花在民间象征幸福、交好运，有"门生"之意；竹有"潇洒"之意；柳枝有"依恋、惜别与报春"之意。一般松树寓意"坚贞、永恒"；桑梓寓意"思乡"；合欢寓意"合家欢乐"；百合寓意"百年好合"；玉兰、海棠、迎春、牡丹、桂花等寓意"富贵、幸福"，象征"玉堂春富贵"。凡此种种，不胜枚举。植物的意境美赋予了园林景观深刻的文化内涵。

3.3　主要种类花卉的观赏特性及其应用

3.3.1　一、二年生花卉观赏特性及其应用

一年生花卉如鸡冠花、百日草、半支莲、翠菊、牵牛花等是夏季景观中的重要花卉，二年生花卉如三色堇、紫罗兰、毛地黄、报春花等是春季景观中的重要花卉。这些花卉一般具有易获取种苗，方便大面积使用，见效快，种类多，便于及时更换等特点，且多具有花期集中，开花繁茂整齐，花色艳丽、丰富，装饰效果好等特性，可广泛应用于花坛、花境、种植钵、花带、花丛、花群、地被、窗台植槽、切花、干花、垂直绿化或盆栽作室内观赏等，在园林中起画龙点睛的作用，并能保证较长期的良好观赏效果。有些种类可以自播繁衍，形成野趣，也可以作宿根花卉使用，用于野生花卉园；蔓性种类可以用于垂直绿化，见效快，且对支撑物的强度要求低。但为了保证观赏效果，一年中要更换多次，管理费用较高；对环境条件要求较高，直接地栽时需要选择良好的种植

地点。

一、二年生花卉中种类、品种不同，观赏应用也有一定的差异。如羽衣甘蓝叶色极为鲜艳，叶姿雍容华贵，成簇栽培景观格外优雅，是冬季和早春的主要观赏植物。隆冬季节，当百花凋零时，羽衣甘蓝却彩叶缤纷，为冬季的城市增色添彩，是重要的冬日花卉之一。适用于布置冬季城市中的大型花坛、花台，也是中心广场和商业街、交通等绿化的盆栽摆花材料。金盏菊栽培容易，花期早而长，花色、花型变化丰富，开花时鲜艳夺目，观赏价值高，是早春园林中常见的花卉之一，常用于花坛、花境布置。因植株矮生、密集，也是盆栽的好材料，长梗大花品种还可用于切花。长春花株型整齐，叶片苍翠具光泽，花瓣 5 枚平展，酷似梅花，花期较长，是我国江南园林中常见的花卉，适用于花坛、花境和岩石园布置，也可盆栽和花槽观赏，在温暖地区可作林下地被植物，高秆品质还可作切花。鸡冠花花序扭曲折叠，酷似鸡冠，具有花期长、栽培容易、花姿美、花色鲜艳等特点，现已有许多不同花型和花色的品种。鸡冠花是园林中最常见的花卉，适宜布置大型花坛、花境，也是很好切花材料，也常作吊盆栽植或托盆栽植，目前还可制成干花，用于插花艺术。千日红花色艳丽而有光泽，干后不落，色泽不褪，花期长，是我国传统的装饰干花，也是理想的花坛、花境材料，矮生种常用于盆栽观赏和花台、花坛美化，大花品种宜作切花和干花材料，也可点缀岩石园。

3.3.2 宿根花卉观赏特性及其应用

宿根花卉多数种类具有不同粗壮程度的根系，主根、侧根可存活多年，由根颈部的芽每年萌发生长、开花结实，如芍药、火炬花、玉簪等，有些种类由地下部延伸形成根状茎，萌发后开花结实，如荷包牡丹、鸢尾等。大多数种类对环境要求不严，管理相对简单粗放，一年种植可以多年观赏，使用方便、经济；种类繁多，形态多变，生态习性差异大，观赏期不一，适于多种环境应用，或周年选用。

宿根花卉是花境的主要材料，也适于多种应用方式，如花丛、花群、花带、花坛等，还可作宿根专类园布置。许多种类抗污染、耐瘠薄，适合街道、工矿区应用。如菊花是我国十大名花之一，品种丰富多彩，每当金风送爽，南北各地都举办盛大的菊花展，给我国人民文化生活带来欢乐，增添光彩。盆栽菊花，可供室内外、阶前、廊架摆设；菊花也是瓶插和制作花束、花篮、花圈的极好材料；园林中常用于秋季布置花坛、花境；小菊花也是岩石园的布置材料。香石竹是世界上最大众化的切花，它具备品位高、色彩丰富、芳香、花期长、装饰效果好等特点。从家庭的瓶插到厅堂等公共场所的装饰应用广泛，深受人们喜爱；其花色娇艳，是欧美各国重要的切花材料，除室内插花装饰以外，也适于盆栽观赏。荷包牡丹叶丛美丽，花朵玲珑，形似荷包，色彩绚丽，引人入胜，是盆栽和切花的好材料，适宜布置花境和在树丛、草地边缘小气候湿润处丛植，或可与岩石相配种植。玉簪适应性强，耐半阴和粗放管理，是较好的阴生花卉，在园林中适用于林下作地被植物，或在背阴处作绿化布置，配置于山石与花境中，也可盆栽用于室内观赏或作切花。火炬花是一种极好的庭园景观布置材料，挺拔的花茎高高擎起似火炬般的花序，壮丽可观，适合布置多年生混合花境和路边小径，也可作切花，或用于家庭小院配置，具有新奇感。芍药观赏价值较高，适用于风景区花坛、花境布置；

且其群体景观好，适合布置专类园，也是极好的盆栽和切花材料。晚香玉是美丽的夏季观赏植物和切花材料，在园林中可成片栽植，或用来布置岩石园和球根花卉专类园。因其夜晚开花，香气特别浓郁，还可配置于庭园和屋顶花园的花坛、花槽。也宜盆栽和切花，瓶插水养装饰室内，不仅满室生辉，且香溢满堂，沁人肺腑。

3.3.3　球根花卉观赏特性及其应用

球根花卉种类较多，有球茎类、鳞茎类、块茎类、根茎类和块根类，品种极为丰富，每种球根花卉都有几十至上千个品种。大多数球根花卉色彩艳丽丰富，花期易于控制，开花整齐一致，观赏价值高，易形成丰富的园林景观，是各种花卉应用方式的优良材料，尤其是花坛、花丛、花群、缀花草坪的优秀材料；还可用于混合花境、种植钵、花台、花带等多种形式；有许多种类是重要的切花、盆花生产用花卉；有些种类可作染料、香料等；许多种类可以水养栽培，便于室内绿化和不适宜土壤栽培的环境使用。

球根花卉是重要的春秋花卉装饰材料，呈现出丰富多彩的园林景观效果。如中国水仙主要供水养观赏，特别适于浅盆水养，点缀书案、窗台，十分典雅，也可露地栽种点缀草地、花境和岩石园。郁金香是重要的春季球根花卉，矮壮品种宜布置春季花坛；高茎品种宜作切花或布置花境，也可丛栽于草坪边缘；中、矮品种可盆栽，点缀室内环境。风信子花开时节，繁花似锦，绿草如茵，使早春更添娇媚，适合于布置花坛、花槽观赏，也可作切花、盆栽或水养观赏。球根秋海棠花大色艳，兼具茶花、牡丹、月季、香石竹等名贵花卉的姿、色、香，姿态优美，花色艳丽，盆栽用来点缀会议室、客厅、橱窗，娇媚动人。秋水仙先花后叶，鲜嫩娇丽，是秋季开花的重要球根花卉之一，花形酷似番红花，欧美各国常在草地中种植，故又称草地番红花。秋水仙成丛配置于山石旁或散植于林间草地中，疏密自然，色彩调和，优雅别致；也可用湿苔藓或锯木屑在浅盆中培养，作室内点缀。唐菖蒲花梗挺拔修长，着花多，花期长，花型变化多，花色艳丽多彩，是国内外庭园中常见的球根花卉之一。唐菖蒲主要用于切花，瓶插，制作花束、花篮，也可布置花境及专类花坛。唐菖蒲对氟化氢十分敏感，可作监测大气中氟化氢的指示植物。小苍兰花色鲜艳、香气浓郁，为群众喜爱的冬季室内花卉，常作盆花点缀客厅、会议室和橱窗，也是冬季室内切花、瓶插的最佳材料。盛花的仙客来很受人们欢迎，是装点客厅、案头、阳台以及商店、餐厅等公共场所冬季的高档盆花。在欧美也是圣诞节日馈赠亲朋、寄托良好祝愿的重要花卉。大岩桐叶茂翠绿，花朵姹紫嫣红，是有名的夏季盆花，也是点缀案头、窗台的理想材料。铃兰乳白色小花悬垂若铃串，清新四溢赛兰蕊，是一种优良的地被和盆栽植物。其植株矮小，花芳香宜人，花后绿茵可掬，入秋时红果娇艳，叶虽枯而果不凋，宜于林缘、草坪坡地成片栽植，也可盆栽供室内观赏。

3.3.4　水生花卉观赏特性及其应用

水生植物是指生长在水体环境中的植物，广义上还包括相当数量的沼生和湿生植物。水生植物因其独特的生态习性而形成特殊的观赏情趣，不仅可以观叶赏花，而且还能欣赏其水中的倒影，是园林水体周围及水中植物造景的重要花卉，也是水生花卉专类园的主要材料。在中国园林中，常运用某些水生花卉栽植于湖岸、各种水体中作为主景或配景，构建耐人寻味的意境。如杭州西湖十景之一的"曲院风荷"、苏州拙政园中的"远香堂"就是立意成功的范例，还有以芦苇、香蒲等水生植物构成的芦荡秋波意境也富有野趣。

水生花卉形态各异，观赏价值各有千秋。荷花花大色丽，清香远溢，赏心悦目；荷叶青翠洁净，波状叶缘更增添几分潇洒风姿，为我国人民喜爱的传统花卉之一。明清时在江南和北方的名园中广泛应用，以盆钵栽培盛行；在近代园林中广泛应用在水池、湖面景观布置。在家庭中用于布置小庭园、阳台和作为插花美化居室。睡莲是花、叶俱美的水生观赏植物，适合室内外园景布置。在欧美园林中常选用睡莲作水景主题材料，形成一种错落有致、体态多姿的水上景色。目前国内庭园水池中也广泛栽培，还可在阳台上盆栽观赏。花菖蒲花朵硕大，色彩艳丽，花形、花色变化丰富，有紫、淡紫、粉红、红、白、淡红等，观赏价值较高，是美化水域的优良花卉之一。它是布置水生鸢尾专类园的最佳材料，近年来，不少植物园、公园用它布置水生鸢尾专类园，或在工厂企业、宾馆水池中点缀数丛，当花枝亭亭玉立时，别具风趣。也可旱栽于多年生花境中。凤眼莲叶柄奇特，花色美丽，在园林布局中常用来绿化水面和点缀水景建设；其花可作切花材料，也别具一格。王莲株形大，叶美，花艳，是大型水生花卉，适用于公园、风景区、宾馆的大型水面布置，形成独特的热带水景景观。目前，全世界许多著名植物园和风景区都栽有王莲，给参观者带来浓厚的兴趣。千屈菜株丛整齐清秀，花色明丽，花期长，最适于水边丛植或水池栽植，作花境背景材料，也可盆栽观赏和切花。萍蓬草初夏开放，朵朵黄花挺出水面，灿烂如金色的阳光铺洒于水面上，映衬着粼粼波光和翩翩蝶影，非常美丽，是夏季水景园中极为重要的观赏植物，多用于池塘水景布置，也可盆栽于庭园、建筑物、假山石前，或在居室前向阳处摆放。

3.3.5 岩生及高山花卉观赏特性及其应用

通常把适于岩石园种植的植物材料称为岩生植物（花卉），而在岩生植物（花卉）中还包括了一部分高山植物（花卉）。这些植物中有宿根草本植物、矮生花木和针叶树等，它们具备的共同特点是植株低矮，株形紧密；根系发达，抗性强，耐干旱、瘠薄土壤；生长缓慢、生活期长；大多花色艳丽、五彩缤纷，在生长期中能保持低矮而优美的姿态，观赏价值极高，如四季报春（*Primula obconica*）、龙胆（*Gentiana scabra*）、马先蒿（*Pediculares verticillata*）等。它们是布置岩石园的主要植物材料，呈现与岩石相伴的植物生长景观；也可以在园林中的挡土墙、铺装的石路边等与岩石园生态条件相似的局部区域使用。在进行岩石园和假山绿化时，要先注意山石的景观效果，山石布置要有立有卧、有疏有密，有主有次，有丘壑，石与石之间必须留有能填入岩生植物生长所需各种土壤的缝隙与间隔，再根据环境条件和景观要求合理地进行种植布置。对于较大的岩石，在其旁边，可种植矮生的常绿小乔木、常绿灌木或其他观赏灌木，如球柏、粗榧、云片柏、黄杨、瑞香、十大功劳、岩生杜鹃、火棘、南迎春、南天竹等；在其石缝与岩穴处可种植石苇、书带蕨、铁线蕨、凤尾蕨、虎耳草等；在其阴湿面可植各种苔藓、卷柏、苦苣苔、斑叶兰等；在其阳面可植吊石苣苔、垂盆草、冷水花等。对于较小的岩石，在其石块间隙的阳面，可植白芨、石蒜、桔梗、酢浆草等；在较阴面可种植荷包牡丹、玉竹、铃兰等。在较大的岩石缝隙间可种植匍地植物或藤本植物，如铺地柏、络石、常春藤、薜荔、扶芳藤、海金沙等，使其攀附于岩石之上。在高处冷凉的小石隙间可植龙胆、报春花、细辛、秋海棠等。在低湿的溪涧岩石边或缝隙中可种植落新妇、石菖蒲、湿生鸢尾等。

3.3.6　室内观叶植物观赏特性及其应用

随着人们生活水平的提高，人们越来越注重生活的质量，紧张的工作之余，家居布置装饰、空气质量等内容逐渐成为人们关注的焦点，而现代家居装饰、装修时化学材料散发出有毒气体，影响室内的空气质量等现象不可避免。室内观叶植物在此可扮演重要的角色，它们不仅是有生命的装饰品，终年保持旺盛的生命力，增添自然气息，美化环境，使人赏心悦目，而且能净化空气，减轻污染，丰富人们的日常生活，有利于身体健康，符合现代人生活的需要。室内观叶植物用于室内装饰与造景，其效果是其他任何饰物所不能代替的。

室内观叶植物是目前世界上最流行的观赏门类之一，它在园艺上泛指原产于热带、亚热带，主要以观赏叶片的形状、色泽和质地为主，同时也兼赏茎、花、果，具有较强的耐阴性，适宜在室内散射光条件下较长时间陈设和观赏的植物。室内观叶植物与其他观赏植物相比，具有耐阴性强、观赏期长、种类繁多、管理简便等独特优点。在室内弱光条件下，室内观叶植物能较长时间地适应室内环境，正常生长，不降低观赏价值。观叶植物种类繁多，姿态多样，大小齐全，风韵各异，能满足各种场合的花卉装饰需要。管理方便简单，省时省工，适应当前紧张的社会生活节奏。

由于室内空间大小不一，建筑风格和采光条件各异，正确选用观叶植物也就成为室内绿化取得成功和有效发挥其装饰效果的关键。一是根据空间的大小，恰当地选用观叶植物。宾馆、饭店的大厅应选择大型观叶植物，如散尾葵、苏铁、南洋杉、橡皮树、榕树、罗汉松、发财树等，会议室、居家大型客厅等应选择中型观叶植物，如龟背竹、绿萝、朱蕉、棕竹、一叶兰、袖珍椰子、巴西木、红宝石等；办公室、居室因空间较小应充分利用窗台、茶几、书桌、书架摆放娇小玲珑、姿态优美的小型观叶植物，如文竹、金心吊兰、垂枝天门冬、椒草、铁线蕨等细叶类植物，若室内有空调，还可选择既耐阴又耐空调环境的种类，如巴西木、发财树、红宝石、龟背竹、一叶兰、棕竹、绿萝、万年青、南洋杉等。

二是根据放置点的采光和通风条件巧妙选择植物。南窗强光区可摆设喜光植物，如发财树、变叶木、朱蕉等；东窗和西窗次光区宜放置较耐阴的文竹、吊兰、天门冬、白掌、合果芋等；向北窗弱光区，温度也较低，宜放置一些耐阴、耐寒的一叶兰、肾蕨、万年青等植物。

三是根据房间功能选择与之相协调的观叶植物。客厅布置应力求典雅古朴、美观大方，使人感到丰盈美满，盛情迎客，因此，要选择庄重优雅的观叶植物。墙角可放置棕竹、龟背竹等大中型盆栽植物；沙发旁宜选用体量较大的散尾葵、鱼尾葵等，茶几和桌面上可放 1~2 盆花叶万年青、凤梨、竹芋等小型盆栽植物，以欣赏植物的自然美。较大的客厅，在窗户旁悬吊 1~2 盆绿萝、常春藤，以形成丰富的层次，壁面可嵌挂吊兰、虎耳草等。书房要突出明净、清新、幽雅的气氛，写字台上可摆放一盆叶形秀丽、体态轻盈的文竹或格调高雅的铁线蕨，书架顶端可摆放一盆枝叶悬垂的常春藤、绿萝，再在窗台上放置一盆微型盆景，使整个书房显得文静洁雅。卧室要突出温馨和谐、宁静舒适的特点，宜选择色彩柔和、形态秀美的植物，一般可在大衣橱顶端摆放常春藤、花叶水竹草、吊兰等，床头柜或梳妆台上放一盆文竹、水仙或一小盆盆景；墙脚放置虎尾兰、龙血树、花叶万年青等，使人进入卧室顿感精神舒畅、轻松，利于睡眠。老年人的卧室要求简洁，突出常青不衰的特点，摆放一盆松木盆景或万年青，既典雅，又有延年长寿之意，符合老年人的心理要求。

四是根据家具的颜色、家居风格选择协调统一的观叶植物。一般浅色的家具和墙壁可配以色彩较浓的植物，如橡皮树、龟背竹及棕榈科植物；深色家具和墙壁配以色彩明快的观叶植物，如金边虎尾兰、绿萝、花叶万年青，深浅相宜。如果室内陈设的是中式家具，宜选用兰、竹、梅、万年青等中国传统的装饰植物，再配以字画作衬托；如果是西式家具，则宜选择色泽鲜艳的君子兰、花叶万年青和形态潇洒的散尾葵等，布置风格上统一，给人以协调、和谐的感受。

室内观叶植物除了具有美化家居的观赏功能之外，还可吸收有毒有害气体，起到净化室内空气的作用，能营造一个良好的生活环境。在刚刚装修完的房间摆放一些抗污染的室内观叶植物，如吊兰、芦荟、虎尾兰、常春藤、万年青等，能起到吸收有毒有害化学物质的作用。吊兰等能够吸收空气中的一氧化碳和甲醛，能够分解复印机、打印机所排放的苯，还能排放出杀菌素，杀死病菌，"吞噬"尼古丁等，以保持空气清新；常春藤、万年青等可有效清除室内的三氯乙烯、硫化氢、苯、苯酚、氟化氢和乙醚等；天门冬可清除重金属微粒；花叶芋、红背桂等是天然的除尘器，其纤毛能截留并吸纳空气中的飘浮微粒及烟尘；常春藤、芦荟，不仅能吸附从室外带回来的细菌和其他有害物质，甚至可以吸纳连吸尘器都难以吸到的灰尘；冷水花能净化烹饪时所散发的油烟。

3.3.7 兰科花卉观赏特性及其应用

兰花是珍贵的观赏植物，泛指兰科中具有观赏价值的种类，因形态、生理、生态都具有共性和特殊性而单独成为一类花卉。自古以来人们就把兰花视为高洁、典雅、爱国和坚贞不渝的象征。兰花风姿素雅，花容端庄，幽香清远，历来作为高尚人格的象征。诗人屈原极爱兰花，在他不朽之作《离骚》中，多处出现咏兰的佳句。"幽兰生前庭，含薰待清风。"兰花被誉为"花中君子"、"王者之香"。对于中国人来说，兰花还有民族情感的深沉意义。在中国传统四君子梅、兰、竹、菊中，和梅的孤绝、菊的风霜、竹的气节不同，兰花象征了一个知识分子的气质，以及一个民族的内敛风华。因此对于兰花，中国人可以说有着根深蒂固的民族感情与性格认同。兰花，那飘逸俊芳、绰约多姿的叶片；高洁淡雅、神韵兼备的花朵；纯正幽远、沁人肺腑的香味自古以来受人喜爱。所以，在中国传统文化中，养兰、赏兰、绘兰、写兰，一直是人们陶冶情操、修身养性的重要途径，是高雅文化的代表。

春兰又名草兰、山兰，分布较广，资源丰富。花期 2~3 月，时间可持续 1 个月左右。花朵香味浓郁纯正。名贵品种有各种颜色的荷、梅、水仙、蝶等瓣型。春兰幽香四溢，盆栽用于点缀客厅、书房、卧室，清香可鉴。如栽植于庭园、假山旁，香色并美，颇显古雅之趣。目前高档茶室和宾馆接待室常以春兰点缀，提高品位。蕙兰根粗而长，叶狭带形，质较粗糙、坚硬，苍绿色，叶缘锯齿明显，中脉显著。花朵浓香远溢而持久，花色有黄、白、绿、淡红及复色，多为彩花，也有素花及蝶花。蕙兰叶姿挺拔，花香浓郁，盆栽装饰居室环境十分雅洁。如数盆成列放公共场所，幽香四溢，令人赏心悦目。建兰，也叫四季兰，包括夏季开花的夏兰、秋兰等。四季兰健壮挺拔，叶绿花繁，香浓花美，不畏暑，不畏寒，生命力强，易栽培。不同品种花期各异，5～12月均可见花。盆栽建兰，是阳台、客厅、花架和小庭园台阶陈设佳品。又可在茶室、高档餐厅和会议条桌摆放，显得清新高雅。寒兰的叶片较建兰细长，尤以叶基更细，叶姿幽雅潇洒，碧绿清秀，有大、中、细叶和镶边等品种。花色丰富，有黄、绿、紫红、深紫等色，一般有杂色脉纹与斑点，也有洁净无瑕的素花。萼片与捧瓣都较狭细，别具风格，清秀可爱，香气袭人。寒兰正值元旦至春节开放，是节日馈赠亲朋的好礼品。冬季室内置放寒兰一盆，幽香四溢，满室生辉。也可在阴湿条件下作地被植物或作花境观赏。墨兰，又称报岁兰、拜岁兰、丰岁兰等，花色有红、黄、白、绿、紫、黑及复色，艳丽耀目，容貌窈窕，风韵高雅，香浓味纯，常为养兰人推崇。盆栽墨兰，在我国南方各地，特别是在广东、云南、台湾十分盛行，已进入千家万户，是装饰室内环境和节日馈赠亲友的主要盆栽花卉。洋兰是相对于国兰而言的，泛指除了国兰外的兰花，其实并非全部原产西洋，常见的有卡特兰、虎头兰、蝴蝶兰、兜兰、文心兰、万带兰、石斛等，其讲究的是花型花色，是当今世界上最流行的花卉。卡特兰是热带兰中花最大、最艳丽的种类。其花形、花色千姿万态，是珍贵的盆花和高级切花，用于点缀家庭居室和公共场所，还可作为高雅美丽的胸饰花。虎头兰是重要的盆栽和切花材料，盆栽虎头兰株大棵壮，花朵大，花茎倾斜，适用于室内花架、阳台摆放，还可制作吊盆悬挂观赏。大型盆栽适合宾馆、商厦、车站厅堂布置。蝴蝶兰是兰科植物中栽培最广泛、最受欢迎的种类之一。由于花大色艳，花形别致，花期长，深受人们的青睐和喜爱，是一种主要的室内观花植物。蝴蝶兰叶大，花茎长，下垂，密生花朵，花色丰富，花形丰满、优美、色泽鲜艳，花期长，生长势强，栽培容易，是目前花卉市场主要的切花和盆花种类，特别适用于家庭、办公室和宾馆摆放，也是名贵花束的主要用花种类。兜兰，又称拖鞋兰，株形小巧玲珑，花形奇特，花期长，盆栽装点阳台、窗台和居室十分雅致。其花又可切取插瓶、点缀室容，倍感清新高雅。石斛花形、花姿优美，艳丽多彩，种类繁多，花期长，深受各国人民喜爱和关注，在国际花卉市场上占有重要的地位。石斛盆栽不仅适用阳台、窗台、书桌、茶几摆放，也可作为吊盆悬挂客室、书房，别具一格，同时可切取茎干作高档切花。

3.3.8　仙人掌类及多浆植物观赏特性及其应用

多浆植物泛指茎、叶特别粗大或肥厚，含水量高，并能在干旱环境长期生存的一群植物，包括仙人掌科以及景天科、番杏科、凤梨科、龙舌兰科、萝藦科、马齿苋科等在内符合该性状的植物。多浆植物植株个体相差悬殊，小的只有几厘米，大的高达几十米。不少体态小巧玲珑的适于盆栽，用于室内或阳台花卉装饰；茎叶形态多样，各有韵味，有仙人掌型、肉质茎型、观叶型和尾状植物型等4类，茎叶终年翠绿，可周年观赏；体态奇特，多数种类都有特异的变态茎，如扇形、圆形和多角形等，此外，像山影拳的茎生长不规则，体态如熔岩堆积，清奇而古雅，生石花的茎为球状，外形犹如各种斑驳的卵石，为观赏奇品。棱形各异，趣味横生，有的竖向贯通，有的呈螺旋状排列，分锐形、钝形、锯齿状和螺旋状等10多种形状，棱肋条数也不相同；刺形多变也是观赏特点之一，有针状刺、刚毛状刺、钩状刺、毛发状刺、舌状刺、麻丝状刺、顶冠刺等；花型差异大，有菊花形、梅花形、星形、漏斗形、叉形等；花色十分丰富，以白、黄、红色为多，有的种类花瓣带有特殊的金属光泽；花的大小差异大，小的花径仅1mm，大的花径可达35cm，多浆植物大多耐旱、耐瘠薄、繁殖及管理容易，特别适合岩石园布置，也适于业余爱好者家庭栽培观赏。

仙人掌类及多浆植物是花卉园艺中趣味性较强的一类植物，可供人们赏玩。不仅种类繁多，而且形态各异。如金琥，球体形大碧绿，球顶密被黄色绵毛，着生金黄色硬刺，花着生在顶部的绵毛丛中，钟形，黄色。金琥形状美，开花艳，非常美丽壮观，是惹人喜爱的大型仙人掌植物。其寿命可长达数百年，若用大型盆栽，可点缀商场、宾馆等公共场所。家庭室内观赏可用金琥幼苗装饰，同样珍奇诱人。绯牡丹是仙人掌植物中最常见的红色球种，球体绯红，鲜艳夺目，夏季开花，粉红娇嫩，是花卉爱好者收集的珍品。盆栽绯牡丹，是点缀阳台、案头和书桌的佳品，也可与其他小型多肉植物配置成组合景框和瓶景观赏。昙花又名月下美人，每逢夏秋节令，繁星满天，夜深人静，娇羞的昙花撩开面纱，展现美姿秀色。其奇妙的开花习性，常博得花卉爱好者的浓厚兴趣。昙花枝叶翠绿，颇为潇洒，花开时，清香四溢，光彩夺目。盆栽适于点缀客室、阳台和接待厅。在南方可地栽，化开时令，犹如大片飞雪，甚为奇景。蟹爪兰又名圣诞仙人掌，茎节悬挂向四方扩展，花横生于茎节先端，不规则，花色有淡紫、黄、红、纯白、粉红、橙和双色等。蟹爪兰正逢圣诞节、元旦开花，株型垂挂，花色艳丽、可爱，是冬季室内最主要的盆花之一。无论盆栽或吊盆，均适合于窗台、门庭入口处和展览大厅装饰，顿时满室生辉，美胜锦帘。长寿花又名圣诞伽蓝菜，植株小巧玲珑，叶片密集翠绿，临近圣诞开花，拥簇成团，加上花色丰富，是人们喜爱的盆栽花卉。盆栽用于布置窗台、书桌、案头或公共场所的花槽、橱窗、大厅等，也可用于露地花坛，十分相宜，衬托出节日的气氛。虎刺梅又名铁海棠，花形美丽，色彩鲜艳，茎枝奇特，适于造型。虎刺梅栽培容易，开花期长，红色苞片，鲜艳夺目，是深受人们欢迎的盆栽植物。由于虎刺梅幼茎柔软，常用来绑扎孔雀等造型，成为宾馆、商场等公共场所摆设的精品。条纹十二卷又名锦鸡尾，其肥厚的叶片，镶嵌着带状白色星点，清新高雅，深受人们喜爱，是常见的小型室内多浆植物，若配以造型美观的盆钵，装饰案头、书桌、茶几，别具一格，也是配置瓶景的好材料。

3.3.9　地被植物观赏特性及其应用

随着人们环境意识的增强，城市环境日益受到重视，地被植物在造景中的作用也逐步表现出来。人们选择具有观赏价值、色彩丰富、生长稳定、抗逆性强的地被植物应用于绿化建设中，已成为现代园林中的重要组成部分，地被植物的作用也越来越突出。

地被观赏植物种类繁多，目前园林中常见的有 300 多种。在这些地被观赏植物中，有以观花为主的，如紫萼(玉簪)属、董菜属、萱草属、耧斗菜属等；有观叶的，如书带草、一叶兰等；植株有高大直立的，如大滨菊；有匍匐的，如丛生福禄考、金叶过路黄等；也有攀缘的，如凌霄、爬山虎、薜荔等。地被植物花期变化大，延续时间长，在色彩上更是多种多样，可以满足多种需求。地被植物具有鲜艳明亮的色彩，分为红色系、黄色系、白色系、橙色系、紫色系、蓝色系等，如果在种植管理设计时配合得当，将会形成丰富多彩、色彩斑斓、绚丽多姿的优美景色。如黄色的金鸡菊，紫色的飞燕草，粉色的福禄考、美女樱等，初夏盛开的毛地黄、紫花地丁、白芨、射干等。许多地被植物具备耐旱、耐寒、耐水湿、耐盐碱、耐瘠薄的能力，只要管护得当，可以连续多年发挥其景观效果。

在配置地被植物之前，首先要了解和掌握种植地被植物的立地条件和所种植地被植物的特性，做到因地制宜。通常在常绿树下配置的地被植物要求喜阴，并且生长强健，如常春藤、麦冬、石菖蒲等；在阴湿的林下、溪边可配置虎耳草、鱼腥草、紫萼等；疏林下可配置佛甲草、花叶长春蔓、石蒜、垂盆草等；树林中光线较好的地方，可配置萱草、大花金鸡菊等；林缘可配置金山绣线菊，金叶亮绿忍冬等；一些水边、溪边可配置千屈菜、水翠玉带草、黄菖蒲、花菖蒲等。其次要做到搭配合理。地被植物在园林绿化中处于垂直方向的最下层，除了使地表不裸露外，还具备衬托作用，突出上层乔、灌木，并与上层错落有致地组合，使其群落层次分明。在具体搭配方面，若上层乔、灌木分枝点较高、种类较少，可选择较高的地被植物，如十大功劳类、绣线菊类、臭牡丹等；若上层植株分枝点较低，则选用一些爬地类，如常春藤、金线草、长春蔓、小叶扶芳藤、大麦冬、富贵草等。当然，也可根据其郁闭度高低选择不同种类。第三，要做到色彩搭配协调。地被植物与上层乔灌木配置时，需要注意色彩的搭配。上层乔灌木为常绿时，可选用耐阴性较强、花色明艳、花期较长的种类，如臭牡丹、八仙花、紫萼、玉簪等，达到丰富色彩的目的。上层种植的乔、灌木为开花植物或秋色叶植物时，下层种植的地被植物的花期和色彩应该与之相呼应。

3.4　花卉鉴赏与花文化

3.4.1　赏花情趣

花是美的化身和美好幸福的象征。虽说"爱美之心人皆有之"，但有很多人恐怕对身边的观赏植物只是走马观花，一瞥而已，甚至有些人熟视无睹。学会如何赏花，将会增添无穷乐趣。其实，中华民族自古就有养花赏花的高雅风尚，人们欣赏花的美丽，歌颂它的品格，赞美它的精神。历代文人在赏花后赋诗、填词、谱曲、作画，以抒发自己的情感。如宋朝的大文豪苏轼，他爱花专注投入，先养海棠，在风雾烛月中欣赏海棠的风姿："东风袅袅泛崇光，香雾空蒙月转廊。只恐夜深花睡去，故烧高烛照红妆。"苏轼把海棠比作月下美人，描绘了海棠的娇媚。北宋林逋隐居杭州孤山，植梅放鹤而号称

"梅妻鹤子"，并在其《山园小梅》中写下"疏影横斜水清浅，暗香浮动月黄昏"的优美诗句，把赏梅的意境和梅花的神韵描绘得淋漓尽致。唐代诗人齐己有《早梅》一诗写道："万木冻欲折，孤根暖独回。前村深雪里，昨夜一枝开。风递幽香出，禽窥素艳来。明年尤应律，先发映春台。"雪中"一枝开"点出了梅的不凡神韵，从色香着手写梅的幽姿雅韵，用"递"、"窥"二字传神。李商隐《花下醉》中："寻芳不觉醉流霞，倚树沉眠日已斜。客散酒醒深夜后，更持红烛赏残花。"这是写诗人对花爱怜备至，以至于陶醉其中。牡丹华贵的仪态也被众人所推崇。徐凝为牡丹写下诗句："何人不爱牡丹花，占断城中好物华。疑是洛川女神作，千姿万态破朝霞。"唐代诗人白居易在《买花》中形容："家家习以俗，人人迷不悟。"描写洛阳牡丹花人人喜爱，深入千家万户。古人赏花赞花的诗句，令人心醉神迷并长传后世。现代人赏花爱花之心不亚于前人，如歌曲《红梅赞》，秦牧笔下的《十里花街》，朱自清的《荷塘月色》都表达出现代人的爱好情趣。随着人们生活水平的提高，人们爱花赏花的情趣日益提升，在各大城市有形式各异的花事活动，前去赏花买花的人络绎不绝。有人将春天的（碧）桃花作为青春的象征："春天来了，桃花突然闯过来，粉的、白的，还有血一样红的颜色。它们唱啊，笑啊，舒展着身子，千万张脸就是千娇百媚。它们漠视那些迟醒的伙伴。任自释放着艳丽和鲜活，不管不顾地炫耀着骄傲。"他们把春天里争先恐后开放的桃花比作势不可挡的青春力量。牡丹、玫瑰、郁金香、荷花、兰花、水仙、菊花，美得各有不同。有的矜持，有的柔弱，有的高贵，有的娇艳，有的"清露风愁"，有的"艳冠群芳"，它们含蓄、典雅，令人神往，让人回味无穷。现代人有"触目横斜千万条，赏心只有两三枝"的高雅情趣，渴望生活在姹紫嫣红的花海之中，把花作为生活中不可缺少的一部分。

　　赏花要赏出情调，对赏花时间和空间也有许多讲究。人们常常只知道"春赏兰，夏赏荷，秋赏菊，冬赏梅"，却不知道有的花从早到晚随时可赏，而有的则不行。屈原在《离骚》中写道："朝饮木兰之坠露兮，夕餐秋菊之落英。"就赏兰、荷、菊、梅而言，赏兰当在清晨带露之时，其香味清幽；赏菊则宜在傍晚；赏荷却要在正午，艳阳高照，荷瓣舒展，美艳极了，只有这时，才见得到"映日荷花别样红"的佳境。福建德化九仙山有一种奇葩，人称"午时莲"，只在午时开放，赏花必须掐准时间。而观赏梅花，最好是在月下，正如古人说的"疏影横斜水清浅，暗香浮动月黄昏"，还有从侧面烘托的，"寻常一样窗前月，才有梅花便不同"，说的也是月下赏梅。赏花空间距离也马虎不得。正所谓"远近高低各不同"，不同的距离产生不一样的美感，"远而望之，灼若丹霞照青天；近而观之，晔若芙蓉鉴绿泉。"有的花适宜近赏，可"耳鬓厮磨"，百般亲近；有的却只能远观，宋朝的周敦颐就说荷花是"可远观而不可亵玩焉"。赏花讲究"色、香、姿、韵"，而赏这"香"，特别要讲究距离。有的花香气浓郁，像含笑花，"百步清香透玉肌"，"遥将香气报人知"，远闻很好，近了就嫌腻；而有的远近皆宜，像"共道幽香传十里"的桂花，很远就闻见香气，心向往之；而当走近，徜徉在树下，香气满胸，一样心旷神怡。有的花香气清淡，似有若无，只能靠近，气清神定，细细品赏，才抓得住那一丝飘忽的灵气。

　　随着科学文化的进步与发展，人们将充满热爱自然、热爱生活、憧憬美好幸福未来的情感附之于花，借以讴歌社会和人生中的真、善、美，从而形成了特有的审美观。既重欣赏花卉外形之美，也重花的兴谢枯荣的内在之美，更喜追求由观花而得的心灵感受的韵味之趣，以达到赏心悦目的快感。所以无论以何种形式表现花的美，人们极其注重形式与内涵的统一和谐之美，既要求有装饰美化的实用效果，又要求有畅神达意的精神享受。在赏花的表达方式上，除以直接客观地用描、诉、咏、唱、观等方式表现或欣赏花卉自然之美与装饰效果外，还喜欢借花明志、以花传情，采用比兴寄托的手法，寓以花卉更多吉祥美好的象征意义，使花人格化甚至神化，以此通过联想而意会其深远的意义。

3.4.2　名花鉴赏

(1)梅花

　　梅花位居"中国十大名花"之首，被誉为"花魁"。梅花与兰花、竹子、菊花都具有顶霜傲雪的大无畏精神、刚正不阿的高贵品质和谦虚正直的君子风度，共同被誉为"花中四君子"；又因其与松、竹都具有顶风雪、战寒霜的艰苦经历，为古今文人所敬慕，故又被共同誉为"岁寒三友"，以此比喻在艰苦的条件下，同甘苦、共患难、风雨同舟的真挚友谊。梅花作为我国的名花，它那娇妍洁白、暗香浮动、傲霜竞放的美感，那集刚毅、坚贞、俏丽、希望于一身的风骨，与人们普遍追求的创新、向上、顽强的进取精神相一致。在新春到来之际，"万花敢向雪中出，一树独先天下春"，向人们传递着春天的信息。所以，我国人民素有爱梅、赏梅、咏梅、话梅、踏雪寻梅、凌寒探梅的高雅风尚。无数诗人被其魅力所打动，或咏梅言志，或借梅寄情，流传下来的有关梅的诗词字画之多，令人赞叹不已。南宋著名诗人陆游留给后人的千古佳句是这样赞颂梅花的："驿外断桥边，寂寞开无主。已是黄昏独自愁，更著风和雨。无意苦争春，一任群芳妒。零落成泥碾作尘，只有香如故"（《卜算子·咏梅》）。作者其实是借梅花来抒发自己的牢骚和愤怒。几百年后，中国面临新中国成立后帝国主义和反动派的巨大威胁以及三年自然灾害的最艰难时期，毛泽东主席用梅花比喻中国人民，也用同一词牌赞美了梅花。"风雨送春归，飞雪迎春到。已是悬崖百丈冰，犹有花枝俏。俏也不争春，只把春来报。待到山花烂漫时，她在丛中笑。"在以往，儒家的观念认为，梅花是高洁守道的凛然君子，不畏严寒的刚毅雄杰。在陆游笔下梅花则是一副孤芳自赏、清高傲慢、顾影自怜、怀才不遇的形象。然而，毛泽东的《咏梅》一词却把梅花的精神上升到一个新的高度，托梅寄志，表明了中国共产党人的决心，在险恶的环境下决不屈服，勇敢地迎接挑战，直到取得最后胜利。诗人爱梅花，不只是喜欢它迷人的花香，更喜欢它傲雪独立的风骨，"香自苦寒来"的精神。杨万里《蜡梅》中的"天向梅梢别出厅，国香未许世人知。殷勤滴蜡缄封却，偷被霜风折一枝。"将梅写得情趣盎然。"一花香十里，更值满枝开，承恩不在貌，谁敢斗香来？"（宋朝陈与义《同家弟赋蜡梅诗得四绝句》）则以梅言志，道出了自己为报效国家，甘愿献出一切的雄心壮志。

　　此外，近现代的许多伟人、名人也与梅花有着不解之缘。京剧大师梅兰芳一生爱梅，并善于画梅，还将其书斋取名为"梅花诗屋"。革命烈士方志敏也以梅花作为座右铭来勉励自己，他在卧室里挂有一副自勉联："心有三爱奇书骏马佳山水，园栽四物青松翠柏白梅兰"，以表示他愿为革命事业献出一切的精神。陈毅元帅喜爱梅花不畏严寒、独步早春的精神，深情地写下咏梅佳句"隆冬到来时，百花迹已绝，梅花不屈服，树树立风雪"来鼓舞大家。梅花研究专家陈俊愉院士也曾题写一副对联："山阻石拦大江毕竟东流去，雪压冰欺梅花依旧笑春风"来展示梅花不畏强暴、坚韧不拔、大度豁达、充满乐观的精神风貌。

（2）牡丹

牡丹花姿美观端庄，色彩艳丽，千娇百媚玲珑隽丽，雍容华贵落落大方，为人们所喜爱。它象征着和平、幸福、富裕，广泛应用于园林、庭园或盆栽观赏。牡丹之艳丽、妖娆可以引唐代诗人徐凝的一句诗"虚生芍药徒劳妒，羞杀玫瑰不敢开"来说明。另有诗人这样赞美牡丹："春来谁做韶华主，总领群芳是牡丹"，所以牡丹被称为"花中之王"。因为牡丹万紫千红，艳压群芳，故品为"国色"，又因为它香而不酽、清沁心脾而被赞作"天香"，所以被誉为"国色天香"。自古以来，我国以牡丹为题材的民间故事、诗词歌赋、书画作品、文学名著十分丰富，尤其是自唐代牡丹成为宫廷花卉之后，涌现出大量赞颂牡丹的诗词。"庭前芍药妖无格，池上芙蕖净少情。唯有牡丹真国色，花开时节动京城。"（唐朝刘禹锡《赏牡丹》）更是人们赞赏牡丹时的必引佳句。诗中不仅赞美了牡丹的花姿、花容、花香，而且描述了当时牡丹所带来的轰动效应。另外还有一首"花开花落二十日，满城之人皆若狂"也是形容以牡丹的魅力倾倒全城的场面。盛唐大诗人李白在沉香亭咏牡丹的《清平调》词三首"云想衣裳花想容，春风拂槛露华浓……"千百年来也一直为人们所传诵。元代诗人李孝光的《牡丹》诗，赞美它的姿色为"举世无双"。

人们对牡丹的钟情以多种形式得以表现。种牡丹、赏牡丹、唱牡丹、绣牡丹、画牡丹、写牡丹以及牡丹花会已成为我国各地的风俗民情。湖北、贵州的土家族，云南的白族，以及宁夏、甘肃的少数民族以在庭园中种植不同种类、不同数量的牡丹花，来表达富贵吉祥的象征；山东菏泽、河南洛阳等地每年举办的牡丹花会、灯会或牡丹节，颇具地方特色，以招徕八方宾客，并进一步发展成为"牡丹搭台，经贸唱戏"的招商引资活动；河南民歌《编花篮》通过优美的曲调，将一群上山采牡丹的姑娘的喜悦心情表现得淋漓尽致，听其歌，似到了风光迷人的田园山乡；电影《红牡丹》的插曲《牡丹之歌》，叙述了牡丹不平凡的经历，赞颂了牡丹高贵的品格，给人以蓬勃向上的激情；牡丹图案也广泛运用于木雕、石雕、瓷雕、砖雕等艺术作品中，使之既有实用性，又有很高艺术欣赏价值。

（3）菊花

菊花以其品性的素洁高雅，色彩的绚丽缤纷，风格的坚贞顽强而令人肃然起敬。它集"色、香、姿、韵"于一身。就其色而言，可谓丰富多彩，缤纷炫目，色彩之全位居百花之首，几乎占据色谱上的所有色系；其香也非同一般，陶渊明赞其"芳熏百草"，黄巢夸它"冲天香阵透长安"；论其姿，可谓仪态万千、风貌迥然，有的端庄大方，有的龙飞凤舞，有的垂首含羞，有的热情奔放，有的刚劲沉稳，有的风姿飘逸；色姿香三者相互映衬，优势互补，共同构成菊花独有的韵味。也正因如此，才引得历代文人墨客为她挥毫泼墨，大加赞颂。晋代陶渊明最早写诗赞美菊花不屈不挠的精神，吟道："芳菊开林耀，青松冠岩列。怀此贞秀姿，卓为霜下杰。"后来，他从官场退居田园，过着耕田、读书、饮酒、采菊等隐居生活，更是对菊花情有独钟，写下"采菊东篱下，悠然见南山。山气日夕佳，飞鸟相与还"等脍炙人口的优美诗句，流传至今，充分表现出诗人淡泊豁达、傲贵轻名的性格。唐代元稹的《菊花》抒写其爱菊之情，盛赞菊花的品格，有咏菊名句："秋丛绕舍似陶家，遍绕篱边日渐斜。不是花中偏爱菊，此花开尽更无花。"黄巢的《题菊花》和《不第后赋菊》则借菊花抒发了自己威风凛凛、杀气腾腾的英雄豪情；"飒飒西风满院栽，蕊寒香冷蝶难来。他年我若为青帝，报与桃花一处开。""待到秋来九月八，我花开时百花杀。冲天香阵透长安，满城尽带黄金甲。"诗中可看出作者好一派叱咤风云、气吞山河的英雄气概和改天换地、扭转乾坤的远大政治抱负。北宋诗人苏轼的"荷尽已无擎雨盖，菊残犹有傲霜枝"从另一角度赞颂菊花"自强不息"的精神。宋代陆游《折菊》诗曰："黄菊芬芳绝世奇，重阳错把配萸枝；开迟愈见凌霜操，堪笑儿童道过时。"以及《秋菊》诗"菊花如端人，独立凌冰霜"，"折嗅三叹息，岁晚弥芬芳"。从这些诗句中，不难悟出诗人借喜爱的菊花来抒发崇尚节操和高贵品德的情怀。陈毅元帅同样托物言志，在《秋菊》中表达了自己对菊花面对邪恶势力，威武不屈精神的敬仰之情，吟道："秋菊能傲霜，风霜重重恶。本性能耐寒，风霜其奈何。"毛泽东主席也爱菊花那种抗严寒、傲冰霜的气魄，在其《采桑子·重阳》中的"战地黄花分外香"已成为咏菊佳句。后来他还把中南海丰泽园的书房命为"菊香书屋"。不少诗词把菊花人格化，用其象征安贫乐道、不慕荣华、骨气铮铮、正直不阿的气节。此外，古往今来，各地仍保留着办菊花展、饮菊花酒、品菊花茶、画菊花图等传统习俗，既可陶冶性情，又可寓意延年益寿、幸福吉祥。

（4）兰花

兰花被认为绿叶幽茂，柔条独秀，无娇柔之态，无媚俗之意。香最纯正，幽香清远，馥郁袭衣，堪称"清香淡雅"。我国人民历来把兰花视为高洁和典雅的象征，有"花中君子"、"天下第一香"、"王者之香"、"国香"等美誉。还与竹、梅、菊合称"四君子"。因兰花清幽素雅，朴素无华，洁身自好，被公认为花中个性完美的典范，许多文人喜欢将兰花比作谦谦君子，说其"终年不凋，幽香清远，神静韵高"，所以古往今来许多人以兰会友，更在养兰、赏兰中陶冶情操、修身养性。诗人屈原常以兰喻贤古今皆知。唐代颜师古赋兰："惟奇卉之灵德，禀国香于自然。洒嘉言而擅美，拟贞操以称贤。"用兰花比拟人格的高洁。宋代王学贵云："挺挺花卉中，竹有节而啬花，梅有花而啬叶，松有叶而啬香，唯兰独并有之。"托物言志，称颂兰花品德的完美。苏东坡在他的《题杨次公春兰》中赞美道："春兰如美人，不采羞自献出。时闻风露香，蓬艾深不见。丹青写真色，欲补离骚传。对之如灵均，冠佩不敢燕。"把春兰的风姿誉为美人。南宋学者朱熹的《兰》则咏秋兰："雪径偷开浅碧草，冰根乱吐水红芽。生无桃李春风面，名在山林处处香。"明朝张羽诗中"能白更兼黄，无人亦自芳，寸心原不大，容得许多香"。清朝郑燮诗曰："兰草已成行，山中意味长。坚贞还自抱，何事斗群芳？"陈毅元帅诗曰"幽兰在山谷，本自无人识，只为馨香重，求者遍山隅。"抒发了人们对兰花高傲性格和刚毅气质以及雅洁神韵的赞美，也生动表达出人们对兰花的那份痴迷和疯狂。

名贵兰花之所以博得人们青睐，是因为其具备了"姿、色、香、韵"的完美品格。兰花的花姿叶态都十分优美典雅，花箭刚健挺拔，气宇轩昂，花开之时亭亭玉立，绰约多姿；叶姿青翠葱茏，柔中带刚，疏密有致；叶色青碧莹润，如翠似玉；花色冰洁素丽，清淡含娇，雅而不俗，丽而不妖；花香清幽阵阵，清远悠长，超凡脱俗，有"一枝在室，满屋飘香"之说，诗人由此赞叹道"虽无艳色如娇女，自有幽香似德人"；即使不逢花期，兰花那修长、拱垂的叶片，也带有一种悠然自得的韵味，因此古人有"观叶胜赏花"的说法。

（5）月季

月季也是十大名花之一，被誉为"花中皇后"。月季、蔷薇和玫瑰合称"三姐妹"，三者具有许多共同的习性，但也有一些差异性。玫瑰花期仅约两个月，具香气，花单生或簇生，花瓣可用作香料，叶面多皱是其主要特征；蔷薇枝条常呈匍匐状，落叶，花小，伞房花序，花瓣少，一年开一次花，花色较单调，野生性强；月季因月月季季有花而得名，瓣数多，花形大而美丽，花色丰富。花期极长，若条件适合，几乎四季有花。宋代诗人杨万里在《腊前月季》中是这样赞美月季花期长的："只道花无十日红，此花无日不春风。一尖已剥胭脂笔，四破犹包翡翠茸。别有香超桃李外，更同梅斗雪霜中。折来喜作新年看，忘却今晨是季冬。"诗人苏东坡也赞道："花落花开无间断，春来春去不相关。牡丹最贵惟春晚，芍药虽繁只夏初。唯有此花开不厌，一年长占四时春。"还有古人赞颂道："曾随桃李开时雨，仍伴梧桐落叶风。"这是对月季花期长的生动描绘。

月季是重要的切花材料，花店中的玫瑰花实为切花月季。现代生活中，情侣之间常通过互赠月季，来表达爱意。此外，月季也被用来比喻女中豪杰，如英国王妃戴安娜不仅相貌出众，而且是世界上知名的慈善家，深受各国人民的尊敬和爱戴，因此被誉为"英伦玫瑰"；中国女足姑娘具有勇敢的拼搏精神，被封为"铿锵玫瑰"，显示她们刚柔并济的精神风貌。月季还是和平和友谊的象征，据说，当年有一批中国月季要运往法国，途经英国时，英法两国正在交战，为了确保这批花种安全抵达，双方竟商定临时停战。后几经法国和美国园艺学家的辛勤培育，将这一新品种命名为"和平"。人们还根据不同月季品种的特性来进行不同形式的栽培利用和观赏，如利用丰花月季的野生性、适应性强的特点，主要用于庭园绿化种植；利用藤本月季枝蔓柔软可以攀缘的特性用于篱笆、墙面、门廊等垂直绿化美化；利用微型月季小巧玲珑的特性用于盆栽室内观赏。

（6）杜鹃花

杜鹃花又称映山红、马樱花、山石榴、山踯躅、红踯躅、山鹃等，是中国十大名花之一，被誉为"花中西施"。每年春暖花开季节，处处绽放的杜鹃花，真可谓绚丽多彩，千姿百态，繁花似锦，令人赏心悦目。杜鹃花花、叶兼美，地栽、盆栽皆宜，用途广泛。白居易赞曰："闲折二枝持在手，细看不似人间有，花中此物是西施，芙蓉芍药皆嫫母。"江西、安徽、贵州还以杜鹃花为省花，定为市花的城市更是多达七八个，足见人们对杜鹃花的厚爱。

杜鹃花是一个大属，全世界约有900种，分布于欧洲、亚洲和北美洲，而以亚洲最多，有850种，其中我国有530余种，占全世界种类的59%，主要集中于云南、西藏和四川三省区的横断山脉一带，是世界杜鹃花的发源地和分布中心。可见，中国是世界杜鹃花资源的宝库，种类之多、数量之巨，无人能比。杜鹃花在不同的自然环境中，形成不同的形态特征，差异悬殊，有常绿大乔木、小乔木，常绿灌木、落叶灌木，有的主干粗大，高达 20 余米，有的呈匍匐状、垫状或附生类型，高仅 10～20cm。几种常见的杜鹃花有马缨杜鹃、云锦杜鹃、大树杜鹃、马银花、东鹃、毛鹃、西鹃、夏鹃等。

映山红是落叶杜鹃的代表，分布最广，北至河南、山东，南到珠江流域，东及福建、台湾，西达四川、云贵，高山、低丘、阴坡阳坡、溪谷山岩、林中林缘、荒草灌丛，均有其踪迹。江南在 3～4 月开花，嫣红一片。山民以此为薪柴，屡砍屡发，足见其适应性和生命力之强。

杜鹃花是优良的盆景材料。具有枝叶纤细，四季常绿，耐剪，萌发力强，根枝奇特，病虫害少，花繁色艳，寿命长久等优点，如用曲枝、辫扎、剪裁、提根等手法，进行直干、曲干、双干、多干、丛林、连根、悬崖、提根、石附等艺术造型，可制作成为形态、枝叶、花朵兼美的树桩盆景。

除盆栽观赏外，毛鹃、东鹃、夏鹃都可用于庭园装饰，小至天井、墙角，点缀一株数株，大至林绕山坡、溪边路侧、草坪石畔，成丛成片栽种，均可组成优美景观。也可用杜鹃花组成花筒绿障和地被植物，春天繁花似锦，夏日茂密青翠，秋冬又有色叶，四季可赏。

(7) 荷花

荷花又称莲花、藕花、芙蓉等，也是中国的传统十大名花之一，其花大色丽，清香远溢，令人赏心悦目；荷叶青翠洁净，波状叶缘更增添几分潇洒风姿。有人这样赞美荷花："碧波轻漾，荷似滚浪，花如繁星，此隐彼现。碧波上的片片荷叶，有的伞盖高擎，飞珠走玉；有的绿毯平铺，纤尘不染。万绿丛中，那亭亭玉立的荷花，含苞的娇羞欲语，怒放的婀娜多姿，每一朵都是色艳姿美的，红的似霞，黄的若金，白的如玉……"。由于荷花开放时，总是伴随着硕大、挺拔的叶子，像一把伞永远地伴随在荷花的身旁，好似一位"护花使者"，又像一对形影不离的夫妻，真可谓"红花配绿叶"、"夫唱妇随"。在风雨中勇敢慈怜的荷叶对红莲的遮蔽也常用来比喻伟大的母亲对儿女无私的爱护。冰心感人肺腑的名篇《荷叶母亲》就这样吟诵道："母亲啊！你是荷叶，我是红莲，心中的雨点来了，除了你，谁是我在无遮拦的天空下的荫蔽？"此外，荷花还赢得"亭亭玉立"、"洁白无瑕"、"冰清玉洁"、"含苞待放"、"争奇斗妍"、"翩翩起舞"等美誉，深得人们的喜爱。在中国园林中常以荷花为种植材料，栽植于湖岸、各种水体中，构成一种耐人寻味的意境。像苏州拙政园中的"远香堂"、"四面荷风"，每当夏日荷风扑面，清香满堂，体现香远益清的意境；又如杭州的名园"曲院风荷"，以夏季观荷为主，突出"碧、红、香、凉"的意境美，即荷叶的碧，荷花的红，熏风的香，环境的凉。大面积栽植荷花，使西湖夏日呈现出"接天莲叶无穷碧，映日荷花别样红"的景观。荷花历来被视为节操高尚的象征。宋朝周敦颐《爱莲说》中"予独爱莲之出淤泥而不染，濯清莲而不妖"已成为脍炙人口比拟人品高洁的佳句，被广泛应用于清正廉洁教育。近代文人朱自清的散文《荷塘月色》展现给人们的是一幅月下荷花的风景画，仿佛将人们带到一个梦幻般的世界。在中国花文化中，荷花是最富情趣的咏花诗词对象和花鸟画的题材，因此留下许多脍炙人口的佳作。

(8) 山茶

山茶又名茶花、耐冬、海石榴、曼陀罗花等，为我国传统十大名花之一，也是我国重庆市和温州市的市花。山茶花姿丰盈，端庄高雅，花色丰富，花期长，备受人们喜爱，在唐宋两朝达到了登峰造极之境。17世纪引入欧洲后，引起轰动，也因此获得"世界名花"的美名。

山茶为我国的传统园林花木，据资料记载，云南省昆明市近郊太华寺院内，有山茶老树一株，相传为明朝初年建文帝手植。昆明东郊茶花寺，有红山茶一株，为宋朝遗物，高达20m，每当花季，满树红花，格外引人注目。山茶枝叶繁茂，四季常青，开花于冬末春初万花凋谢之时。古往今来，很多诗人写下了赞美山茶的诗句。隋炀帝杨广十分喜爱茶花，在其《宴东堂》中，就有"雨罢春光润，日落蜺霞辉。海榴舒欲尽，山樱开末飞"的诗句。唐朝李白有"鲁女东窗下，海榴世所稀，珊瑚映绿水，未足比光辉"的诗句。唐代高僧贯休在《山茶花》中写道："风裁日染开仙囿，百花色死猩血谬。今朝一朵堕阶前，应有看人怨孙秀。"宋代诗人苏轼在《邵伯梵行寺山茶》中将山茶比作灿烂的火球在雪中开放："山茶相对阿谁栽，细雨无人我独来。说似与君君不会，灿红如火雪中开。"宋代诗人徐致中在《山茶诗》中写道："山茶本晚出，旧不闻图经，迩来亦变怪，纷然著名称。"宋代陆游则在《山茶花》中赞颂道："东园三日雨兼风，桃李飘零扫地空。惟有山茶偏耐久，绿丛又放数枝红。"明代诗人沈周在《白山茶》中写道："犀甲凌寒碧叶重，玉杯擎处露华浓。何当借寿长春酒，只恐茶仙未肯容。"清代刘灏用"凌寒强比松筠秀，吐艳空惊岁月非。冰雪纷纭真性在，根株老大众园稀"来赞颂山花。近代文学家郭沫若先生曾用"茶花一树早桃红，白朵彤云啸傲中。惊破唐梅睁眠倦，陪衬宋柏倍姿雄"的诗句赞美山茶盛开的景况。现代诗人曹吟葵先生在《云南山茶花赞》，更用他不凡的笔墨向人们展示了云南山茶花的美丽，写道："君不见：春风习习过南滇，万木欣欣意象涵。最是山茶春讯早，冲寒装点彩云南。又不闻：正月滇南春色好，山茶树树齐开了。朝霞辉染百媚生，艳李夭桃都压倒。漫写春娇兴味浓，赏花竞逐觅花丛。山茶极品生何处？多彩南滇指顾中：玉峰寺里狮子头，瑰树琼花万朵留。花蕊九心十八瓣，嫣红姹紫擅风流。鸣凤山茶万树花，名株神韵世人夸。红袍蝶翅同争艳，绿玉丛中灿若霞。鹿城极品名玛瑙，叶翠花繁传世少。楚蝶翩翩紫焰飞，园林处处红云岛。浓艳自能称奇绝，素装亦可傲星月。乌蒙骄子白山茶，质洁操清励冰雪。滇南勐海茶树王，挺秀千年碧玉装。世界茶园钟此地，芊芊叶片永芬芳。千姿百态予人乐，荟萃群芳看世博，天下茶花品位多，株株极品生南国。每到春来丽日和，赏花兴趣久成魔。山茶许我称知己，我为山茶谱赞歌。"全诗瑰丽奇崛，波澜频生，场面壮阔，瞬息千里，思接古今，字里行间洋溢着诗人对这片土地的热爱，兼而融进了对家乡山茶的赞美之中，全方位多角度地赞美茶花颜色之绚丽、形状之硕大、花朵之繁多、树龄之古远，或见天然而生，或是人工所培植等。

山茶耐阴，配置于疏林边缘，生长最好；假山旁植可构成山石小景；亭台附近散点三五株，格外雅致；若辟以山茶园，花时艳丽如锦；庭园中可于院墙一角，散植几株，自然潇洒；如选杜鹃花、玉兰相配置，则花时，红白相间，争奇斗艳；也可于森林公园林缘路旁散植或群植，花时可为山林生色不少。山茶花适于盆栽观赏，置于门厅会议室、公共场所入口处，都能取得良好效果；植于家庭的阳台、窗前，显得春意盎然。山茶花树冠优美，叶色亮绿，花大色艳，花期又长，正逢元旦、春节开花。盆栽点缀客室、书房和阳台，呈现典雅豪华的气氛。在庭园中配置，与花墙、亭前山石相伴，景色自然宜人。

（9）桂花

桂花的名称很多，因其叶脉形如圭而称"圭"，因其材质致密，纹理如犀而称"木犀"，因其自然分布于丛生岩岭间而称"岩桂"，因开花时芬芳扑鼻，香飘数里，因而又叫"七里香"、"九里香"。目前，据其性状特征，分为金桂、银桂、丹桂和四季桂 4 个品种群。桂花以芳香著称于世，是中国十大传统名花之一。常言"丹桂飘香，秋风送爽"，桂花幽香而不露，秀丽而不骄，独占三秋压群芳，堪称"秋天的花王"。八月桂花遍地开，每年中秋月明，天清露冷，庭前屋后、广场、公园绿地的片片桂花盛开，在空气中浸润着甜甜的花香，冷露、月色、花香，最能激发情思，给人以无穷的遐想。农历八月，古称桂月，是传统赏桂赏月的最佳时期。古往今来，人们把中秋的明月、桂花和我国人民的文化生活联系在一起。许多诗人吟诗填词来描绘它、颂扬它，甚至把它加以神化，嫦娥奔月、吴刚伐桂等月宫系列神话，已成为历代津津乐道的美谈。唐朝诗人宋之问有"桂子月中落，天香云外飘"之佳句。宋代韩子苍诗曰："月中有客曾分种，世上无花敢斗香。"宋朝朱熹咏道："亭亭岩下桂，岁晚独芬芳。叶密千层绿，花开万点黄。"指出了花开季节和景象。明朝朱元璋的《红木犀》（桂的别称）诗云："月宫移向日宫栽，引得轻红入面来。好向烟霞承雨露，丹心一点为君开。"古人对桂花开花的天气条件，也有大量记载。唐代王建在《十五夜望月》中有"中庭地白树栖鸦，冷露无声湿桂花。今夜月明人尽望，不知秋思落谁家。"柳宗元有"露密前山桂"，白居易有"天将秋气蒸寒馥，月借金波摘子黄"，陆游有"重露湿香幽径晓，斜阳烘蕊小窗妍"。诗中"冷露"、"露密"说明开花天气要早晚冷凉。桂花在李清照心中更为高雅。"暗淡轻黄体性柔，情疏迹远只香留，何须浅碧深红色，自是花中第一流。梅定妒，菊应羞，画栏开处冠中秋，骚人可煞无情思，何事当年不见收。"连千古高雅绝冠的梅花也为之生妒。隐逸高姿的菊花也为它害羞。可见桂花有多高贵。

桂花和我国人民的文化生活有着密切的关系，被视为崇高、美好、吉祥、幸福的象征。我国古代就有"桂冠"之说，称仕途得志、飞黄腾达者为"折桂"。古代有科举考试制度，考中登科者称"蟾宫折桂"。由于"蟾宫折桂"有仕途通达之意，所以唐宋以来，文人墨客和官宦之家竞相种植桂花，以显示自己曾"折桂"，因此至今各地还留有许多千年古桂树。另外，桂花还是传递和平与友谊的使者，战国时，燕、韩两国就曾以互赠桂花以示彼此友好。桂以"贵"的谐音，取荣华富贵之意。旧习俗有新妇戴桂花，又香又"贵"之意，婚礼上用桂花与莲子，表示"连生贵子"；桂花与寿桃合图，表示"贵寿无限"。

桂花四季常青：枝繁叶茂，花香浓郁，在园林中广泛用于孤植、对植和片植，也常与亭、台、楼、阁相配，形成良好的景观效果。杭州、苏州、合肥、中山等城市都把它定为市花，苏州古城的东南隅还修建一个体现江南水乡特色的桂花公园，成为市民休闲观景的好去处。湖北咸宁为中国桂花之乡，桂花产业得到长足发展，浓郁的桂花风情也孕育出具有鄂南特色的桂乡文化。一部《天香桂花传奇》演绎桂花的传奇故事，一首《江南桂花香》也使咸宁桂花香遍大江南北。

（10）水仙

水仙古称雅蒜、天葱，为中国十大名花之一。水仙花高雅飘逸、凝姿素雅、玉质冰肌、清秀俊逸、超然物外、不染尘俗。北宋诗人黄庭坚欣赏水仙花的清幽殊绝，孤芳自赏，赞其"凌波仙子生尘袜，水上轻盈步微月"，故水仙有"凌波仙子"之称。之后，人们还给它取了不少巧妙、美丽的名字，如"金盏银台"、"俪兰"、"雅客"、"女星"等。水仙在岁暮天寒、百花凋零的冬季开花。只需清水一盆，白石数粒，便静静地在室内案头吐翠含芳。那青翠欲滴的叶片，亭亭玉立的花梗衬着银白色的花朵，淡黄的花蕊，时时散发出醉人的芳香，宛如一位身着翡翠衣，头戴黄金冠下凡的仙女在轻歌曼舞。有人曾这样评价它：寒冬里的一缕幽香，斗室中的一丛翠绿，娇柔而妩媚的星点小花，清水供养不食人间烟火。现在人们喜欢在春节、元宵节前用水养、沙培等方法来使水仙开花，用于布置居室环境或公园。其实早在宋代，水仙花就深受人们喜爱，明初郑和出使南洋时，还把漳州水仙当做名花远运异国他乡。因其仪态超俗，故历代文人墨客都不吝为水仙花挥毫泼墨，写出不少像"秀色一钵借水栽，花开无意闹春台。天成雅韵谁堪比，仙子凌波赠香来。"等优美的篇章。宋朝杨万里的《水仙花》诗赞颂道："韵绝香仍绝，花清月未清。天仙不行地，且借水为名。"宋代黄庭坚则将水仙誉为"冰肌玉骨"："借水开花自一奇，水沉为骨玉为肌。暗香已压荼蘼倒，只比寒梅无好枝。"清代沈维树有一首《咏水仙花》写得很美："珊珊恍见之，翩若凌波然。解佩无默语，欲往愁思船。起视冰壶晓，水月生便娟。"近代女杰秋瑾也十分酷爱水仙花，每年都要养上几盆摆于窗前、书案之上，并写下"洛浦凌波女，临风倦眼开"、"嫩日应期雪，清香不让梅"、"余生有花癖，对此日徘徊"等精彩诗句。此外，古往今来各地也流传着许多有关水仙的传说和动人故事。

人们在长期的栽培中发现，用刀子将水仙的鳞茎雕刻后再培育，可形成千姿百态、富有诗情画意的艺术造型。如"金鸡报晓"、"万象更新"、"孔雀开屏"、"三阳开泰"等，每件作品都栩栩如生，耐人寻味。

3.4.3　花文化

花卉装饰应用也是一种传统文化，因为中国对野生花卉的利用，早在公元前就已随着农业生产的发展而开始，在南北朝（公元420—589年）已用花卉来表达人们的思想感情，即将花卉种植于坟墓旁，有"点植花卉于冢侧"的记述。此外，在《南史·徐勉传》中也有"聚石、移果、杂以花卉，以娱休沐，用托性灵"，记载了在庭园中的应用情况；清代的《云南花卉记》一书也有相关记载。在古代，首先被重视并记载于典籍之内的，往往是食用和药用的植物，把植物用于观赏则是在生产力进一步发展，剩余物质不断积累的基础上产生的。

唐代，随着中日文化的交流，中国原产的牡丹、梅花、菊花、花菖蒲、大花牵牛等众多园艺植物传至日本的同时，中国园艺古籍也传到日本，并作为经典著述指导着当时的日本园艺事业。在日本，"花卉"一词最早见于贝原益斩所著的花谱（1698）中，较《梁书·何点传》晚1000年左右，且该书的参考文献有2/3是中国著名典籍，如明代俞宗本的《种树学》及李时珍的《本草纲目》等，足以说明中国古籍中园艺方面的记述是日本花卉园艺论著成书的沃土。随着中日文化的交流，在花卉园艺史中也同样存在着汉学东渐、脉络相通的密切关系。19 世纪初期以后，日本广泛吸取外来文化，促进资本主义经济的发展，花卉园艺事业也更加活跃起来，出版很多园艺方面的书籍。

中国步入清代末期，在舶来品涌进的同时，外国的花卉和园艺书刊也经沿海城市一并进入中国。其中日本的园艺书刊以数量多、质量好、宣传力强而占优势。此时，日本园艺书刊中广泛使用的汉字"花卉"在书写与含义上均与中国一致并沿用至今。

花文化是人类传统中的一脉，并同其他文化一样，随着社会物质生产的发展而发展，每一个国家或民族都有其独特的发展轨迹。花文化应包括以下几方面内容：①对花卉欣赏与应用的观念体系，如赏花的意识、情趣以及在各种礼仪、庆典中围绕花卉所开展的各项审美活动；②花卉的应用形式与设计手法；③对园艺植物材料本身的资源收集、品种选育及其市场流通等。

中国的花文化植根于绚丽多彩的中华传统文化，在审美意识中必然跳动着中华文化的脉搏，具有传统文化的生机。现试图从以下几方面做些粗浅的剖析。

（1）含蓄、意境与神韵

花文化与中国的国画、诗文、音乐和书法等其他文化支脉间似乎存在着共同的特点：表露富于含蓄；写实具有意境；形体蕴以神韵。此为中国文化的特点之一。

梅花居中国名花之首，已有 3000 多年的栽培历史，是神、韵、姿、香、色俱佳的花卉。北宋林逋隐居杭州孤山，植梅放鹤而号称"梅妻鹤子"，其梅花诗词尤多，如"疏影横斜水清浅，暗香浮动月黄昏"的诗句，把赏梅的意境和梅花的神韵描绘得淋漓尽致，就是梅花的专类园中也不仅欣赏梅花的个体美，更注重其群体的意境美，冠以富有诗情画意的雅名——香雪海（苏州邓尉山的雅称），点出梅园中大片梅花盛开的意境。

兰花被我国人民誉为"花中君子"、"天下第一香"。自古以来，赏兰尤重神韵，如对兰花品种的鉴赏，不仅要看花被片、形、色，还要看其着生状态。一朵兰花的两个萼片着生在同一水平线上，称为平肩；两个侧萼片外端向上翘起称为飞肩；外端下垂则称落肩。这与评价人的仪表和神态相似。

此外，在中国插花艺术中，常运用横斜向延伸的梅枝、松枝以及回旋轻盈的茎蔓作为烘托主题、升华意境的花材，与西方式插花中运用几何图形相比，作品更富神韵感。

（2）比兴与赏花意识

比兴原为中国文学艺术中的传统表现手法，自《诗经》起已多见运用。比是譬喻，朱熹说："以彼物比此物也"；兴是寄托，托事于物，"先言它物以引起所咏之词也"（《诗集传》）。这种手法也形成了中国赏花意识的另一特点，使花草树木人格化，或赋予花草一定的象征，用以托物言志。其内涵多与正直、孤傲、净洁、长寿等欲念和情操相关。

以梅花为例，从生物学特性看，梅花可抵抗 –15℃ 的低温，当早春气温升到 6 ~ 7℃ 时，甚至在漫天飞雪之中，梅花就喷红吐翠。陈毅元帅在《冬夜杂咏·红梅》中这样描写梅花："隆冬到来时，百花迹已绝。红梅不屈服，树树立风雪。"诗人以拟人手法歌颂了梅花傲对霜雪的坚强性格，借以颂扬中华民族的伟大气概。元代王冕《白梅》诗云："冰雪林中着此身，不同桃李混芳尘。忽然一夜清香发，散作乾坤万里春。"也是用梅花托物言志，抒发笔者的情怀。因而，梅花在古代的诗文书画中，是一个永恒的主题，产生了许多鉴赏和称颂梅花傲雪、冷香风姿与神韵的名作。

我国人民历来把兰花视为高洁和典雅的象征，与竹、梅、菊合称"四君子"。诗人屈原常以兰喻贤。唐代颜师古用兰花比拟人格的高洁。宋代王学贵通过与竹、梅、松等对比，来称颂兰花品德的完美。

菊花在我国栽培已有3000多年的历史。秋菊的自然花期是10月下旬至11月上旬，恰逢百花凋零的秋末傲霜怒放，为秋日的景色增添异彩。东晋文学家陶渊明的《饮酒》诗，宋代陆游《折菊》、《秋菊》诗中不少诗句，就是借菊花来表达淡泊豁达、傲贵轻名的崇尚高贵节操和品德。

荷花也是我国的传统名花之一，历来被视为节操高尚的象征。园林中常以荷花为种植材料，构成景点的意境，像苏州拙政园中的"远香堂"、"四面荷风"以及杭州的名园"曲院风荷"等。总之，在中国浩瀚的文海中，以花言志，运用比兴手法，使中国的赏花意识更具有含蓄、深沉和完美的内涵。

在我国的民间赏花意识中，吉利语、谐音及数字排序语，也是习见应用的。如吉祥草除叶片清雅可供观赏外，主要取其吉利。《广群芳谱》说："花开则家有喜事，人以其名佳，多喜种之。"又如正月的插花以及年宵用花中所使用的连翘取其"年条"（金条）的谐音，银柳取其"银有"的谐音，来预示来年的吉兆。在购买年花时，一株开十朵的牡丹花，不仅富贵满堂，还有象征着十全十美。买到一球开五箭的水仙花则有"五福临门"、"五谷丰登"的祥兆。总之，这些吉利语、谐音和数字排序语，在各地区及各民族的习俗里广为流传与应用，它们都具有福、禄、寿、喜的美好含义与祝愿。

（3）富丽堂皇与幽静典雅

在中国园林艺术中，一向存在着富丽堂皇的皇家园林和幽静典雅的私人园邸两种类型。而在园林植物的配置、花卉的装饰和应用上，也相应地存在两种形式。

在富丽堂皇的宫廷及皇家园林中，玉（兰）、棠（海棠）、春（迎春）、富（牡丹）、贵（桂花）几乎形成了植物配置的主调。雍容华贵的牡丹最初只是统治者富有的象征。在花卉种类上除以花木为主调外，色彩上常以鲜艳的红、黄色为多。红色表示喜庆；黄色显示尊严，是皇族的特有色。在应用方式上有地栽、盆栽及宫室瓶插和头饰等。

文人雅士，多蔑视世俗权贵，在植物配置上则以隐喻节操高尚的松、竹、梅、兰、菊、荷为主调，体现出松长青、竹君子、菊凌霜、兰幽香、荷自洁的赏花情趣。从应用形式上看，除地栽应用于小巧园邸外，多以小型盆花置于厅堂或摆设于案几。花朵也未必要大，色彩也较素雅，以赏兰的情趣最具代表性。即使不逢花期，兰花那修长、拱垂的叶片，也带有一种悠然自得的韵味。适逢花期，也以唇瓣上无斑纹的素心者为贵，以充分体现出幽静典雅的赏花情趣。

（4）崇尚自然的构图

所谓自然，是指非人为制作的天然物，如自然物体现的自然美。这种崇尚自然的审美意识，在中国传统造园手法中，以及花卉欣赏和应用方式上也无一例外。明代计成在《园冶》一书中提到的"虽由人作，宛自天开"，已成为中国园林的设计原则及评价的艺术准则。在园林植物的布局和应用上，《园冶》中不仅注重花草树木的生物学特性，还指出"花木情缘易逗"、"桃李不言，似通津信"等寄情于自然的思想。因而在沟通原则上多为自然式，不取规则式，与西方园林有显著的区别。以拱门和绿篱为例，西方常剪成圆形或方形等几何形体，在中国传统花木生产地，可以见到由常绿植物编造的门、垣，顺势做弯，仿效龙、凤、麒麟等的造型。

这种崇尚自然的构图方式，在花卉装饰及各种花艺饰品的构图设计中，虽与西方一样遵循对比与调和、均衡与稳定、比例与尺度等原则，却又能超越几何形体的模式，循着趋于自然的形式进行创作。以插花饰品为例，在西方风格的作品中，常利用几何图形大小的变化，色块显现的深浅与浓淡来解决对比与调和的关系；而中国式的插花作品不拘泥几何构图的规范，常运用破正求奇和虚实相间的手法取得协调和统一。在作品中，对直线形的花材可以斜向插，或用另一支弯曲的花材与之搭配，可使构图完美，去除呆板，增添生趣，像这种以曲破直、以横破竖、以圆破方的巧妙构图方法，在西方几乎未见应用。

此外，国画和书法中讲究布图位置，用印签补白等精巧安排，在花卉应用及造型设计中也多有体现。如花材的摆布应疏密有致，运用小饰物补白，达到构图上的均衡。利用花材的自然伸展方向，或回旋的茎蔓补空，不仅使构图具有动感，还留给人们品赏回味的空间。

由此可见，花文化是一个复杂的总体，它与一个国家的历史发展、文化传统、道德规范和风俗习惯息息相关。一个重视自己文化的民族，才有凝聚的根基，才会有辉煌的未来。欧美等国家对花卉的欣赏重于表露、热情奔放、色彩瑰丽；而日本在赏花意识中却渗透着佛教超脱意念，崇尚哀美文艺观，具有幽寂含蓄的情调。随着时代的发展，异质文化的相互交融与渗透，花文化也正朝着完美、充实和富有时代感的方向前进。

（5）花文化与时代

花文化既然是一种文化现象，它必然随着时代的发展，在赏花观念、情趣、应用形式、设计手法以至花材种类等方面出现一些新的倾向。以小农经济为主体的过去，田园是一派天然景象：田野起伏，阡陌纵横，农舍绿树点缀其间，鸡鸣犬吠，鸟啼蝉噪。任何一种劳动都是从始至终，完成后自家享用。那时的劳动纵然艰辛，节奏缓慢，却有着个体劳动的随意性和饱尝田园生活的乐趣。近代，随着工业化浪潮的冲击，机械化带来的物质文明到处都留下了人工雕琢和修饰过的痕迹。土地连片、树木成行、高楼林立，隆隆的响声干扰着人们的视听。人们虽能享用旧日所不能比拟的物质文明，却陷入了紧张、快节奏、无休止的连续作业之中，精神受到伤害。于是人们渴求自然，渴望恢复随意自如的人生。时代的变化，影响着人们的审美意识，表现在以下几方面：

①回归自然的风尚对文化和艺术风格的影响　"生态"、"自然"、"地球"常作为作品的主题。如日本建筑环境设计，1990 年在国际上征集设计方案的选题就是生态公园，它不局限于对生物个体的安排与应用，而要求设计者从时间空间等更广泛的环境上进行创作，推出一些全新的设想。在室内装饰、花卉应用与设计上也同绘画、雕刻等其他装饰艺术一样，讲求原始与粗犷感，作品常散发着乡土气息，流露着自然情趣。在居住空间内不再追求浓漆庄重的旧式桌椅，而用原木本色的家具，以其天然存在的纹理和节疤还其自然之美。园林中，禾本科植物每每成为景点的主题，用以表现未开垦的自然景

观。一把芦花、一束麦穗插在室内，使身心返回大自然。

在花色育种及花色应用上，也与这一风尚密切相关。除习见的花色外，特别推崇在自然界处于变化之中的色彩。本来，自然界里花朵的颜色并非全是明亮、艳丽的，还同时存在着随花朵开放而逐渐淡旧的色彩，仿旧色育种应运而生。如 1990 年美国推出鸢尾新品种中，土红、银灰、土黄、灰褐等色列为榜首，在其他花卉的新品种选育以及丝绢花仿旧生产中，均可见到类似情况。因为这种在花色欣赏上的新倾向更富有自然感。

近年，在花坛、花境、花钵（或种植箱）的设计中，也有选用拟对称形式的；至于构件材料和质地上的质朴感也多具有返璞归真的艺术效果。在插花及花艺设计上，也注重天然、质朴的时代气息，虚幻朦胧、富有人情味，形成了构思的一个倾向。使用的器皿与配件，也常用粗陶、树皮、椰壳等自然物，借以描绘出乡土气息浓郁的画面。

这种回归自然的思潮，若与传统的崇尚自然的审美意识相比，已经注入了全新的时代内容，既继承了崇尚自然的民族传统，又能用完美的现代品味去修饰过去的陈旧感；既不失传统的风格与内容，又令人耳目一新。

风雅休闲的思潮对花卉欣赏及应用也产生一定的影响。在工业化的今天，快节奏的生活给人们带来一定的寂寞感，人们都期望过上一段休闲的生活或进行假日疗养。在空间的装饰和布置上，无论是开阔的广场还是狭小的居室，一经用花卉装饰后，就会在多维的空间里产生出风雅休闲的气氛。一具羊角壁饰，使人追忆起森林里的狩猎生活；一顶干花帽饰，让人留念山野中的郊游。人们愿意在属于自己的休闲时间内，营造一种休闲的意境。就是在节日花卉设计中，也有以"青翠园"、"菊芳园"等富有田园风情的景点展现在都市的广场上，从而塑造出一种乡间假日气氛，为繁忙的都市人增添几分恬淡与轻松。

花卉装饰与设计的系列化与个性化，是这个时代的另一特点。首先花卉装饰的格调应与环境的设计成系列。其次花卉装饰的色彩选择应与环境色彩协调，成为系列。正像花艺设计师在为音乐会会场作花艺设计时，先去了解大厅的格调、色彩以及乐团的服饰等，再来制订设计方案一样，否则零乱和不配套的设计，就达不到系列美感的效果。

装饰设计的个性化是时代的特点，人们追求自然与变化的同时，也追求个性的完美与充实。从城市中的园林设计，到家庭园艺的布局，已厌烦千篇一律的定型设计，乐于塑造独特的自我形象。正像在别墅式住宅区所见一样，从每个家庭花卉装饰风格以及花木种类的差别上，就能悟出主人的喜好和情趣。

②花卉的装饰范围，几乎与人类活动范围的逐渐扩大，游乐设施的不断增设同步发展 可以说，凡有人们进行活动的环境及场所，就有花卉装饰。大到广场、公共绿地、商业空间及写字楼，小到居室、厅、廊和案几都需进行花卉装饰。装饰与设计形式，力求达到多层次、多方位的空间装饰效果，使花卉和各种绿色植物最大限度地接近人，给人以亲近感。如今除在室外有花坛、花境等习见的装饰形式外，室内还有花园和水景园；此外像艺栽、瓶景、箱景等装饰形式，犹如把大自然中的景观尽收眼底，融会浓缩在居住空间之中。

③使用的花卉种类及品种上，早已跨越国家和地区的界限 不论是种质资源的收集，还是新品种的选育及流通，都是各国园艺家和花卉公司共同注视的课题。例如，早

在17世纪已风靡欧洲的郁金香，在第二次世界大战后栽培更加广泛，久用不衰。近年日本在沿海各县栽种的郁金香球根，年产约2亿个，一些国家还根据本国的气候类型选育出适宜的品种。在我国北京、上海等城乡花卉基地，也开始了规模性的生产。此外，像月季、香石竹、非洲菊等多种花卉，在切花品种登录和流通上，早已形成了国际性的商品型。还有，开发某种气候型下特产的花卉，也形成了新的流通趋势。如澳大利亚原产的袋鼠爪花的切花应用日益盛行。另外，禾本科植物在园林上的应用，干花装饰居室空间等，也正引起人们的重视。时代要求人们更多地了解世界，置身其中去鉴赏、品味与掌握。

3.4.4　花　语

花语是指用花来表达人的语言，表示人的某种感情或愿望。它在一定的社会历史条件下逐渐约定俗成，而为大众所公认。赏花要懂花语，在花园里，如花语不通，将缺乏不少赏花趣味。花语这个词来自日本，中国词典里尚无此条目，但现实生活中，实际应用已相当普遍，且发展较快。

3.4.4.1　花语的由来与发展

有一位英国学者说："英国是世界上花语最多的国家，花语是一个国家文化悠久、文明昌盛的标志"。其实，中国是世界文明古国，也是"世界园林之母"，在古籍、口语、社会生活中，花语已屡见不鲜。如三国魏嵇康《养生论》说："合欢消忿，萱草忘忧。"这就是花语，且被长期使用。元旦饮柏酒祝长寿，端午挂菖蒲辟邪魔，重阳插茱萸避灾祸；祝寿赠鲜桃，结婚赠百合、柚子、锥栗或红枣、花生、桂圆、莲子等均为广泛流行的花语。在我国数不清的古老传说故事中，也早已形成了许多花语。南朝（梁）吴均《续齐谐记》中京兆田真兄弟分家，计议分砍院中一株紫荆，紫荆突然枯萎，状如火烧。兄弟深有感触，决定不分了，紫荆又回青转绿，紫荆便成为兄弟团结的花语。陆游与唐婉被逼离婚，唐婉赠秋海棠为念，秋海棠便成为苦恋的花语。八仙花又名绣球花、聚八仙，为一蒂八蕊，簇拥成朵，恰似八仙相聚，故寓意八仙过海，各显神通；在英国却被喻为无情、残忍。百合寓意百年好合、白头偕老、心想事成；欧洲人将白百合喻为纯洁、圣洁、博爱，黄百合表示幸福重新来临，或寓意尊敬、庄重。百日草又称步步高，先在顶端开出一朵花，然后侧枝的顶端又开出一朵花，花梗一朵更比一朵高，故得雅号步步高；花开百日，被喻为激励、鼓舞、向上。扁柏苍劲古雅，四季常青，为百木之长，故寓意为正气凛然、松柏常青、凌霜傲雪。桃花艳丽妩媚，花开阳春三月，寓意为春的象征，欣欣向荣；由于桃花开花近十天即残败，故又寓意红颜薄命；桃花的绯红之色寓意为男女艳史（桃色）；桃果寓意学生，故有桃李满天下之说；还寓意长寿、吉祥之物。倒挂金钟花型美丽下垂似吊钟，寓意警钟长鸣，趣味、热情、可爱。

随着国际间交往日益频繁，花语的交流必有一部分相互渗透，如香石竹是国际母亲节的节花，月季品种"和平月季"是为了纪念第二次世界大战的胜利而命名的。花语已成为人们生活中不可缺少的一部分，但应用花语应注意以下几方面：

①各国、各民族之间的花语不可任意混用　如欧洲许多国家送花忌用菊花，他们认

为菊花为墓地之花，不吉祥；德国人不送郁金香，认为是无情之花。

②选取花色不可大意　欧洲人一般忌用白色鲜花；法国人忌用黄色花，认为黄色花代表不忠诚；巴西人忌用黄月季，认为黄月季象征亲友分离。我国纯白色或纯黄色花常只用于悲痛场合，而不用于喜庆场合。

③注意根据具体对象选择品种　如赠松柏盆景给老人，一般表示祝其长寿，但老人生病住院时，宜用鲜花，使他感到愉快和活力，以示祝愿其早日康复，若送松柏盆景易使其联想到陵墓而不快。日本人探视病人忌用带根的花(盆花)和仙客来，这两者日语读音，前者同睡，后者同死。欧洲人探病忌用浓香的花。

④用于爱情之花，要懂不同含义的花语　我国表达爱情之花很多，月季三姊妹、茶花、桃花、海棠、水仙等一般恋爱场合均可用。芍药表示与爱人惜别，秋海棠表示苦恋，金银花与石榴花是已婚通用。据说，欧美青年男女赠一枝玫瑰是求爱，回一枝玉兰是同意，回一枝石竹是拒绝。

3.4.4.2　中国花语及其应用

中国含有花语的花木约有120种，表达的花语有几百条。主要用于社会交往、文学艺术、民间习俗等各个方面。

(1)社会交往中常用的花语

①通用手花(花束)　月季、菊花、香石竹、唐菖蒲——花期长，表示友谊长芳；茉莉(末利)——重义轻利；马蹄莲——春风得意；柳枝——依依不舍；冬青枝——友谊长青；鸟不宿——一路保重。花束不宜全部为白色花或黄色花。

②赠送老人　多有祝愿健康长寿之意或颂扬其德高望重之情感，如菊花表示晚节(敬老菊枯不落瓣)；红枫表示老有所为、老当益壮；寿星桃、寿星草(虎刺)、五针松、翠柏等表示长寿幸福。松、竹、梅、兰赠老人寓意深刻，松柏表示延年益寿，竹石盆景表示清高质朴，梅有"寒梅晚节香"、"只有香如故"、"不要人夸颜色好，只留清气满乾坤"之意；兰表示品格高贵。

③赠送母亲　香石竹(康乃馨)——母爱；萱草——忘忧。

④赠送爱人　玫瑰、月季、蔷薇、海棠——爱情、相爱；含笑、茉莉、白兰花、晚香玉等——传情、爱慕、思念。

⑤赠送优胜者　桂花——光荣(桂冠、蟾宫折桂)；山茶(十德花)——奋斗胜利；木棉(攀枝花)——英雄；紫薇——好运(紫气东来)。

(2)文学艺术中常用的花语

①颂扬祖国　牡丹——繁荣昌盛，和平幸福；银杏——古老文明，东方圣者；梅花——民族魂；长春君子兰——凤鸣朝阳，双翅腾飞；杜鹃花——锦绣河山；桃林——太平盛世。

②赞美传统道德　梅花——顶风雪、不争春、香如故的精神；梅、兰、竹、菊"四君子"——品德典范；松、竹、梅"岁寒三友"——顽强斗争；莲花(出淤泥而不染)——清廉；菊花——晚节；兰花——善恶分明；紫荆——兄弟团结；桃李——教师诲人不倦；杏花(杏林春暖)——颂扬医德；棠梨(甘棠遗爱)——清官德政。

③启迪向上　桂花——蟾宫折桂；凌霄花——人贵自立；莲花——廉洁奉公；菊花——高风亮节；含羞草——知耻(勇于改过)；水仙花——纯洁。

④代表某种感情　海棠——快乐；含笑——喜悦；红月季——热情；黄月季、橄榄枝——和平；并蒂莲、金银花——恩爱夫妻；秋海棠——苦恋；丁香结(花蕾)——愁思不解；杜鹃花——思乡、思归；红豆——相思。

⑤国画中　牡丹凤凰图——丹凤呈祥；牡丹猫蝶图——耄耋(七八十岁老人)大福；梅花喜鹊图——大喜临门(梅花别号喜神)；红柿如意图——事事如意。

⑥含有贬义的花语　木槿——荣华不长，人心易变(小人槿花心，朝在夕不存)；凌霄花——仗势凌人；昙花——昙花一现，好景不长；凤仙花(急性子)——碰不得；葛藤——纠缠不清。

⑦用花木代替某些人和事物　椿萱——父母(椿萱并茂，父母双健)；桃李——学生；桑梓——故乡；桑榆——日暮、晚年；荆棘——艰难环境；芝兰玉树——优秀弟子；兰蕙腾芳——儿孙显贵。

(3)民间习俗中常用的花语

①节日布置　家庭春节用瑞香、水仙、仙客来、冬珊瑚(吉庆果)表示祥瑞；端午节用蜀葵喻节节高；国庆用一串红(爆竹红)喻热烈祝贺；圣诞节用一品红喻博爱(一片丹心)。

②节日遗风　春节常以催花牡丹喻招财纳福；端午节常悬挂菖蒲喻以斩魔宝剑避邪；重阳节佩戴茱萸以消灾避难；除夕团圆吃荠菜喻全家发财。

③祝贺新婚或小孩生日　结婚礼盒配万年青、吉祥草象征爱情长青，幸福永远；小孩生日以长春花(或金盏菊)喻长命富贵。

④住宅种树　农谚"前不栽桑(谐音丧)，后不种楝(谐音利)"，应楝在前，桑在后；梧桐喻恩爱夫妻白发到老(雌树曰梧，雄树曰桐。谚语："梧桐相待老，鸳鸯不独宿")。

小　结

花卉种类繁多，形态各异，表现出千姿百态的观赏特性。它具有许多不同于其他装饰因素的特点。其中最大的特点是具有生命，能生长，有季相变化，可随季节和岁月的变化而不停地改变其色彩、形状、质地、叶丛疏密度以及全部的特征。花卉观赏的基本特性主要体现在植物的大小、形态、色彩、质地、气味和意境等方面。但不同种类花卉的观赏特性有较大的不同，所以其在园林绿化及室内装饰中的作用也不同。从而可以利用丰富多彩的观赏植物营造出千变万化的园林景观。

人们素有养花、赏花的高雅风尚，并视花为美的化身和美好幸福的象征。历代文人经常在赏花后赋诗、填词、谱曲、作画来抒发自己的情感，现代赏花在传承历史的基础上，在应用形式上也有了新的发展。以中国十大名花鉴赏为例可见一斑。既欣赏其外部形态的静态美，更欣赏其动态的生命的内蕴；不仅娱人感官，更撩人情思，寄以心曲，达到赏心悦目、畅神达意、陶冶情操的意境。并经世代传承与发展，形成独特的花文化。

思考题

1. 花卉观赏的最大特点是什么？有哪些基本特性？植物大小有哪几类？花卉植株形态的基本类

型有哪几种？植物的色彩应如何应用？

2. 试述主要几类花卉的观赏特性及其在花卉装饰上的应用情况。

3. 试述赏花情趣的重要性。

4. 试述中国传统十大名花，并简述其鉴赏价值。

5. 花文化主要内容包括哪几方面？

6. 何谓花语？应用花语应注意哪几方面的问题？

推荐阅读书目

1. 园林花卉学 . 2 版 . 刘燕 . 中国林业出版社，2009.
2. 花卉学 . 2 版 . 包满珠 . 中国农业出版社，2008.
3. 花卉鉴赏与花文化 . 孙伯筠 . 中国农业大学出版社，2006.
4. 花卉应用与设计 . 修订本 . 吴涤新 . 中国农业出版社，1999.

4

室内花卉

装饰

4.1　室内花卉装饰的意义

　　室内花卉装饰是指按照室内环境的特点，利用以室内观叶植物为主的观赏材料，结合人们的生活需要，对使用的器物和场所进行美化装饰。这种美化装饰是根据人们的物质生活与精神生活的需要出发，配合整个室内环境进行设计、装饰和布置，使室内室外融为一体，体现动和静的结合，达到人、室内环境与大自然的和谐统一，它是传统建筑装饰的重要突破。用花卉装饰居室，能使室内环境变得更加清新、幽雅，同时具有颐神养性、强身治病的作用。室内养花与家具陈设相结合，就能创造出一个"室内几丛绿，满屋顿生春"的绿色世界。

　　(1) 美化室内环境

　　绿化对室内环境的美化作用主要有两个方面：一是植物本身的美，包括它的色彩、形态和芳香；二是通过植物与室内环境恰当地组合，有机地配置，从色彩、形态、质感等方面产生鲜明的对比，而形成美的环境。植物的自然形态有助于打破室内装饰直线条的呆板与生硬，通过植物的柔化作用补充色彩，美化空间，使室内空间充满生机。

　　(2) 改善室内生活环境

　　人们的生活、工作、学习和休息等都离不开环境，环境的质量对人们心理、生理起着重要的作用。室内布置装饰除必要的生活用品及装饰品摆设外，花卉装饰具有生命气息和情趣的，能使人享受到大自然的美感，感到舒适。

　　室内花卉装饰具有重要的生态功能，即净化空气和调节室内小气候。良好的室内花卉装饰能净化室内空气，调节室内温度与湿度，有利于人体健康；植物进行光合作用时蒸发水分，吸收二氧化碳，排放出氧气，部分植物还可吸收有害气体，分泌挥化性物质，杀灭空气中的细菌，因此，它们具有一定的调节室内温度和湿度的功能。此外，室内花卉枝叶有滞留尘埃的作用。现代家庭的建筑装修及物品器具布置只是解决了"硬件"装修和装饰，而室内花卉装饰是现代家庭的"软装修"，这种"软装修"是普通装修布置的必要补充。

　　(3) 改善室内空间的结构

　　在室内环境美化中，花卉装饰对空间的构造也可发挥一定作用。如根据人们生活活动需要，运用成排的花卉可将室内空间分为不同区域；攀缘格架的藤本植物可以成为分隔空间的绿色屏风，同时又将不同的空间有机地联系起来。此外，室内房间如有难以利用的角隅(即"死角")，可以选择适宜的室内观叶植物来填充，以弥补房间的空虚感，还能起到装饰作用。运用植物本身的大小、高矮可以调整空间的比例感，充分提高室内有限空间的利用率。

　　(4) 陶冶情趣，修养身心

　　人的大部分时间是在室内度过的，室内环境封闭而单调，会使人们失去与大自然的亲近。人类本能地对大自然有着强烈的向往。随着现代社会生活节奏的加快和工作压力的加剧，人的精神压力也不断加大，加上城市生活的喧闹，使人们更加渴望生活的宁静与和谐，所以人们都希望拥有一块属于自己的温馨舒适的小天地。这个愿望可以通过室内花卉装饰来实现，因为植物是大自然的产物，最能代表大自然。进行室内的花卉装饰设计，把大自然的花草引入室内，使人仿佛置身于大自然之中，从而达到放松身心、维持心理健康的作用。此外，人们在不断进行室内绿化养护和管理的过程也能陶冶情趣、修养身心。

4.2　室内花卉装饰的基本要素

4.2.1　线条

花卉的线条是由骨干和轮廓的线条共同所表现出来的。线条普遍存在于室内空间与组件的边缘。不仅室内空间的各种组件会给人以或直或曲的线条感，具有各自生长习性的植物也会给人以水平、垂直或不规则的线条感。不同性质的线条给人的情感感染不同，直线简洁但略显生硬，曲线平滑却舒缓柔和。线条不同给人的感觉有异，所以不同线条的花卉摆放的位置也不同，如整株的丝兰各个部位多由直线组成，给人以明朗利落的感觉，与以直线为主、造型硬朗的室内家具相符合，具有这种线条的植物不易摆放在卧室里。相反吊兰、文竹、波士顿蕨、袖珍椰子等这类具有柔和曲线的植物，摆放卧室里会给人以舒缓柔和的感觉。放在办公区的高大舒展的散尾葵，能缓解紧张的工作给人带来的压力。线条的选择还要兼顾视觉感受、空间形成以及人为活动习惯等，以保证审美与功能的协调。

4.2.2　形态

客观存在的每种客体与空间都是具有其特有的形态的。形态随着设计风格与应用性质的不同形态变化很大。花卉形态的变化范围更广，不仅有圆形、圆柱形、披散状、直立状、波浪式、喷泉式及各种不规则形状，大轮廓还会受到主干和枝条形态影响而处于动态变化之中，而且其枝、叶、花、果也有各种各样的形态。

植物的叶形态多种多样，大体有以下几种：椭圆形叶，如橡皮树、绿萝；线形叶，如朱蕉、酒瓶兰、旱伞草等；条形叶，如一叶兰、吊兰；掌形叶，如春羽、龟背竹等；还有异形叶，如琴叶榕、变叶木、鹿角蕨等。

植物花的形态也十分丰富，有如天南星科花烛属（*Anthurium*）的红掌类植物，黄色花序立于红色苞片上，叶片滴翠，花色娇艳，格外引人注目；银苞芋（*Spatyiphyllum floribundum*）的花序恰似银帆点点，荡漾于碧波之上。另外，还有凤梨科果子蔓属（*Vriesea*）凤梨类植物，艳丽的花序亭亭玉立，可保持数月之久。植物茎果的形态也不是千篇一律的。

室内花卉装饰选择时要充分考虑植物的大小。花卉的室内装饰布置，植物本身和室内空间及陈设之间应有一定的比例关系。大空间里只装饰小的植物，就无法烘托出气氛，也很不协调；小的空间装饰大而且形态夸张的植物，则显得臃肿闭塞，缺乏整体感。绝不能无根据地盲目选择花卉。面积大而宽敞的空间可选择较高大的热带植物，如龟背竹、棕榈。墙上可利用蔓性、爬藤植物作背景。

具有不同形态的植物与摆放的位置应相协调。如丛生蔓长的吊兰、吊竹梅、鸭趾草等枝叶倒垂的盆花，宜放在较高位置，使之向下飘落生长，显得十分潇洒；枝叶直立生长且株形较高的花叶芋、竹芋、花叶万年青等盆花，则应放在较低的位置，这样会使人产生安全和稳定的感觉；植株矮小的矮生非洲紫罗兰、斑叶芦荟、吊金钱、姬凤梨等盆花，宜放在近处欣赏，如书桌上；长蔓的藤本花卉，如'花叶绿萝'、'花叶常春藤'、喜林芋等宜作攀缘式或悬垂式盆栽，使之沿立柱攀缘而上或悬挂在窗前、门帘等处供人观赏。

4.2.3 质感

室内花卉的质感是由花卉可视或可触摸的表面特性如花卉的叶表面，以及花卉的整体结构特性所表现出来的。总的来说，室内环境中的界面、家具和设备的质地大多细腻光洁，而室内装饰所用植物的整体质地比较粗糙，这样两者之间在质感与肌理上就会产生强烈的反差，花草树木受到室内界面和家具、设备的衬托，则显得形态丰满、富有层次，整个室内空间也显得更加丰富、更有活力。

根据各种室内花卉间可接触表面的微小区别，可将植物质感分为粗、中、细3个基本类型。质感粗的植物叶子较为宽大，给人以豪放、简朴的观感，如棕榈类；中等质感的植物有中型的叶片，如龙血树等；质感细的植物通常表现纤巧、柔顺的情趣，叶片较小、形态精致，如竹芋类。这种划分在选择植物、决定植物摆放的视觉距离时有参考价值，即质感粗的可作背景，而质感细的可供近观。设计中常用质感不同的植物组合来提供趣味的变化，可使花卉布置更加精致、巧妙。

室内花卉的整体结构特性所表现出来的质感可以用刚柔两方面来概括。总的来说花草树木以其柔软飘逸的神态和生机勃勃的生命，与僵硬的室内界面、家具和设备形成强烈的对比，能使室内空间得以一定的柔化和富于生气。这也是其他任何室内装饰、陈设不能代替室内花卉装饰的原因。不同种类的室内花卉，所表现出来的质感又不尽相同。如巴西龙骨、虎刺梅等植物显现出刚性的质感，这类植物多是以直线条构成的；如吊兰、文竹、大多数的蕨类植物等表现出柔性的质感，这类植物多是以曲线条构成的。不同质感植物有其相适应的摆放位置。刚性质感的植物不宜摆放在休息的地方，如卧室、休息室等。相反这些地方宜摆放柔性质感的植物，这样的植物给人舒缓，舒缓的感觉。刚性质感的植物宜摆放在办公室等不宜产生倦意的地方，这样能提起工作人员的精神与干劲。

室内一般以摆放颜色淡雅、株型矮小的观叶植物为主，体态宜轻盈、纤细，形象上要显出缓和的曲线，柔软而有质感。如可用波士顿蕨、袖珍椰子等。

4.2.4 色彩

色彩给人以美的感受并直接影响人的感情，色彩的安排要与环境气氛相协调。根据色彩重量感，一般应上深下浅，使环境形成安定、稳重的感觉。通常把红、橙、紫、黄称为暖色，象征热情温暖；而把绿、青、白称为冷色，象征宁静幽雅。室内花卉装饰，对植物色彩的配置，一般应从以下几方面考虑：①室内环境色彩，包括墙壁、地面和家具的色彩。环境如果是暖色，则应选偏冷色的花卉；反之则用暖色花形成。这样既协调又形成一定反差对比，更能衬托花的美。②室内空间大小和采光亮度。空间大、采光度好的宜用暖色花；反之，宜用冷色花。③色调还应随着季节的变化而改变，春暖宜艳丽，夏暑要清凉，仲秋宜艳红，寒冬多青绿。色彩处理得当，能体现出植物清秀的轮廓，给人以深刻的印象。

植物景观的色彩来自于植物的叶色、花色和果色，有红色、橙色、黄色、蓝色、紫色、白色等，姹紫嫣红。色彩本来只是一种物理现象，但它刺激人的视觉神经，会使人产生某种心理反应，从而产生色彩的温度感、胀缩感、质量感和兴奋感等。人们长期生活在色彩世界中，积累着许多视觉经验，一旦知觉经验与外来色彩刺激发生一定呼应，就会在心理上产生某种情感。例如，草绿色与黄色或粉红色搭配，会不知不觉地与我们儿时的一些生活经验呼应起来。那时我们躺在嫩绿色的草坪上晒太阳，周围盛开着黄色或粉红色的野花。当这样的色彩组合呈现时，就会引起欢快、朝气蓬勃的情感。色彩与视觉、季相、习俗及景观设计的关系详见 3.2.3 节内容。

4.3　室内花卉装饰的基本原则

室内花卉装饰讲究布局合理，即要把植物看作室内整体装饰的一个组成部分。完美的室内花卉装饰，必须是科学性与艺术性的高度统一，既要满足花卉与环境在生态适应性上的统一，又要通过艺术构图体现出花卉个体与群体的形态美，以及人们在欣赏时所产生的意境美。要达到这一目的，就必须根据美学原理，正确使用装饰设计中的尺度、比例、和谐、重复、重点、均衡与韵律的技法，做到主次分明、虚实对比、风格统一，以收到疏密相间、错落有致、高低有序、层次清晰的效果。

4.3.1　大小协调

绿色植物对居室的美化装饰影响极大。合理布置不同大小的植物不仅可以使室内美观而且还可以给生活带来无限的惬意。室内空间大小与功能不同，装饰用植物大小形态色彩差异较大，在室内绿化设计中植物的选取，要充分考虑空间的大小，根据室内的高度、宽度和陈设物的多少及其体量等来选择植物，才能收到良好的装饰效果。

大小协调直接与物件的尺度和比例有关。尺度是某一物体在空间中的相对尺寸，它反映的是给人感觉的大小印象与真实大小之间的关系。尺度适宜的装饰可使空间看起来显得舒适；而尺度失调的区域会给人以不适感。鉴于此，一些超大尺度空间，如宾馆的大堂以及巨大的中庭，常用苏铁、蒲葵、七彩朱蕉、散尾葵、喜林芋、龙血树、变叶木、橡皮树、八角金盘等大中型植物来提供近人的尺度，这类植物体大、叶大、色艳，给人以壮观大方的感受，通常将其直接摆放在空间极为开阔的客厅、门厅的角隅、沙发边、窗旁等处，也可摆放在宽敞的楼梯口。较小的居室空间，则宜使用较小的花卉，如兰花、君子兰、广东万年青、观赏凤梨、吊兰、绿萝及蕨类等，将其置放在几架、台座或家具上，或悬挂在壁上或空中，会使人产生空间虽小，但充实、丰满、雅致的感受，充分体现出"室雅何须大，花香不在多"的意境。

比例则是指提供装饰使用的花卉植物、盆盎容器、空间表面、内部构件以及陈设的相对大小。室内空间不同于室外，它有高度和视觉的限制，花卉在室内不可能像在室外那样有足够的空间供其自由生长。因此，在常规比例的室内空间中，花卉高度不应超过室内空间高度的2/3，绿化面积比例，一般不应超过室内空间的1/10。这除了要留给花卉生长空间及考虑光照因子的限制外，很重要的一点便是顾及人的视觉感受，超过这一高度便会造成空间的局促和压抑。只有比例适度，才能给人以舒适感。

4.3.2 色彩和谐

和谐是线条、形式、质感和色彩等视觉要素给予观赏者的感受。换句话说，和谐是适合特定区域设计要素的协调关系，而不是对某些特殊线条和局部构图的感受。在室内花卉装饰的实际操作中，色彩和谐乃众多视觉要素中给人的最直观的感受之一。只有色彩和谐，才会给人以轻松愉快的感觉。绿色植物色彩丰富艳丽，形态优美，作为室内装饰性陈设，与许多价格昂贵的艺术品相比更富有生机与活力、动感与魅力。含苞欲放的蓓蕾、青翠欲滴的枝叶，使居室融入了大自然的勃勃生机，使本来缺乏变化的居室空间变得活泼，充满清新与柔美的气息。在选择花卉时要注意使其色彩与家具、墙面等的颜色协调，同时盆盎容器的颜色也要与花卉及室内环境的色彩相协调，彼此间相互衬托，浑然一体。假如将开红花的花卉摆在红色的桌子上，就会有损花卉的明亮度；而将开黄花或具有金黄色花纹或花斑的观叶植物摆在黄色的橱柜附近，也会因没有反差而显得暗淡无光。因此花卉的色彩必须与室内空间构件的色调有一定的对比度和相对的调和度，方使人感到怡神悦目。如墙壁是浅色调的，花卉就应挑选叶色浓重、花色艳丽的品种，以突出花卉的立体感；若墙壁色调较深，则可选用浅色调的植物。这样视觉反差较明显，才可反映出室内的整体美。切不可采用"纳千顷之汪洋，收四时之浪漫"的手法，否则必会因纷繁而失败。室内花卉装饰中色彩和谐应遵循以下基本原则：

①与室内环境色彩相协调 室内环境色彩包括墙壁、地面和家具的色彩。如以叶色深沉的室内观叶植物或颜色艳丽的花卉作布置时，背景底色宜用淡色调或亮色调，以突出布置的立体感；居室光线不足、底色较深时，宜选用色彩鲜艳或淡绿色、黄白色的浅色花卉，以便取得理想的衬托效果。陈设的花卉也应与家具色彩相互衬托。如清新淡雅的花卉摆在底色较深的柜台、案头上可以提高花卉色彩的明亮度，使人精神振奋。也可营造色彩的对比效果，如环境是暖色，则应选偏冷色的植物，如白掌、万年青、兰花、水仙、棕竹等，反之则用暖色植物，如火鹤、花叶芋、朱蕉、变叶木、一品红、君子兰等。此外还与室内大小和采光亮度有关系，空间大、采光度好的，宜用暖色花，反之宜用冷色花。这样既协调又有一定的色彩反差和对比，更能衬托出配置植物的美感。

②与室内空间性质相适应 如起居室、餐厅等由于人们在其中活动时间较短，花卉的色彩配置可以对比强烈些，创造满室生辉、华丽鲜艳的环境；而休息室、书房等由于人们逗留的时间较长，绿化时注意色彩要淡雅，花卉色彩要与墙、家具、窗帘等调和一致，创造一个安静的环境。室内绿化的色彩还应注意室内空间的大小及上下色彩的变化。

③稳中求变原则 色调还应随着季节的变化而变化，春暖宜艳丽，夏暑要清淡，仲秋宜艳红，寒冬多青绿，特别是喜庆的日子里，应该摆一些鲜艳的植物，用以增添欢愉气氛。由于植物色彩丰富，在进行室内花卉装饰时，要随机应变，灵活处理。

4.3.3 摆放得当

室内花卉装饰除了要考虑比例、色彩外，还要求通过装饰起到组合空间、遮掩角落的作用，收到线条圆润柔和的效果。设计上要掌握重点与重复技法。重点是视觉焦点；重复是将不同区域联系在一起，形成统一的整体。

一般来说，宽大的房间可选一两株较大的花卉，放在墙角花架上；或选用几盆中小型喜光花卉集于窗台附近，装饰成窗前花园；也可在室内一角或窗户附近设个立体小花架，分层摆上几盆花。当然，茶几、书桌、组合柜上也都是花卉装饰要考虑的对象。窄小的房间，地面摆放过多花卉会影响人们日常活动，可采用吊篮、壁挂或置于书柜顶部等形式向空中发展，既强调高度，消除窄小感觉，又做到占天不占地，也能使室内新颖别致，富有诗意。此外摆放得当，可合理分割空间，或使狭长的空间变短等。

室内植物摆放并非简单，不同的植物有不同的摆放方式和位置。

居室的正门口每天出进的频率非常高，因此植物以不阻塞行动为佳，直立性的花卉不宜干扰视线，最适合摆放在门口。

卫生间的环境比较潮湿、阴暗，适合羊齿类植物生存，为了避免植物被水淹也可以选择悬挂式的植物，摆放的位置越高越好。

书房是读书和办公的场所，选择植物不宜过多，以免干扰视线。书桌上摆一盆万年青是不错的选择，书架上适合摆悬吊植物，能使整个书房显得清幽文雅。考虑到书房是长时间用眼的地方，还可以在书房里摆上一盆观叶类花卉，如纤细的文竹、别致的龟背竹、素雅的吊兰等，累时细细观赏片刻，不仅有利于养目，而且还可调节中枢神经，使人产生清爽、凉快的感觉。

厨房的温度变化较大，植物最好选择实用性强的蕨类植物，或干脆用小辣椒、葱等挂在墙上作装饰。另外，可在餐桌上摆一盆能刺激食欲的花卉，如火红的石榴、紫红的玫瑰、清雅的玉兰等。就餐时观鲜花、品美味，不但增进食欲，还可以增加浪漫气氛。

客厅主要是接待客人及家庭成员活动的场所，以朴素、美观、大方为绿化的宗旨。客厅应选择观赏价值高，姿态优美，色彩鲜艳的盆栽花木或花篮、盆景。进门的两旁、窗台、花架可布置枝叶繁茂下垂的小型盆花，花色应与家具环境相调和或稍有对比。在沙发两边及墙角处盆栽印度橡皮树、棕竹等，茶几上可适当布置鲜艳的插花；桌子上点缀小型盆景，摆设时不宜置于桌子正中央，以免影响主人与客人的视线。在较大的客厅里，可利用局部空间创造立体花园，以突出主体植物、表现主人性格，还可采用吊挂花篮布置，借以平面装饰空间。较小的客厅里，不宜摆放过多的大中型盆景以免显得拥挤。在矮橱上可放置蝴蝶花、鸭跖草。值得注意的是，客厅是接待客人和家人聚会的地方，不宜在中间摆放高大的植物，花卉品种的数量也不要太多，点缀几株即可。另外，可在客厅摆一束满天星，气味淡雅，寓意朋友遍天下；茉莉、君子兰、文竹象征美好、友谊、纯朴、至爱等，花的香气皆趋清雅。

卧室是晚上休息的场所，是温馨的空间。卧室的绿化主要起点缀作用，可选择一些观叶植物，如多肉多浆类植物、水苔类植物或色彩淡雅的小型盆景，以创造安静、舒适、柔和的室内环境。一般卧室空间不大，在茶几、案头可放置"迷你型"小花卉，光线好的窗台放置海棠、天竺葵等，在高的橱柜上放置小型观叶植物；夏夜就寝，暑热令人难以入眠，如果在卧室里摆放能净化空气的吊兰，或既能灭菌又有凉爽气味的紫薇、茉莉、柠檬、薄荷等，能令人尽快入眠。另外，值得注意的是，很多人认为植物会吸收二氧化碳释放氧气，因此在卧室多放置植物对人体有好处，这种观点是不对的。夜间植物只进行呼吸作用，即吸收氧气呼出二氧化碳，卧室的植物太多势必与人争夺氧气，时间一长会对人体造成伤害，因此卧室最好摆放少量的芦荟、文竹等小型植物或山百合、水仙等，不要布置悬吊植物。

室内绿化时摆放得当还可起到分隔空间的作用，如在厅室之间，厅室与走道之间，放置绿色植物有助于区域分割，并可利用绿化的延伸，起到过渡的渗透作用。绿色植物可突出空间重点，如利用醒目的植物形象，强化空间的起始、转折、中心点等重要视觉位置。在不影响人们的正常生活、阻挡视线的前提下，结合植物的生态习性，利用吊盆、花架、玻璃器皿等附属设施，将观叶植物摆放在最佳视觉效果的位置。如盆栽的龟背竹、万年青、假槟榔、棕竹、富贵竹等大型观叶植物常置于墙角处，或席地而坐，或置于花架上，具有四季常青的效果。而绿萝、龟背竹等藤本观叶植物，悬垂于墙边或窗旁，则具有轻盈飘逸、自然浪漫的效果。

摆放植物时还要考虑到它们能否在居室环境里生存，如光照、温度、湿度、通风条件等，并要注意和空间及环境的协调，尽量按空间大小来摆放植物。如空间比较大，采光比较好的，可以选择高大一点、喜光性强一点的植物；儿童房可以摆放一些颜色艳丽一点的，但注意不要摆放仙人掌、仙人球等有刺、容易伤害儿童的植物。

4.3.4 配件相宜

绿色植物应该给予相适宜的配件，不但美观，而且能更好地融入到室内装饰中。

(1) 花器

绿化植物配件中的主要内容就是栽种植物的容器，即花器。其种类繁多，变化万千，但万变不离其宗，基本的形态不外乎盘、钵、筒、瓶及其变形。①盘的基本特征是底浅，口宽阔。②钵的基本特征是口较阔，底较深，有高有低。③筒的基本特征是口与底大小相仿，有圆形，也有三角、四角、六角等形态。④瓶的基本特征是口小腹大，有颈。以上都是台式用花器，此外还有挂式花器，包括悬挂花器和壁挂花器，共同的特点是都有供攀挂的环或洞，不同的是悬挂花器四周都完整美观；壁挂花器，因一面靠墙，所以是平面，完整美观的仅是一半。

花器选用的材料非常广，有瓷器、陶器、玻璃、塑料、铜器、铝器、锡器、木器、漆器、竹器、石器、玉器、贝壳、椰壳等，几乎凡是可以盛水的器物都可以作为花器。历来花器的制作都非常讲究，其中应用得最多的是瓷器。柴汝、官窑、哥窑、龙泉、均窑等都以生产花器而名传千古，并成为收藏家争相购买的珍品。如元代的青花瓶，使用的是当时进口的"苏麻离青"，尤为珍贵，目前的国际拍卖价格可达上千万，这正表明花器在人们心目中的地位。

　　花器的造型也非常丰富，如今应用的花器造型，是人类几千年来的优秀文化的继承和发展。4000年前的马家窑彩陶文化的造型，至今看来仍感新颖。殷周时期的青铜器，如鼎、鬲、盒、豆、彝、爵、壶等，当时，用作利器、炊、食和洗等，如今这些造型已广泛应用于现代器皿。古代的青铜器更是为后世的园艺家所青睐："铜器之可用插花者，曰尊、曰觚、曰壶，古人原用贮酒，令取以插花，极似合宜。"古代器形的累积，加上近现代中西方的文化交流，花器的造型越来越丰富。

（2）盆景配件

　　值得一提的还有我国的盆景艺术，盆景中常用山石或配件与植物配合布置，这是我国盆景艺术的一种独特造景手法。在一盆松柏盆景中，配置一些山石，会使盈尺之树，显出参天之势。在悬崖式的盆景中，放置尖削的峰石于根际，就仿佛树木生长在悬崖绝壁之上。树桩盆景有山石点缀，就增添了诗情画意和自然趣味。松树配石的盆景和竹配石的盆景，都是一种衬托和对比的手法。

（3）其他

　　此外，现代人在绿化室内装饰时对花器的选择已经超越了花器范畴，为了使室内花卉装饰更美观、更艺术，用作装饰的器物，往往都不是专司花器。凡是具备花卉装饰的条件，又能体现插花艺术张力的，便都可以充当花器来使用。生活中许多日用器皿，均可派上用场。比如厨房的碗、盘、汤盆，塑料的茶盘、漏筐，木制的果盒、果盘，都可用作室内花卉装饰。比如常被人忽略的铁皮桶，它的冷硬感就有了后现代色彩，高茎的月季和郁金香，都极具女性柔媚气质，插在铁皮桶里，就像仙子在尘世的恋情，清新美丽。香炉、金鱼缸、倒扣的玻璃蒸碗、饼干罐头也都可信手拈来。在瘦瘦的细花瓶外面套一节青翠的竹筒，效果就完全不同；洋酒瓶造型漂亮，在瓶口处稍划开，即为有意思的花瓶。最后，还可以在花器上动动脑筋，比如在花器上加个支架，会使植物呈现立体效果，还可以选择可吊挂的花器，不论是墙壁、玄关四周、篱笆或小中庭均可利用，构成小型的空中花园，成为立体式的装饰。

4.3.5　布局均衡

　　创造优美的室内植物景观除了要有一定的意境外，还要求较满意的视觉效果。绿色植物美化室内空间要符合艺术规律，不能妨碍日常的室内活动。植物布局应与周围环境形成一个整体。室内绿化的布局可归纳为点式、线式和面式3种基本布局形式。点式布局就是独立或成组集中布置，往往布置于室内空间的重要位置，成为视觉的焦点，所用植物的体量、姿态和色彩等要有较为突出的观赏价值；线式布局就是植物成线状（直线或曲线）排列，其主要作用是引导视线，划分室内空间，作为空间界面的一种标志，选用植物要统一，可以是同一种植物成线状排列，也可以是多种植物交错成线状排列；面式布局就是成块集中布置，强调量大，大多用作室内空间的背景绿化，起陪衬和烘托作用，它强调的是整体效果，所以，在体、形、色等方面应考虑其总体艺术效果。

　　室内花卉装饰布置手法要多样：室内花卉装饰以不占用太多面积为准则，没有一定的模式，不可千篇一律。方式大致有：①规则式（按几何图案布置）；②自然式（按自然景观设计）；③镶嵌式（以特制的半圆形盆固定于墙壁栽培）；④悬垂式（利用吊盆栽植悬垂性花卉，点缀立体空间）；⑤组合式（多种手法灵活搭配在一起，构成一幅优美画面）；⑥瓶栽式（利用大小不同、形态各异的玻璃瓶、金鱼缸或水族箱栽培各种矮小植物，形成景观园艺，也称作袖珍花园或玻璃瓶花园）。

用绿色植物装饰室内时，首先要注意与环境氛围，意境格调形成有机的整体，注意层次分明、高低有序、疏密得当、错落有致。室内绿化通常是利用室内剩余空间，如墙边、角隅、吊柜、壁架等，尽量少占空间使用面积。还要考虑绿色植物在整体空间中的位置大小、疏密关系，上下间的放置高度，植物本身的高度及栽植方式的选择（如盆栽、插花或水生植物等），形成立体的绿化环境。植物的摆放位置，因其属性而有不同的变化，有些植物喜欢直接日照，如扶桑、黄兰等，需摆在阳光充足的地方才能生长健康；有些则喜欢阴凉，大部分的蕨类植物不得接受阳光直射，以免晒伤枯焦而死。小品盆栽的摆放位置取决于各人心情，电视柜、墙架、茶几上都可布置。

在装饰布置时必须注意以下几个方面：

（1）对称均衡和不对称均衡

布置均衡包括对称均衡和不对称均衡两种形式。人们在居室花卉装饰时习惯于对称的均衡，如在过道两边摆上同样品种和同一规格的花卉，显得规则整齐、庄重严肃。与对称均衡相反的是，室内绿化自然式装饰的不对称均衡。如在客厅沙发的一侧摆上一盆较大的植物，另一侧摆上一盆较矮的植物，同时在其近邻花架上摆一悬垂花卉。这种布置虽然不对称，但却给人以协调感，视觉上认为二者重量相当，仍可视为均衡。这种绿化布置得轻松活泼，富于雅趣。

（2）比例合适

比例合适，指的是植物的形态、规格等要与所摆设的场所大小、位置相配套。室内花卉装饰犹如美术家创作一幅静物立体画，如果比例恰当就有真实感，否则就会弄巧成拙。如空间大的位置可选用大型植株及大叶品种，以利于植物与空间的协调；小型居室或茶几案头只能摆设矮小植株或小盆花木，这样会显得优雅得体。

（3）陈设方式

室内绿化植物一般可采取如下方式陈设：①置于地板上（适于较大型的盆栽，特别是形态醒目，结构鲜明的植物）；②置于家具或窗台上（适于较小型的盆栽，因为只有将它们置于一定的高度，才能取得较好的观赏视角，从而具有理想的观赏效果）；③置于独立式基座上（适于具有长而下垂茎叶的盆栽，为了与室内装潢的格调协调，可选用仿古式基座如根雕基座，或形式简洁的直立式石膏基座、玻璃钢仿石膏基座）；④悬吊于天花板（适于枝条下垂的植物，如吊兰、鸟巢蕨等，悬吊可以使下垂的枝条生长无阻，而且最易吸引人的视线，产生特殊效果）；⑤附挂于墙壁之上（适于蔓性植物和小型开花植物，蔓性植物常用来勾勒窗户轮廓，开花植物凭借其艳丽色彩与淡雅的墙面形成对比）。

（4）灯光处理

灯光照明一方面能改善植物的光照条件，促进植物生长（适宜使用日光型荧光灯）；另一方面能营造特殊的夜间气氛（适宜使用聚光灯或泛光灯）。照明的方式分为投射照明、向上照明和背面照明。向上照明方式是把灯光设在植物前方，主要目的是在墙上产生特殊效果的阴影；背面照明方式是将灯光隐藏在植物后方，使植物在背光的情况下产生晦暗的轮廓，产生玲珑剔透的效果。

掌握以上这几个基本点，就可有目的地进行室内花卉装饰的构图组织，实现装饰艺术的创作，做到立意明确、构图新颖、组织合理，使室内观叶植物虽在斗室之中，却能"隐现无穷之态，招摇不尽之春"。

但是，一些细节问题需要提示。室内花卉装饰布局在美化室内空间的同时不能妨碍室内的活动，要保持重心稳定，给人以安全感；摆设得当，符合艺术规律，具有艺术美，使人感到舒适。

4.4 室内花卉装饰的基本手法

(1)选择植物材料

一般来说，应选择能长期或较长期适应室内生长的植物，主要是性喜高温多湿的观叶植物和耐半阴的开花植物。

室内常用的观叶植物有铁线蕨、绿萝、常春藤、万年青、富贵竹、一叶兰、龟背竹等。常用的较大植物有南洋杉、巴西铁、散尾葵、针葵、棕竹、变叶木、苏铁等。常用的开花植物有鹤望兰、火鹤花、马蹄莲、八仙花、水仙等。株形大的植物适合单独摆放，株形小的可以混合摆放。

由于房间的大小、形状各不相同，所以必须巧用心思，尽量利用居室环境的特点及室内装饰的原则来进行绿化，方能井井有条，达到绿化的目的。

①在目前的居室构造中，必然会有凹凸之处出现，最好利用植物花卉装饰来补救或寻找平衡。如在突出的柱面栽植常春藤、喜林芋等植物作缠绕式垂下，或沿着显眼的屋梁而下，也会制造出诗情画意般的情趣。

②绿化应考虑视线的位置。花卉装饰毕竟是以欣赏为目的，为了更有效地体现绿化的价值，在布置中就应该更多地考虑无论在任何角度来看都舒服的最佳位置。一方面要注意考虑最佳配置点。一般最佳的视觉效果，是在距地面约2m的视线位置，这个位置从任何角度看都有较好的视觉效果。另一方面，若想集中配合几种植物来欣赏，就要从距离排列的位置来考虑，在前面的植物，以选择细叶而株小、颜色鲜明的为宜，而深入角落的植物，应选择大型且颜色深绿者。放置时应有一定的倾斜度，视觉效果才有美感。而盆吊植物的高度，尤其仰望的，其位置和悬挂方向一定要讲究，以直接靠墙壁的吊架、盆架置放小型植物效果最佳。因为悬吊的植物是随风飘动的，如视线角度能恰到好处，则别有一番情趣。

③室内的绿化应体现出房间的空间感和深度感。如果把盆栽植物胡乱摆放，那么本已狭窄的居室就更显得杂乱和狭小。如果把植物按层次集中放置在居室的角落里，就会显得井井有条并具有深度感。处理方法是把最大的植物放在最深度的位置，矮的植物放在前面，或利用架台放置植物，使其变得更高，更有立体感。

(2)用照明法表现室内的深度感

室内植物照明法，对于室内植物光线不充足时适用，利用部分的照明可增加光和影子的变化效果。白天一般不采用照明，但晚间用灯光照明时，就会显出奇特的构图及剪影效果，颇为有趣。这种利用灯光反射出的逆光照明，可使居室变得较为宽阔。还有一种办法，就是利用镜子与植物的巧妙搭配，制造出变幻、奇妙的空间感觉。

(3)在有限的空间内巧妙安排，制造出庭园效果

面积不宜过大，四周外围用红砖砌成，高度以能隐藏小花盆为宜。花盆与花盆之间摆放不留空隙，即可变成花叶密集繁茂的花圃，可随季节变化和自己的喜好来更换花卉。

室内花卉装饰方式除要根据植物材料的形态、大小、色彩及生态习性外，还要依据室内空间的大小、光线的强弱和季节变化及气氛而定。其装饰方法和形式多样，主要有摆放式、悬挂式、壁挂式、镶嵌式、攀缘式等。

4.4.1 摆放式

摆放式是室内花卉装饰最常用和最普通的装饰方式，包括点式、线式和片式3种。其中以点式最为常见，即将盆栽植物置于桌面、茶几、柜角、窗台及墙角，构成绿色视点。线式和片式是将一组盆栽植物摆放成一条线或组织成自由式、规则式的片状图形，起到组织室内空间，区分室内不同用途场所的作用，或与家具结合，起到划分范围的作用。几盆或几十盆组成的片状摆放，可形成一个花坛，产生群体效应，同时可突出中心植物主题。

此方法灵活性强，调整容易，管理方便，是最常用的方法。一般应根据居室面积和陈设空间的大小来选择绿化植物。客厅是家庭活动的中心，面积较大，宜在角落里或沙发旁边放置大型的植物，一般以大盆观叶植物为宜，如棕榈树、橡皮树、龟背竹等高度较高、枝叶茂盛、色彩浓郁的植物为宜。而窗边可摆设四季花卉，如枝叶纤细而浓密的网纹草或亮丝草、文竹等植物。门厅和其他房间面积较小，只宜放点小型植物，一般房间的植物，最好配置集中在一个角落或视线所及的地方。若感单调，再考虑分成一两组来装饰，但仍以小巧者为佳。切忌整个厅内绿化布置过多，要有重点，否则会显得杂乱无章，俗不可耐。

4.4.2 悬挂式

利用金属、塑料、竹、木或藤制的吊盆吊篮，栽入具有悬垂性的植物(如吊兰、天门冬、常春藤等)，悬吊于窗口、顶棚处，枝叶婆娑，线条优美多变，点缀空间，增加气氛。由于悬吊的植物会使人产生不安全感，因此在选择悬吊地点时，应尽量避开人们经常活动的空间。也可利用各式吊篮栽植蔓生植物或花卉，悬吊于室内的天花板、墙壁窗或柜上。这种手法占地较小，引人注目。而盆吊植物的高度，尤其是以视线仰望的，其位置和悬挂方向一定要讲究，以直接靠墙壁的吊架、盆架置放小型植物效果最佳。在室内较大的空间内，结合天花板、灯具，在窗前、墙角、家具旁吊放有一定体量的喜阴悬垂植物，可改善室内人工建筑的生硬线条造成的枯燥单调感，营造生动活泼的空间立体美感，且"占天不占地"，可充分利用空间。

　　悬挂可直接用吊盆种植悬空吊挂，也可用普通花盆种植，然后另用吊具(竹篮或绳制吊篮)盛放花盆吊挂，或直接放在厨顶、高脚几架朝外垂下。现今在许多宾馆、商场和商务活动的高级写字楼，进入大厅时常见迎面上方筑有一条长列式的种植槽，成列种植小叶绿萝或常春藤、金钱豹等，沿壁悬垂，犹如绿色瀑布直奔而下，十分壮观。

4.4.3　壁挂式

　　室内墙壁的美化绿化，深受人们的欢迎和喜爱。壁挂式有挂壁悬垂法、挂壁摆设法、嵌壁法和开窗法。预先在墙上设置局部凹凸不平的墙面和壁洞，供放置盆栽植物；或在地面放置花盆，或砌种植槽，然后种上攀附植物，使其沿墙面生长，形成室内局部绿色的空间；或在墙壁上设立支架，在不占用地面的情况下放置花盆，以丰富空间。采用这种装饰方法时，应主要考虑植物的姿态和色彩。以悬垂攀附植物材料最为常用，其他类型植物材料也常使用。壁挂式花卉装饰像是一幅立体活壁画，景观独特、极富情趣，可以说是现代室内豪华装饰的标志。紧贴墙壁、角隅或柱面，悬挂特制的、一面平直的塑料花盆，选用耐阴、耐旱、管理粗放一类的花卉，如仙人掌、吊兰、绿萝；亦可用鲜插花，在顶上如配以彩灯，更显富丽堂皇，光彩夺目。

4.4.4　镶嵌式

　　在墙壁及柱面适宜的位置，镶嵌上特制的半圆形盆、瓶、篮、斗等造型别致的容器，内装入轻介质，栽上一些别具特色的观赏植物；或在墙壁上设计制作不同形状的洞柜，摆放或栽植下垂或横生的耐阴植物，形成具有壁画般生动活泼的效果。可做成梯级式花架，摆放花盆错落有致、层次分明。顶棚或墙壁装一盏套筒灯或射灯，夜晚灯光照在花木上缤纷绚丽，美在其中。栽植时要大小相间，高低错落。也可将种植容器制作成各种形状(如三角形、半圆形等)，镶嵌在柱子、墙壁等竖向空间，在其上栽种叶形纤细、枝茎柔软的植物，装饰成一幅幅精致的"壁画"。

4.4.5　攀缘式

　　将攀缘植物植于种植床或盆内，上设支柱或立架，使其枝叶向上攀缘生长，形成花柱、花屏风等，形成较大的绿化面。室内植物不仅能从形式上起到美化空间的作用，而且它可以和其他陈设相配合，使空间环境产生某种气氛和意境，来满足人的精神需要，起到陶冶性情的作用。当大厅和餐厅等室内某些区域需要分割时，可采用攀附植物，或者某种条形或图案花纹的栅栏再附以攀附植物进行隔离。攀附材料应在形状、色彩等方面与攀附植物协调，以使室内空间分割合理、协调，而且实用。在阳台、墙角或楼梯处摆放攀缘植物，可造成扶疏绿叶布满墙壁或天棚之景。对茎蔓长有气生根的植物，用绳网或支架使其向上攀缘，布满墙壁或天棚，在室内塑一片绿茵环境。在酷暑天气，身居其境，会使人倍感清幽凉爽，如在寒冬腊月，又感春意盎然。或用它形成绿色屏风，此外还可立杖于盆中央，让其攀缘而上，也别具新意，宛如腾龙跃起，气势浩大壮观。立枝攀缘盆栽花卉多放居室角隅，亦可放在门厅两侧等处。经过一段时间的生长，枝叶葱郁，花开吐妍，颇有雅趣。如牵牛花、茑萝、夜来香、盆栽葡萄等，形态独异，各具千秋。

4.4.6　其他形式

(1) 栽植式

这种装饰方法多用于室内花园及室内大厅有充分空间的场所。栽植时，多采用自然式，即平面聚散相依、疏密有致，并使乔灌木、草本植物和地被植物组成层次，注重姿态、色彩的协调搭配，适当采用室内观叶植物的色彩来丰富景观画面；同时考虑与山石、水景组合成景，模拟大自然的景观，给人以回归大自然的美感。

(2) 盆栽式

这是一种最常用的装饰形式，也是一般常见的栽培方法。盆栽的植物可从几厘米到几米高。体量高大的盆栽花卉只能摆在地面上，中小盆一般放在几架、厨顶或组合柜上，也可用立体花架或活动花架摆放，还可群集组成小花坛或种植槽条列式摆放。如宾馆的门厅、展厅、会场、商场的道口，喜用群集小盆花组成小花坛。

(3) 水养式

这是利用能在水中生长的植物，用水盆或玻璃器皿进行培养的花卉装饰方法。最常见的水养花卉有水仙、碗莲、水竹、旱伞草、富贵竹、广东万年青等。也可剪取带叶的植物茎段插在盆中，如绿萝、鸭跖草，让其一端伸延在盆外，也别具情趣。水养式除了观花之外，其器皿也是一种工艺品，可供观赏。水养器皿中，还可适当放入少量形态各异或色彩绚丽的陶石、卵石，使花卉、器皿、介质互为衬托，相映增辉。用水养方法既方便，又卫生，也是现代家庭喜爱的一种装饰。

(4) 玻璃容器栽培

玻璃器皿栽培，是一种最新潮流的花卉装饰方式，极富艺术感。方法是用多种小型植物混合种在一个大玻璃瓶或玻璃箱内，好似一个微型"玻璃花园"或"玻璃温室"，放在几架或桌上。具体做法是：将一个制好的方形、菱形或圆形玻璃器皿内铺上5cm左右厚度的泥炭土，或用珍珠岩、蛭石也可。把选定好的小植株种上，然后放一层小卵石或石砾，喷湿后加入少量无机液肥，基质湿透2/3即可。把盖子盖上封闭，亦可留一小口。不久可见到瓶内水汽附在玻璃壁上，慢慢又沿壁回流到基质中。水分依此方式在瓶内反复循环，不必浇水，只要温度适宜，有一定光照，植物就会正常生长。如瓶内湿度过大，可适当打开盖子通气后再盖上。但瓶内如2d不见蒸汽，应用干净的水充分喷湿基质后盖上，这是种一劳永逸、少花精力的管理方式。适合这种栽培的植物有铁线蕨、椒草、冷水花、鸭跖草、秋海棠、网纹草、万年青等耐湿易养的植物。要注意瓶内如有掉叶要及时取出，以免腐烂。

(5) 迷你型观叶植物花卉装饰

这种装饰方式在欧美、日本等地极为盛行。其基本形态乃源自插花手法，利用迷你型观叶植物配置在不同容器内，摆置或悬吊在室内适宜的场所，或作为礼品赠送他人。这种装饰法设计最主要的目的是要达到功能性的绿化与美化，也就是说，在布置时，要考虑室内观叶植物如何与生活空间内的环境、家具、日常用品等相搭配，使装饰植物材料与其环境、生态等因素高度统一。其应用方式主要有迷你吊钵、迷你花房、迷你庭园等。

迷你吊钵　将小型的蔓性或悬垂观叶植物作悬垂吊挂式装饰。这种应用方式观赏价值高，即使是在狭小空间或缺乏种植场所时仍可有效利用。

迷你花房　在透明有盖子或瓶口小的玻璃器皿内种植室内观叶植物。它所使用的玻璃容器形状繁多，如广口瓶、圆形瓶、鼓形瓶等。由于此类容器瓶口小或加盖，水分不易蒸发而散逸，在瓶内可循环使用，所以应选用耐湿的室内观叶植物。迷你花房一般是多品种混种。在选配植物时应尽可能选择特性相似的配置在一起，这样更能达到和谐的境界。

迷你庭园　系指将植物配置在平底水盘容器内的装饰方法。其所使用的容器不局限于陶制品，木制品或蛇木制品亦可，但使用时应在底部先垫塑料布。这种装饰方式除了按照插花方式选定高、中、低植株形态，并考虑根系具有相似性外，叶形、叶色的选择也很重要。同时，这种装饰最好有其他装饰物（如岩石、枯木、民俗品、陶制玩具或动物等）来衬托，以提高其艺术价值。若为儿童房间，可添置儿童所喜欢的装饰物；年轻人的则选用新潮或有趣的物品装饰。总之，可依年龄的不同做不同的选择。

除以上基本手法外，在实际应用中，多采用各类手法混合使用，以丰富室内的绿色景观。

总之，室内植物的摆设要避免简单的摆放而应体现形式多样的原则，运用美学规律，采用盆、钵、箱、盒、瓶、篮、槽等不同容器，将高、中、低的植物，按其色彩、姿态、线条进行巧妙的搭配组合，或者用小巧玲珑的盆栽植物或盆景放置在窗台、茶几、装饰柜等上面，并且充分利用天花、墙面、柱子面等垂直空间，用吊盆种植花卉、藤本、蕨类等进行垂直绿化，增强绿化空间立体感，形成层次丰富、色彩多样的绿化效果。

4.5　室内装饰花卉的日常管理

为了使室内盆栽花卉良好生长，除了选择适于室内种植的种类外，还必须满足花卉在生长过程中对温度、光线、水分、湿度和土壤肥料的需求。

4.5.1　盆栽技巧

4.5.1.1　盆栽与土壤

盆栽用土应当疏松、透水和通气，同时也要有较强的保水、保肥能力，还要质量轻、资源丰富。土壤疏松、透气好，有利于根系的生长发育和根际菌类的活动；排水好，不会因积水导致根系腐烂；保水好、持肥能力强，可保证经常有充足的水分和营养供给。

（1）盆栽花卉土壤的配比

目前国际盆栽花卉所有盆钵规格都不是很大，常用的是10～15cm口径的方盆或圆盆。所用基质有限，除必要的营养物质以外，土壤的物理性要好，花卉才能正常生长和发育。通常单一土壤基质难以满足植物生长的需求，需要进行一定的配比。以下列举了常见的几种植物的基质配比。

①一、二年生草本植物　如紫罗兰、蒲包花、报春花等，可用50%培养土和50%河沙。

②球根花卉　如大岩桐、仙客来、球根秋海棠、君子兰等，常用50%培养土和50%腐叶土。

③观叶植物　如绿萝、喜林芋、龟背竹、黛粉叶、亮丝草等，用40%腐叶土、40%培养土和20%河沙。

④热带兰　如蝴蝶兰、石斛、文心兰、卡特兰等，用30%树皮块、30%谷壳和40%苔藓。

⑤木本观赏植物　如月季、山茶、扶桑、石榴、一品红等，用40%腐叶土、40%培养土和20%河沙。

（2）盆栽花卉土壤的酸碱度

盆栽花卉的生长发育与土壤酸碱度（pH值）有着密切的关系。一般来说，强酸性或强碱性土壤都对花卉生长不利，甚至造成其无法适应而枯萎死亡。不同盆栽花卉对土壤pH值要求也有一定差异，根据花卉对土壤酸碱度的要求，通常将花卉分为以下四大类：

①耐酸性土壤花卉　此类花卉要求pH值在4~5之间才能生长良好，常见栽培的有杜鹃花、八仙花、栀子花、紫鸭跖草、彩叶草、蕨类、兰科植物等。

②适宜弱酸性土壤花卉　此类要求土壤pH值在5~6之间，常见栽培的有秋海棠、朱顶红、仙客来、山茶、茉莉、五针松、含笑、米兰、樱草、大岩桐、白兰、棕榈科植物等。

③适宜中性至偏酸性土壤花卉　此类花卉要求土壤pH值在6~7之间，常见栽培的有菊花、文竹、一品红、风信子、天门冬、桂花、倒挂金钟、水仙、君子兰、贴梗海棠、蒲包花等。

④适宜中性至偏碱性土壤花卉　这类花卉要求土壤pH值在7~8之间，常见栽培的有天竺葵、石竹、玫瑰、迎春、黄杨、榆叶梅、扶郎花、香豌豆、松柏、仙人掌类等。

（3）常见的栽培基质

①腐叶土　以落叶阔叶树林下的腐叶土最好，特别是栎树林下的腐叶土，它具有丰富的腐殖质和良好的物理性能，有利于保肥和排水，土质疏松，偏酸性。其次是针叶树和常绿阔叶树下的腐熟叶片。也可收集落叶堆积发酵腐熟而成。腐叶土含有大量的有机质，透气透水性好，质轻，是优质的传统盆栽用土，适合于栽种多数常见的盆栽花卉，如各种秋海棠、仙客来、大岩桐、多种天南星科观叶植物、多种地生兰花、多种观赏蕨类植物等。

②培养土　以壤土、沙、腐殖质及有机肥为主体，一般理化性能良好，有较好的持水、排水能力，又称腐殖土。各种植物的残枝落叶，各种农作物的秸秆，以及各种容易腐烂的垃圾等都可以作为原料。堆肥土稍次于腐叶土，但仍是优良的盆土。

③泥炭　泥炭土，又称草炭土、黑土。为古代湖沼地带的植物埋藏在地下，在淹水和缺少空气的条件下分解的不完全的特殊有机物。泥炭呈酸性或微酸性，吸水力强，有机质丰富，较难分解。　园艺事业发达的国家，盆栽花卉多以泥炭土为主要盆栽基质。我国泥炭资源十分丰富，泥炭土含有大量的有机质，疏松、透气透水性能好，保水保肥能力强，质地轻，无病害孢子和虫卵，是优良的盆栽用土。

④木屑　取材方便，无病虫害传染，较易分解沉积，过于致密则不易干燥，保水和通气性较好。

⑤谷壳　有良好的排水、通气性，也不影响混合基质的酸碱度，使用前必须经过蒸汽高温消毒。

⑥蛭石　硅酸盐材料在 800～1100℃ 下加热形成的云母状物质。通气，孔隙度大，持水能力好，但长期使用，容易致密，影响通气和排水效果。

⑦珍珠岩　天然的铝硅化合物，用粉碎的岩浆岩加热到 1000℃ 以上所形成的膨胀材料，是封闭的多孔性结构。材料较轻，通气良好，质地均一，不易分解。

⑧树皮　通常为松树皮和硬木树皮，具有较好的物理性能。新鲜树皮需通过堆腐或淋洗解毒。

⑨岩棉　为 60% 辉绿岩和 20% 石灰岩的混合物，再加入 20% 焦炭，在 1600℃ 的温度下熔化。

以上介绍的是常用的优良基质，其他栽培基质还有煤渣、蔗渣、蕨根、苔藓、刨花、棕皮、陶粒和沙等。

(4) 几种常见的盆花用土

家庭种花时，常在附近的菜园或种过豆科作物的农田里挖取表层的砂壤土，它们都具有相当高的肥力，并具有良好的团粒结构，是调制盆花培养土的主要原料之一。但由于田园土在干时容易板结，湿时通气透水性差，因此一般不宜单独使用。

常用的第二类自然用土是泥炭土，一般花木商店都有出售，价格较便宜。泥炭土质地松软、透水、通气及保水性能都非常好，其中还含有胡敏酸，对促进插条产生愈伤组织发根极为有利，因而常用作扦插繁殖的基质，用作培养土的成分之一。泥炭土具有良好的物理形状，因其 pH 值呈酸性，在北方栽培酸性土花卉时，常单独使用它来上盆，但此花土的缺点是没有肥力。

在山区的松林中，特别是原始松林的下面，常有一层由松林的枯枝落叶风化而成的松针土。它们呈灰褐色粉面状，既有一定肥力，通气和透水性能又好，更重要的是它们呈强酸性反应，加入培养土中可中和北方田园土中的碱，是北方调制酸性培养土的重要原料。但是运输困难，家庭盆栽时可就近搜集针叶树下面的松柏枝，与土壤及苔藓堆积腐熟后过筛使用。

南方在盆栽时多使用塘泥和山泥。塘泥为鱼塘塘底的表土，灰黑色，含有大量营养和腐殖质。挖回后晒干、敲碎，可直接用来盆栽花卉。山泥一般分布在长江以南，特别是江、浙山地，从山坡挖取、敲碎后即可使用，疏松肥沃，富含有机质，呈微酸性反应，可直接用于盆栽茶花、兰花、杜鹃花等花卉。

在城市中，一般家庭可能较难挖取松针土、山泥、塘泥、泥炭等专门土壤，而可以因地制宜，就地取材，自己堆制腐叶土。方法是：收集落叶，剪掉枯枝，和田园土等一起堆入坑内，按一层叶、一层园土，撒一些牲畜或家禽粪尿，反复堆积数层，盖土封顶，经过半年以上，树叶腐烂与园土混合，过筛即可使用。锯末也可代替树叶，只是堆制的时间较长。上述几种土壤，有的可以在栽培某些花卉时单独使用，但若是根据不同花卉种类对土壤的不同要求，选择合适的几种土壤材料，合理地加以混合，调配成培养土，则更有利于相应盆花的生长发育。配置培养土时，锯木屑、磨碎的树皮、蛭石等是常用的混合物。

4.5.1.2 盆栽与养分

盆栽花卉的生长发育需要各种养分，除天然供给的氧、二氧化碳和水分以外，在生长过程中，可能发生氮、磷、钾的不足，需要补充。另外，如微量元素钙、镁、铁、锰等同样起到一定作用。如果不了解各种肥料的性质而随便施用，将会产生相反的效果，甚至造成植株死亡。所以，充分了解肥料的种类及其特性是非常重要的。

(1) 盆栽花卉对肥料的吸收能力

一般来说，花卉由叶或根吸收肥料中的成分，转化为生长所需的营养。同时，根据花卉种类、年龄、生长发育阶段的不同以及季节变化，其对肥料的要求也有所差别。

①常见的盆栽花卉因其对肥料的要求不同，可分为多肥植物、中肥植物和少肥植物。

多肥植物有非洲紫罗兰、天竺葵、一品红、香石竹和菊花等。

中肥植物有水塔花、花烛、大岩桐、仙客来、朱顶红、百日草、万寿菊、虎尾兰、月季和八仙花等。

少肥植物有铁线蕨、肾蕨、多花报春、瓜叶菊、杜鹃花、山茶和秋海棠等。

②刚发芽不久或播种不久的花卉，对肥料要求少。随着生长加速，对肥料的要求逐步增加。到一定阶段，所需肥料相对稳定或减少。

③生长发育阶段、营养生长阶段，需要氮肥多些，孕蕾开花阶段需要增加磷肥。生长盛期多施肥，半休眠或休眠期则停止施肥。

④季节变化。一般做法是，春季多施，夏季少施，秋季适施，冬季不施。

(2) 肥料的种类

肥料一般分为有机肥与无机肥两大类。

①有机肥包括豆饼肥、人粪尿、骨粉、家禽粪肥、米糠、鱼鳞肥等。优点是释放慢，肥效长，容易取得，不易引起肥害。缺点是养分含量少，有臭味。

②无机肥包括硫酸铵、尿素、硝酸铵、过磷酸钙、氯化钾等。优点是肥效快，花卉容易吸收，养分高。缺点是使用不当易伤害花卉。

(3) 微量元素

在盆栽花卉上应用的微量元素主要指硼、锰、铜、锌、铁、钼等。凡含有微量元素的盐类制成的肥料，称为微量元素肥料。它在盆栽花卉的生长发育中是不可缺少的营养元素。但是，微量元素在使用时，必须根据土壤酸碱度和土壤微量元素来制订使用量。同时，要根据不同花卉种类的需要，合理施用，才能收到较好的效果。

①硼肥　盆栽花卉缺硼时，根系不发达、生长点焦枯死亡，花器官发育不健全。常用0.1%～0.2%硼砂溶液或0.05%～0.1%硼酸溶液叶面喷洒2～3次，间隔10d。

②锌肥　缺锌花卉，表现出植株矮小，新叶缺绿，有灰绿或黄白色斑点。播种前用0.02%～0.05%的硫酸锌溶液浸种12h，晾干播种或用0.01%～0.05%的硫酸锌溶液喷洒叶面1～2次。

③锰肥　缺锰花卉，叶片缺绿，出现杂色斑点，但叶脉仍绿色。草本花卉用0.05%～0.1%硫酸锰溶液喷洒叶面，木本花卉用0.2%～0.4%硫酸锰溶液喷洒叶面。

④钼肥　缺钼花卉，表现植株矮小，生长不良，叶片失绿、枯萎甚至死亡。可用0.02%～0.05%的钼酸铵溶液进行叶面喷洒。

⑤铁肥　缺铁花卉，首先表现在幼叶失绿，失绿叶片开始叶肉变黄，后变白，叶脉变黄而脱落。草本花卉可用0.2%～0.3%硫酸亚铁喷施叶面，木本花卉用0.3%～0.6%硫酸亚铁溶液注射树干内。

⑥铜肥　缺铜花卉，表现叶片失绿，从叶尖开始出现白色斑点，植株顶端停止生长或枯顶。可用0.02%～0.04%硫酸铜溶液喷洒叶面。

4.5.1.3　盆栽与浇水

浇花用水最好是微酸或中性的。原产热带或亚热带的植物，最理想的用水是雨水，可供饮用的地下水、湖水、河水，均可作盆花浇水。城市自来水中氯含量较高，水温也偏低，不宜用来直接浇灌盆花。应先储存数日，使氯挥发，水温与气温接近时再浇花比较好，水温和气温的差距不要超过5℃。浇水量应适度，每次浇水正好把全盆土湿透，不多也不少。浇水量的掌握，要查看盆土干湿，应从实践中积累经验，可以用手试、用眼看，若表面尚潮湿可暂时不浇，也可用手敲盆声来判断盆土的干湿，声音清脆表示盆土已干，需浇水。

4.5.1.4　盆栽花卉的换盆和转盆

换盆俗称"翻盆"，即将盆栽的植物换至另一盆中栽培。换盆是种好盆栽花卉的重要措施之一，很多花卉爱好者往往忽视这一点，认为换盆没有必要，只要加强施肥即可，其实不然。需要换盆的一般有以下几种情况：

①花木长大，根须发达，原种植的花盆已不能适应花木生长发育的需要，必须换至较大的盆中。

②花木生长过程中，根系不断吸取土壤中的养分，加之经常浇水，盆土中有机肥料逐渐渗漏减少，导致盆土板结，渗透性变差（即盆土营养缺乏，土壤物理性状变差），不利于花木继续生长发育，需要更换培养土。

③花木根部患病，或有虫害需立即移植换盆。

一、二年生草花生长迅速，一般从幼苗到开花期换盆2～4次。换盆次数多，能促使植株强健，并能使开花期推迟。最后一次换盆称为"定植"。宿根花卉大多每年换盆1次，木本花卉大都隔2～3年换盆1次。宿根花卉和木本花卉换盆常在秋季生长将停止时或早春生长开始前进行。常绿种类花卉，在梅雨季节也可换盆，因此时空气湿度较大，叶面水分蒸发较少，换盆后影响较小。如果室内条件合适，加上管理得当，一年四季都可以换盆，但在开花时或花朵形成时则不能换盆，否则影响花期。

换盆时，将花木从盆中托出，用竹片把根部周围的旧土刮除约1/3或1/2，并将近盆边的老根、枯根、卷曲根及生长不良的根用剪刀作适当修剪。宿根花卉换盆时可以结合分株。对于一、二年生草花，换盆时，土团仅表面去掉少许即可，一般不作任何处理，但要注意栽植时勿使土团破裂。经过处理后，改用较大的盆，按上盆操作程序种植。若仍利用原来的花盆，要给其更换新土，增加养分。

换盆后，水要浇足，使花木的根与土壤密接，以后则不宜过多浇水，因换盆后多数根系受伤，吸水量明显减少，特别是根部修剪过的植株，浇水过多时，易使根部伤处腐烂；新根长出后，可逐渐增加浇水量。但初换盆时也不可使土壤干燥，否则易在换盆后枯死。换盆后，为了减少叶面蒸发，将盆先置于阴处数日，以后逐渐见光。适应后再置于阳光充足处。

转盆是指将花盆旋转位置。有些花卉在生长发育过程中因为趋光性，尤其是放在窗口或单斜面温室的花卉，其枝叶常偏向有阳光的一面生长，为了使枝叶生长均匀，姿态优美，需要经常更换方向。

4.5.2　光温调控

植物在有光的条件下，才能生长、发育、开花、结果。通常把阳光分为直射光和散射光。晴天太阳光直接照射的光称为直射光，阴天或遮阴下的光称为散射光。喜光的植物需要在直射光下栽培，喜阴的植物应种植在较阴暗的地方，只要有散射光便能生长好。喜阴的植物可完全栽培在明亮的散射光环境中，但怕强烈的直射阳光。常见的喜阴植物有大部分蕨类、天南星科、秋海棠科、兰科、竹芋科等室内观叶植物。中性植物是指原产于热带和亚热带地区的植物。在北方由于空气干燥，在夏季强烈的阳光下容易受害。因此，夏季需稍加遮阴。如常见的白兰、南洋杉、蒲葵、龙血树等。喜光植物则喜强阳光，不需遮阴。其中包括了绝大部分露天种植的各种树木、花灌木及一、二年生的草本花卉。

4.5.3　水肥管理

肥料是盆花养分的来源，施肥是否合理，直接影响花卉生长、发育，植物生长发育需要的元素比较多。其中碳、氢和氧三元素可从水和空气中得到，其他元素则需从培养土吸收。氮、磷、钾成为三要素，需要量大，一般培养土中的含量不能满足植物的生长需要，故要通过施肥来补充。其他元素，植物需要量较少，一般可从培养土中吸收，不足时可使用微量元素肥料。常用的肥料种类有：

(1) 农家肥

常用的有人粪尿、畜禽粪、各种饼肥、家畜和家禽的蹄角和骨粉等，均含有植物需要的多种营养元素和丰富的有机质。农家肥需经过发酵分解以促进植物吸收利用，见效比较慢，但肥效稳而长。多施用有机肥有利于土壤改良，使土壤疏松、防止板结，有利于根系生长和根际菌类的活动。

(2) 化肥

化肥养分含量高，元素单一、肥效快，而且清洁卫生，施用方便。长期施用化肥易造成盆土板结。若与农家肥混合施用效果较好。

施肥方法有基肥和追肥两种。基肥都在上盆时或冬季拌泥时用，主要是饼肥、骨粉等有机肥。追肥在花卉生长期使用充分腐熟的有机液肥或"花肥"。施肥的种类和数量应根据花卉的种类、观赏目的以及花卉的不同生长发育阶段来灵活掌握。如苗期需要氮肥较多，以促植株快速成型；花芽分化和孕蕾阶段则需要较多的磷、钾肥。在选用肥料时，观叶植物应多施氮肥，观花、观果类盆花应多施磷、钾肥料。凡是喜酸性土的花木，如山茶、杜鹃花、含笑等在施肥时最好掺加1%硫酸亚铁，以保持土壤酸度。

追肥数量不要太多，浓度应低，有机液肥浓度不超过5%，化肥的使用浓度不要超过0.2%，做到"薄肥勤施"，一般半个月左右施用1次。施用前要适当松土，便于花木吸收。

盆花浇水亦有讲究。初学种花的人，担心盆花干死，因此，不断浇水，结果导致土壤过于潮湿，甚至积水，根系窒息，影响呼吸甚至发生烂根，直至死亡。对于文竹、君子兰等肉质根系的花卉来讲，尤其会发生烂根现象。因此，盆花浇水时最重要的原则是见湿见干，干透浇透。就是说盆土既不能长期湿透，甚至积水，也不能长期干旱。要掌握在盆土大体上干透时浇水，并且要一次浇足，等下次盆土干燥时再浇。当然也不能过于干燥，否则花木就会萎蔫甚至枯死。盆土浸满水后，敲打时发出的声音沉闷。反之，发出清脆音响则说明盆土已干，应立即浇水。当然，养花时间长了，盆土的干湿状况一眼就能看出。

一般盆花浇水时，春季2~3d浇1次水；夏季每天浇1次水，盛夏酷暑则需早晚各浇1次水；入秋以后，浇水次数应减少，一般1~2d浇一次水；冬季应少浇水。当然，冬季若在有取暖设备的室内养花，温度高、湿度低，盆土也容易干燥，应该勤观察，一般应每天浇1次。阳台上养花，不接地气，极易干燥，要多观察，勤浇水。家庭养花时，叶面上常会积聚灰尘，影响生长，又不雅观，还应进行叶面喷水，使植株洁净润泽。

家庭养花时，如遇家中短期内无人照管，可预先把小花盆放入盛湿砂的大盆或木箱中。使湿砂中的水分慢慢地渗到小盆中，以满足小花盆的花卉对水分的要求。也可在花盆旁放一个盛水的大花盆，准备一条厚毛巾，把毛巾的一端浸入水中，另一端直接压在花盆底部，由于毛细管的作用，水分会不断地从盆底滋润着花盆，从而避免盆花因失水而枯死。

4.5.4　病虫防治

花卉种类多，其病虫害的种类也较多，这里只简单介绍几种常见的病虫害及其防治方法。

4.5.4.1　病害

(1) 黄化病

黄化病又称缺绿病。从南方引进的大部分酸性土花卉,如栀子花、白兰、山茶、杜鹃花等常出现此种病害。受害的花卉之叶片,呈现乳白色斑块,或全部变白,尤其以植株顶部新叶表现最为明显,严重时,叶片组织局部坏死,呈褐色。从南方引进的花卉,在北方栽培 3~5 年后常发生此病。

防治方法:①选用酸性土,每年换 1 次盆土。②贮备雨水或雪水浇灌,常年使用矾肥水。③向叶面上喷 0.1%~0.2% 硫酸亚铁溶液。

(2) 白粉病

蔷薇、瓜叶菊、绣球、月季等花卉的叶、茎、花柄常出现此种病害。早期症状为幼叶扭曲,有白色小点,浅灰色,长出一层白色粉末状物,即其分生孢子。叶面如覆盖一层白粉。严重时花少而小,甚至不开花,叶片枯萎。

防治方法:①注意通风。②适当降低空气湿度。③增加光照。④清除发病植株,或摘除病叶。⑤发病时喷 1:200 的硫黄粉悬浮液,2~3d1 次,连续 3~4 次。喷洒 0.3~0.5 Be° 石硫合剂或喷加水 500~1000 倍的 50% 可湿性托布津。

(3) 菊花叶斑病

菊花叶斑病又叫叶枯病、褐斑病,是菊花严重病害。菊花的下部叶片首先发病,初期叶片上出现圆形或椭圆形大小不等的黄色和紫褐色病斑,直径 2~10mm;后期转为暗褐色,下陷的病斑中心为浅灰色,并生有黑色小点。叶色变黄,发黑干枯,悬挂于茎秆上,并不脱落。

防治方法:①割去地上部分,残株病叶烧毁。②选择健壮的品种留种。③加强栽培管理,浇水时应避免弄湿卜部叶片,雨后要及时排水,降低土壤湿度。④喷施 1% 波尔多液,或 65% 代森锌可湿性粉剂 500 倍液,每隔 7~10d 喷 1 次,连续 3~4 次。

4.5.4.2　虫　害

(1) 蚜虫

蚜虫俗名油虫、腻虫、旱虫、蚁虫等。为害多种草本、木本花卉。群集于花卉的幼嫩枝叶上吸取营养。

防治方法:①清除杂物。②喷加水 1000~2000 倍乐果或泡烟叶的水杀除(把 0.5kg 烟茎或烟叶浸泡在 7.5kg 水里,24h 后即可喷用),或 2.5% 鱼藤精 1000~1500 倍液。

(2) 红蜘蛛

常发生于高温的环境下,为害多种花卉。种类很多,体形小,常为红色。喜欢在花卉体上结网,掩体,在网下吸取花卉汁液,受害花卉叶子枯黄,甚至脱落。

防治方法:①适当增加空气湿度。②喷加水 1500~2000 倍的乐果或煮辣椒水杀除。

(3) 介壳虫

种类很多,食性又杂,常见有吹绵介壳虫,全身有银白色蜡质纤维毛状;质介壳虫,盾形,褐色,在扁平的壳上有数条横纹。介壳虫是难以防治的害虫,几乎所有花卉都受为害，受害后生长缓慢，枝叶枯黄。

防治方法：①花卉数量不多时，发现后可用小刷刷掉杀死。②喷 20 号石油乳剂。在冬季休眠期，加水 30～150 倍，夏季浓度不宜过大，可加 150～200 倍。

(4) 线虫

线虫是花卉最普遍的害虫，体形小，肉眼看不清，形线状，白色。主要在土壤中为害花卉的根、球根、鳞茎，以及扦插的插条，受害后生长衰弱，根部出现瘤状物，肿大，甚至腐烂。

防治方法：①盆土消毒。②加水 1500 倍乐果浇入土中。

(5) 粉虱

为害花卉新枝嫩叶，受害花卉有蔷薇、栀子花、桂花、凤仙花、牡丹、常春藤等。

防治方法：①合理修剪，疏枝。②喷施 50% 三硫磷乳剂 2000 倍液，或 40% 氧化乐果乳剂 1000～1500 倍液。

4.6　室内不同场景的花卉装饰

4.6.1　居家环境

与绿色植物做伴，即已成为现代人对生活的高层次追求的目标之一。几乎每个家庭都喜欢在居室内摆放上各种各样的绿色植物，即便是一间斗室。绿色植物充满勃勃生机，给人以清新、舒适的感觉，或新奇大雅、或纤巧烂漫，在少而精、小而巧上下工夫。别出心裁，寻求合乎内心的闲情逸趣。现将居室中各种功能房间设置植物的要点介绍一下。

(1) 客厅

客厅是人们聚会和接待宾客的场所，应抓住重点，力求简洁明朗、朴素大方、和谐统一。在植物选择上要注意选择观赏价值高、姿态优美、色彩深重的盆栽花木或花篮、盆景。如在客厅入口处、厅的角落、楼梯旁、沙发旁宜设巴西木、春羽或假槟榔、香龙血树、棕竹、南洋杉、苏铁树、橡皮树等观叶植物。在沙发茶几上摆放株型秀雅的观叶植物，若安放一盆春羽、金雪万年青、花叶芋之类，则增添南国风光。桌、柜上也可置瓶插花或竹插花，可收到"万绿丛中一点红"之妙。在角落处还可布置中型观叶植物，如常春藤等，或盘绕支柱，或垂挂墙角以形成丰富的层次。最好不放仙人掌、山影拳等，因有刺，应远离人们活动之处。

例如，家居的两室两厅的房间，从花卉装饰角度看，它的条件很好，客厅加餐厅一般有近 $40m^2$，为了符合光线的强弱，在客厅的交界处可摆置散尾葵、熊掌木、发财树、棕竹等较耐阴的大型盆栽装饰植物。

客厅朝阳面，采用大中小型绿色植物巧加配合，创造出多层次的浓郁绿色景观。比如以高大的南洋杉为中心，用花叶鹅掌柴、朱蕉、龟背竹、银苞芋、白粉藤、常春藤等盆栽植物搭配组合，令大容量的绿色效果突出。

(2) 餐厅

餐厅是人们每日必聚的地方，一般在入口处餐桌区四周恰当部位布置绿叶类室内植物。餐桌上宜配置一些淡雅的插花。在喜庆的日子，可配置一些艳丽的盆栽或插花，如秋海棠和圣诞花等，增添欢快、祥和、喜庆气息。配膳台上可摆放中小型盆栽，有间隔作用。餐厅的窗前、墙角或靠墙处可摆放各种造型的大型观叶植物，如散尾葵、香龙血树、春羽等，与华丽的灯具、浓艳的墙纸一起，使整个餐厅显得富丽、高雅。

(3) 卧室

卧室，应以小盆栽、吊盆植物为主，或者摆放主人喜欢的插花。一般大宾馆的客房，除了床外还配有沙发、茶几、写字台、床头柜等，可在墙角、沙发背后选用观叶植物，如橡皮树、棕竹、龟背竹等以绿色植物掩饰阴暗空间，为沙发作背景，使人有置身于大自然的宁静感。卧室一般应有雅洁、宁静、舒适的气氛，不宜选用十分刺激的色彩。可选用淡雅、矮小、形态优美的观叶植物，摆放文竹、羊齿类植物，叶片细小，具有柔软感，且散发香气，能使人精神松弛。

如要求质朴文雅，可选用苍松、翠柏。如室内家具色彩单调，显得呆板、阴冷，可选用色泽鲜艳、花大的郁金香或月季花作切花，室内既显得华贵又热情奔放。

(4) 厨房

厨房通常位于窗户较少的朝北房间，用盆栽装饰可清除寒冷感。由于阳光少，应选择喜阴植物，如大王万年青和星点兰之类。

厨房是操作频繁、物品零碎的工作间，烟气较大、温度较高，因此，不宜放大型盆栽，而小型盆栽、吊挂盆栽或长期生长的植物较为合适，既美化环境又不影响餐厨操作。在食品柜、酒柜、碗柜、冰箱上可摆放常春藤、吊兰或蕨类植物等。有些厨房还兼作小餐厅，可在餐桌上配置小型插花或开花的盆栽。

油、烟、蒸汽是植物的大忌。但是，对厨房美化又是人们所追求的，因此可采用勤换的方法来减少厨房对植物的不利影响。也可采用干花、绢花等，如在桌面上玻璃板下面放上几朵美丽的干压花，也饶有情趣。在远离煤气、灶台的临窗区域，可选择一些对环境要求不高的多肉植物，如仙人掌、蟹爪兰、令箭荷花等。

另外，可以利用窗边或角柜的空间，布置一些观叶植物；或是在墙壁上或窗口用吊篮栽培植物，也可以营造愉悦的情调，而不妨碍处理家务；还可以就地取材，利用的蔬菜，如青椒、红辣椒、黄瓜、番茄、大葱等，置于菜碟或珍珠盘中，便是一盆色彩丰富的作品，将其置于厨房的窗台上，别具一格。

(5) 浴室、卫生间

卫生间、浴室一般面积小，湿气大，冷暖温差大，适合摆放羊齿类植物和仙人掌之类的耐阴、耐潮湿植物。亦可配置干花，或将花盆悬挂在镜框线上，产生立体美化的效果。如在隔板上摆一组盆花，既能更好地利用空间，又能起到增添自然情趣的作用。

如果在盥洗台上的小空间或是抽水马桶的储水箱上，利用两三盆绿色植物来装饰，就可以创造清爽洁净的感觉。若是在厕所里放上一两盆观花的植物，会使整个沉静的空间顿时生动起来。浴缸一般是白色、蓝色的，加上绿色观叶植物的点缀，利用与浴缸上的空间，可布置出一个清凉的洗澡间。但由于浴室的温度、湿度很高，选择栽培的植物所受到的限制也较多，平时要注意通风良好，特别是对于没有窗门的卫生间，由于光线过暗，除了要选择特别耐阴的植物种类外，还应定期更换，以使植物生长良好。

(6) 走廊

走廊是室内过道，具有分隔空间的作用。小小门厅，不能一览无余，需衔接妥帖，以增加空间深度，达到理想的透视效果。

由于走廊大多无日照，需选择耐阴的小型盆栽，如万年青、兰花、天竺葵等，也可制成网状绿篱，缀上藤蔓植物，颇有情趣。用木板箱盛放泥土，种植植物，靠墙放置，也是很流行的方法。

(7) 楼梯

楼梯是人们上楼必经之路，一般在楼梯口摆放一对中型盆栽，或在楼梯口拐角处摆放大型观叶植物，或在楼梯的休息平台、拐角处摆放中型的观叶植物或在高脚花架上配置鲜艳的盆栽，使人感到温暖、热情。

楼梯虽是连接上下交通的小空间，却可以较多地布置、陈设盆栽花卉。楼梯两侧和中部转角平台多成死角，往往使人感到生硬而不雅。但经花卉装饰后，就可弥补这一视觉缺陷。在楼梯的起步两侧，若有角落，可放置棕竹、橡皮树等高大的盆栽，中部平台角隅则宜放置一叶兰、天门冬、冷水花等低矮盆栽。若家中盆栽较多，又无足够空间，可顺楼梯侧面次第排列，给人以一种强烈的韵律感，从而使单调的楼梯变成一个生趣盎然的立体绿色空间。

(8) 书房

书房应具有书卷气，所以，装饰不宜华丽、雕琢。应追求一种清雅、自然的品位。一般在书柜上放置花草，如常春藤、珠兰等，也可放置悬崖、半悬崖式的盆栽和盆景。博古架是书房的雅物，主人的志趣和情感可以通过它来反映。此类博古架大多古朴典雅，构成古色古香的室内装饰环境，如放置盆景或文竹、水仙类的盆栽植物，便更加超凡脱俗。书桌上摆置的植物宜小巧雅致，一般靠墙壁摆放，也可架设矮架放置，既不影响案头工作，又可调节书房气氛，提神醒脑。

门窗及阳台护栏等　最好用蔓性花卉加以装饰，向阳的窗户或阳台组成绿檐或绿棚，可选用金银花、牵牛花等。枝叶下垂的花卉最适合放在窗户及阳台外沿或悬挂于窗户中央。一般窗台可用盆花、插花或盆景来装饰。有落地窗时可陈设小型花瓶、盆花或微型盆景等。室内几角处最适合用盆花或花瓶加以屏蔽或装饰，常用常绿叶或花叶俱美的材料，如发财树、绿巨人、凤梨等。桌柜台面等适宜选用体量较小、花色鲜艳或外形精美的盆花、盆景、插花及花篮、干花等布置，以供近处观赏。如居室内自然光线较弱，最好选择喜阴或耐阴性较强的花卉材料。干花观赏持久，姿态活泼，也是居室美化的常用素材。

高级的别墅式建筑中　有将起居室的一部分辟成类似花卉温室，阳光可从大面积的玻璃窗或部分玻璃屋面射入，内有加温设备、植床、水池等，可布置成室内小花园的一隅。

4.6.2　宾馆饭店

高级的宾馆，均十分重视室内空间的花卉装饰，渲染优雅而亲切自然的气氛，让客人有宾至如归的感觉。一般来讲，宾馆的重点花卉装饰部位是服务大厅、上等客房、康乐中心(俱乐部)和酒吧、餐厅。

服务大厅是迎送旅客的地方，是宾馆的门面，布置应十分讲究。不少宾馆均在这里建造室内花园，高山流水，树木葱茏，花香四溢，引人入胜。没有室内景园的大厅，也常将花池、花坛或大型盆栽布置得清新悦人，服务台上一般摆放一盆或几盆体量适宜的盛花，主体应体现热情、大方、华贵的格调。花材选用世界流行的切花种类，如唐菖蒲、月季、香石竹、菊花、郁金香等。也可配置一些色彩艳丽的观果花枝，如南天竹等，花大色浓，热情洋溢。可根据节令变化选材，但不必经常更换，因为观赏者均为短期住宿的流动客人。

上等客房的花卉装饰也主要用鲜花布置。插花时应尽量创造温馨、素雅的氛围，色彩、造型均以亲切自然为主，最好再配以清爽淡雅的香花，可以让客人们养神怡情，在恬静、优雅、芬芳的气息中进入美好的梦乡。在不少高级宾馆里，均设有用中国的传统家具布置的外宾客房，这样的客房最好用古瓶古盆，配插中国的传统花材，以求得与环境、风格相协调；当然也可陈设中国的盆景艺术作品，以传统的中国情调吸引海外客人。特殊的也可根据客人的喜好和习惯，布置符合礼仪的插花作品。

康乐中心、俱乐部、舞厅等处是进行社交、文化、娱乐的活动场所，一般可在四周墙边或角隅等不易被人碰到的地方布置盆栽植物。在几、桌、柜等家具上则点缀插花作品，在花色的选择上，如进行社交等活动，宜选用色彩淡雅的花材，如举行文艺、娱乐或庆祝活动，则可选用色彩浓艳、感情热烈的花材，以渲染活泼、欢乐的气氛。

宾馆的小酒吧，由于每只小圆桌只供两三个人聚会交谈，只要点缀一些小型插花即可。有时仅用一只小瓷瓶，插上两朵花，陪衬少许绿叶，便能烘托优雅的环境气氛。在休息厅的沙发几上，往往也只布置小型插花或盆栽。

4.6.3　商场

现代的商场在营业大厅、门口、门径、通道、柜台的角隅和手扶电梯中央、楼梯口角隅以及休息场所，都成为重点的装饰场所。在大厅宽敞的部位还常用一些小的景点来装饰喷泉、花坛等。在大厅宽敞的部位、墙角、歇息的酒吧、冷饮厅等以及门厅、门径布置一些植物，如南洋杉、橡皮树、八角金盘、榕树、银桦、桃叶珊瑚等。中小型盆栽花卉可少量点缀柜台。每逢重要节假日，可在商场入口处重点布置盆花，可以立体花坛形式集中陈设瓜叶菊、一串红、菊花、月季、彩叶草、杜鹃花等四季花卉或其他草花。甚至可在商场门口陈设大型鲜花花篮，以示喜庆和气派，从而招徕顾客。由于这些公共场所空间高大而宽敞，所用的植物一定要体量高大，并种植在大型容器里，也可布置一些盆栽植物。

4.6.4 会议室

中小型会议室，一般作为办公、会议之用，宜在靠墙或角落配置大型观叶植物，在环形桌空间，配置中型观叶植物。若为平面桌，可在桌面上配置矮小盆栽或插花若干盆，高矮以不挡住视线为好。中小型的会议桌多在室内正中排列，呈长椭圆形或长方形布置，桌子中间相应地成为椭圆形或长方形的凹池，一般供盆栽装饰之用。这种圆桌中间的盆栽，可选用南洋杉、棕竹、苏铁、蒲葵、小叶鹅掌柴等较大型的植株，呈对称式布置，高度以稍高于桌面，但不遮挡坐者视线为宜，植物种类一般是绿叶类，也可在中心位置随节令布置一盆应时花卉，如杜鹃花、马蹄莲、蟹爪兰、桂花、立菊等。桌面上可以布置几盆应时的花卉、观叶植物、小型盆景或插花作品，作整齐的等距离排列，也可高低错落，但在高度上应避免遮挡视线，主席或中央发言人位置前的盆花或插花应有所区别，暗示地位的不同。会议室四隅可就地放置大型的绿化植物，以缓和生硬的死角。窗台上也可少量点缀小品盆栽。

大型会议厅的颁奖主席台和会议席分开排列，绿化布置的重点是主席台。一般在主席台前重点布置盆栽花卉，特别是成立大会、表彰大会或庆典，应当布置得花团锦簇，并以绿色植物作背景或边饰，渲染会场气氛。主席台上一般布置插花，数量不宜过多。通常只需平放于讲话人左侧，不宜使用高花瓶，而以盆式为佳，以免妨碍讲话和视线。若主席台是长条桌，可适当多放几盆花卉。

4.6.5 办公室

办公室是从事各类工作人员终日办公的场所，应根据办公室的性质和办公人员的喜好，选择植物材料的摆放位置。一般要宁静、典雅、大方，色彩搭配不宜过于华丽跳跃，使办公人员感到舒畅、轻松、振奋。宜放置盆栽植物材料，如龟背竹、棕竹，置于墙角，在文件柜上摆一盆常春藤，窗台上摆放文竹或波斯顿蕨、铁线蕨等，室内会显得春意盎然。

传统的办公室一般空间比较小，往往只是一个小单间，布置一两张写字台、一套沙发和茶几即满，有的甚至连沙发都放不下，这样的空间花卉装饰设计应简洁、明快。一般只在办公桌、茶几、窗台等处放置一两盆室内观叶植物即可，也可在墙角设置角柜或花架，陈设花盆栽植的藤本植物，显得飘逸生动。空间稍大的办公室，可以在墙角或沙发旁摆放一盆较大型的室内植物。但不能摆放太多，避免臃肿繁乱。总体原则应该清新而又不会给工作带来麻烦，更不要使空间有压抑感，产生负面效果。

随着现代化工业的迅猛发展，摩天大厦接踵而起，办公条件已成为一个企业发展和实力的标志，大空间办公室应运而生。大空间办公室设计，多为独立式(或组团式)带有半个断壁板的、方向随意的办公设备布置间。各个组团之间留有宽敞的通道，两侧可布置大型的、超出组团办公设备板高度的盆栽植物。由于组团是随意布局的，这些大型盆栽植物便错落散布于这样的大空间里，就像园林中的上层树木，侧方庇护着组团家具，使工作人员宛若置身于自然的树林中，回归大自然，轻松中进行紧张的工作。

组团办公设备本身的设计制作有利于花卉装饰。在写字台的一侧，或是壁板的某一部位，均设计摆放盆栽的花池。这样，在离地面不同高度的花池里放上大型的观叶盆栽或藤蔓植物，在组团内部或近旁的角隅摆上一两盆较大的盆栽，还可在写字台上陈设一小瓶瓶花、微型盆栽或微型小盆景，使得组团本身就是一处美妙的植物立体景园。

小范围的植物组团景观，统一在大范围的室内绿化环境中，使得大空间办公室成为名副其实的风景化办公室（scenery office），不仅美化环境，而且可以调节工作人员的情绪，提高工作效率。

4.6.6　候机室

候机室是乘客休息的地方，应该装饰得让人感到安静、安定和充满信心。门口、门径、通道、角隅和手扶电梯中央、楼梯口角隅以及休息场所，都成为重点的装饰场所，最好用优雅的室内观叶植物来安排，同时创造古典与现代有机融合、共生的主题文化景观。由于场所空间高大而宽敞，所用的植物一定要体量高大，并种植在大型容器里，也可布置一些盆栽植物，要充分体现地方特色。

小　结

室内花卉装饰就是把浓缩的生态环境、美妙的大自然搬回家，把室内装饰形成一个自然的生态环境，让人们调养生息，利于健康。本章对室内花卉装饰的意义，室内花卉装饰的基本要素，室内花卉装饰的基本原则，室内花卉装饰的基本手法，室内花卉装饰的日常管理，室内不同场景的花卉装饰等内容进行了详细介绍。

思考题

1. 室内绿化的作用是什么？
2. 室内绿化的布置方式有哪几种？
3. 室内植物选择的依据是什么？
4. 居家环境、宾馆饭店应如何进行花卉装饰？

推荐阅读书目

1. 室内花卉装饰. 徐惠风，金研铭. 中国林业出版社，2008.
2. 室内植物装饰. 赵梁军，徐峰，孙阿琦. 北京农业大学出版社，1996.
3. 供四季欣赏的立体花坛、吊篮. 坂梨一郎［日］. 徐惠风，译. 吉林科技出版社，2000.
4. 室内植物与景观制造. 吴方林，何小唐. 中国林业出版社，2001.
5. 1000 种盆栽花卉与鉴赏. 徐惠风，译. 吉林科技出版社，2000.

5

庭园花卉

装饰

5.1　庭园花卉装饰意义

庭园是指建筑的外围院落，其间布置人工山水、配置花草树木，形成优美景观，是可以供人们休憩、观赏的空间。庭园花卉装饰是指将观赏植物按照美学的原理，在庭园中进行装饰表现自然美的造型艺术，庭园花卉装饰具有美化环境、改善环境质量、丰富人们精神生活等作用。

花卉种类繁多，生态类型多样，观赏性状丰富，是组成庭园绿地中下层植物景观的主要材料。其中一、二年生花卉和球根花卉栽培方式多样，受地域限制少，开花整齐，株高一致；宿根花卉种类、品种繁多，花期一般较长，观赏价值高，是庭园绿地中花境、花丛、花群和地被等景观的主要组成材料。花卉色彩丰富，季相变化显著，每个季节都有不同的花卉开花，让人们真切感受季节的更替变化。时令花卉不仅是最能展现一年四季变化的植物，而且生长期短，布置方便，应用灵活，这点是其他植物材料不能替代的优点之一。通过运用乔灌木和花卉进行艺术性的配置，使庭园绿地产生高低错落和丰富的层次、色彩的变化，从而营造生机勃勃的庭园景观。

少量污染物进入环境中，经过各种自然过程而分解、稀释仍可使环境恢复到原来的状态，生态平衡不致破坏，环境的这种功能称为自净作用。花卉和其他园林植物一样，不仅可以吸收空气中的二氧化碳释放氧气，而且可以吸收土壤中的某些物质，吸附空气中的某些有害气体和粉尘，因此，花卉对空气、水、土壤中污染物的自净作用是很重要的；花卉通过蒸腾作用调节空气湿度，尤其是花卉作为绿地中的下层植被，可以覆盖地面、固土保水，减轻水土流失；通过减少太阳光的反射，减弱眩光；花卉和乔灌木的合理配置可以很大程度上改善庭园的环境质量。

花卉除了具有改善环境和美化环境的功能，还对人们的精神和生理具有积极的作用。人类对花卉的喜爱是与生俱来的，花卉具有天然的风姿和清新馥郁的芳香，给人以美的享受，给人们的生活增添了许多情趣，花卉包含着丰富的文化内涵，对陶冶性情、升华品格具有重要作用，这些都深深地浸润在各民族的含蕴丰厚的花文化中。近年来，作为"园艺疗法"的一部分，花卉对人体生理、心理方面的积极影响越来越受到关注，简单而言，"园艺疗法"就是利用园艺来治疗人们的身体和精神，是指人们在从事园艺活动，通过活动、集中注意力、感受生命力等操作内容，在绿色的环境里得到情绪的平复和精神的抚慰，在清新的空气和自然的芳香中感受生活的美好，从而达到治病、健康和益寿的目的。庭园绿地是最接近人们生活的绿地，是实行"园艺疗法"的首选之处，研究如何运用花卉的形态、色彩和芳香实现观赏园艺植物的社会、保健等功效也是花卉应用的新内容。

5.2　庭园花卉装饰的形式

庭园环境是个立体空间环境，其绿地的总体布局关系到植物、建筑、山石等要素的平面位置关系和立面的高低层次结构，其形式类型根据庭园绿地的总体布局，一般可以分为规则式、自然式和混合式等。

5.2.1　自然式

自然式又称风景式、山水式、不规则式，这种布局形式的庭园没有明显的对称轴线，建筑、道路、植物等要素自然布置，创作手法是效法自然，尽量顺应自然，不采用有明显人工痕迹的结构和材料，但设计要求高于自然，追求"虽由人作，宛自天开"的美学境界，浓缩大自然美景于庭园有限的空间中。

在自然式的庭园中，植物布置没有一定的规律性，分布自由，植物配置以自然界植物生态群落为蓝本，充分考虑植物的生态习性，应用植物种类丰富，形态大小变化多样，不追求人工造型，或是仅对树木造型作不规则的修剪，加工成自然古树的外形，以体现树形的苍劲古雅。树木种植没有固定的株行距，充分发挥植物自然生长的姿态，创造生动活泼、清幽典雅的自然植被景观。如孤植、自然式丛植、群植、疏林草地、自然式花境、花丛、花群等。在自然式庭园的转角、路沿等处还可设置自然式花台，配置四时花木进行点缀造景。

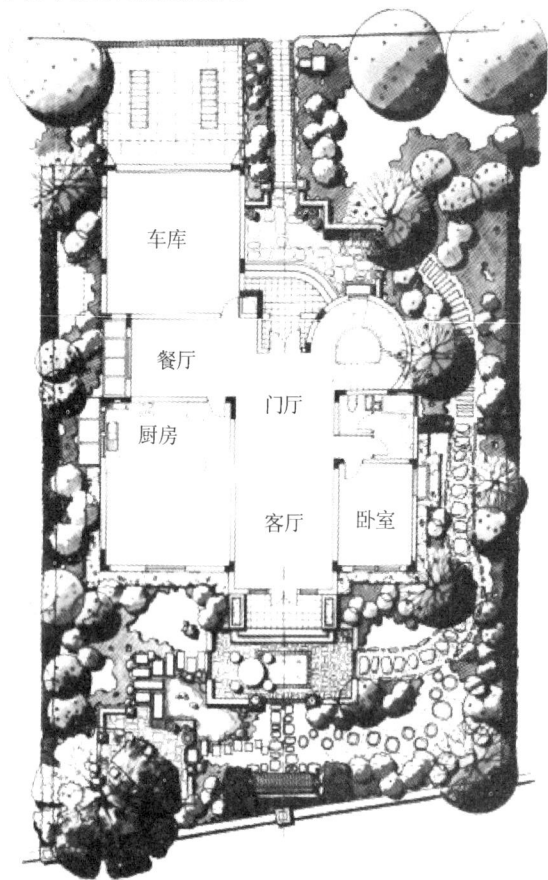

图5-1　自然式庭园（1）

自然式的庭园具有灵活、优雅的特点。既可以创造诗情画意的幽雅景观（图5-1），也可以营造充满自然野趣的风光（图5-2），自然式布局形式适宜居住区绿地、独立式住宅庭园等，在庭园空间不大，地面起伏不平，尤其在当今流行低养护观念的情况下更宜采用自然式布局。但自然式布局不易与严整对称的建筑、广场相配合。

5.2.2　规则式

规则式也称为整形式、几何式、图案式等，这种形式的庭园布局有明显的轴线，构图多为几何图形，要素立面也常为规则的球体、圆柱体、圆锥体等。规则式庭园又分为对称式和不对称式，对称式的庭园具有明显对称的轴线或是对称中心，造景要素成对称布置（图5-3），树木形态一致，或是人工整形，花卉布置采用规则图案。规则对称式庭园华丽精致、庄重大气，给人以宁静、稳定、秩序井然的感觉，有时显得压抑和呆板。此种布局形式常用于纪念性环境、大型建筑物环境和广场等处；规则不对称式庭园没有明显的对称轴线和对称中心，单种构成要素也常为奇数，不同几何形状的构成要素布局只注重调整庭园视觉重心而不强调重复（图5-4）。景观布置虽有规律，但也有一定变化，相对于前者，后者较有动感且显活泼，也常用于住宅庭园。

在规则式庭园中，植物配置强调秩序，就是运用直线条、平行线条、中轴式线条等有规则地进行植物种植，以图案式和几何图形为主。如乔灌木多采用对称式对植、列植、树阵式行列植；同时多利用修剪整齐的绿篱、绿墙作为每个图案

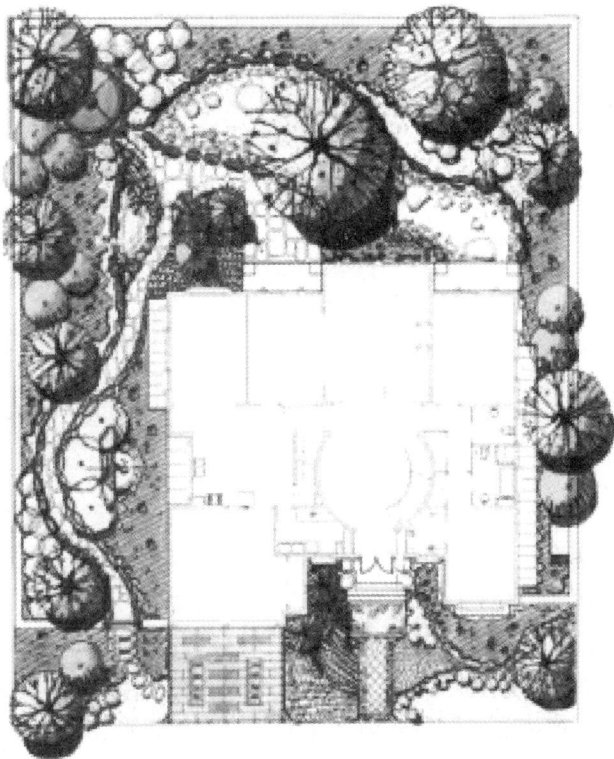

图5-2　自然式庭园（2）

的分界线或分隔空间，然后结合植物进行造型。对树木进行人工修剪整形，借以创作绿柱、绿墙、绿门、动物形象和各种几何形象，建筑基础种植部分也常以篱植方式布置，花卉布置以立体花坛、花丛花坛、模纹花坛、花台等形式为主，草坪外形为规则型。

5.2.3　混合式（综合式）

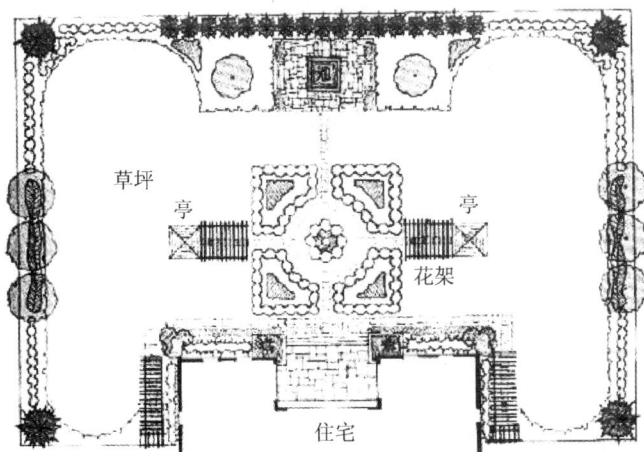

图5-3　规则式对称式庭园

混合式是规则式与自然式相结合的形式，而且这两种形式和内容在比例上相近。两种形式交错组合，全园没有或是不形成控制全园的主中轴和副轴线。只有局部区域以中轴对称布局，或全园没有明显的山水骨架，不形成自然格局。

作为混合式庭园，兼有规则式和自然式的特点。通常有3种表现形式：①构成元素多为规则形（如规则式、

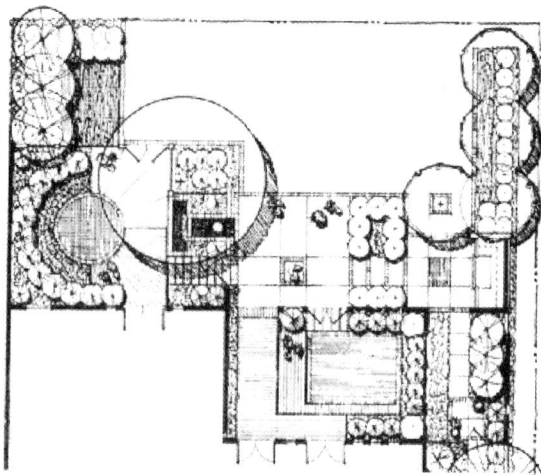

图 5-4　规则不对称式庭园

花坛水池），但总体呈自然式布局，如欧洲古典庭园多采用此种布局；②构成元素为自然式（如自然式花台、树丛等），而总体布局呈规则式，如北方的四合院庭园；③构成元素包括规则的硬质构造物与自然的软质元素，两类元素自然连接，在近建筑处规则，如在庭园入口处两边，沿建筑物墙脚线边采用直线条栽植布置，而在院园则呈自然形式，植物也尽量少修剪，保持其自然生长形态的景观。总之，混合式庭园整体灵活多变不显零乱，层次上高低错落。现代别墅庭园多采用此种布局手法(图5-5)。

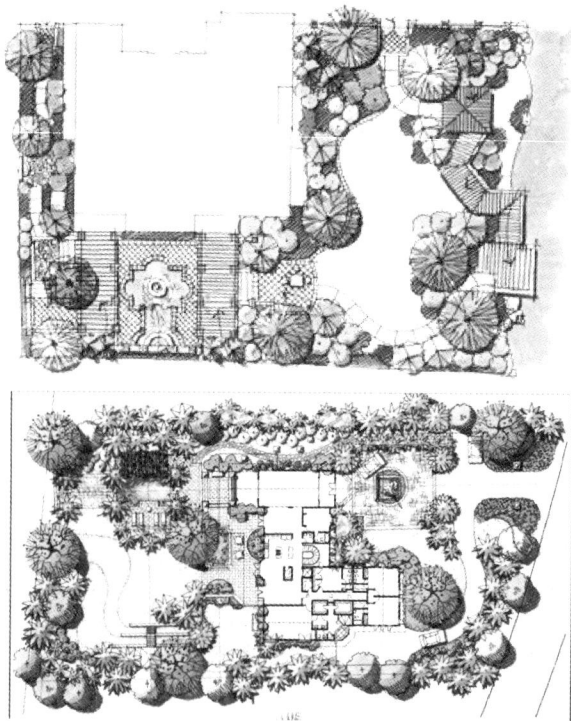

图 5-5　混合式庭园

5.3　庭园花卉装饰的原则

5.3.1　科学性原则

庭园花卉装饰的主要材料是具有生命力的植物，在配置应用的时候除了要考虑植物的观赏价值（美学要素）外，更要能确保植物具有生命的特征。只有植物正常生长发育，才能展示其美学价值和观赏特性，才能达到花卉装饰设计预期的效果。因此在庭园花卉装饰设计的时候首先应遵循科学性的原则，即在了解植物生物学特性的基础上，满足植物对环境的要求。

科学性原则要求做到"适地适花"和"适花适地"，即要根据庭园的立地条件，因地制宜地选择适合的植物种类。影响花卉生长的环境因素包括温度、光照、水分、土壤和大气等，这些生态因子对花卉生长发育的不同阶段产生不同的影响，应注意影响植物生长的除了主导生态因子外，还有生态因子的综合作用以及庭园的小（微）气候环境等因素。如建筑前庭绿化应选择适应城市交通环境、抗烟尘、耐修剪、生长势强的植物，乔木则宜选择分枝点高、枝叶茂密的常绿植物；中庭的花卉装饰要考虑周围建筑对绿地光照、温度、空气的影响，选择植物应考虑中庭的小气候环境条件；种植在水边的植物要选择耐水湿的植物。

庭园绿化要达到改善环境的目的，植物配置应师法自然创造人工的植物群落，这要求在设计时要了解植物群落的基本特征，考虑植物配置时形成的种群间关系，合理地进行人工植物群落的配置。乔、灌、草的复层配置可以使绿地获得比单层种植更大的绿量，因而具有更好的生态效益。但这种植物群落形成的种间关系更为复杂，因此除了考虑配置的景观效果外，还应考虑不同层次和同一层次植物的相互影响。同时也要借鉴当地自然的植物群落，遵循植物群落的基本特征。总之，要在满足植物生态习性的要求下进行合理搭配，组成的群落应具有合理的种类组成、密度，且有丰富的垂直结构层次。

5.3.2　艺术性原则

美观、富有艺术性是庭园花卉装饰设计要遵循的另一个原则，提高庭园绿地的艺术性主要通过形式美、色彩搭配和空间布局，并且注重质地配置等方面来实现。

5.3.2.1　形式美

自然界常以其形式美取胜而影响人们的审美感受，景物的形式由材料、质地、线条、体态、光泽、色彩和声响等因素构成。形式美是艺术美的基础，在庭园花卉装饰设计中，同一要素个体之间及各要素之间的布局和安排应遵循形式美的法则，设计的主要内容就是按照形式美的规律对庭园绿地空间进行合理配置，形成平面、立面和空间的各种形式的景观。形式美的表现形态包括线条美、图形美、体形美、光影色彩美和朦胧美等方面；形式美的法则有统一和变化、比例和尺度、均衡和稳定、韵律和节奏等。

（1）形式美的表现形态

①线条美　在庭园绿地设计中，线条是组成景观的基本因素。人们从自然界中发现了各种线形的性格特征：横长直线表现出水平线的广阔宁静；竖直线给人以上升、挺拔之感；短直线表示阻断与停顿；虚线产生延续、跳动的感觉；斜线有动势感。用直线类组合成的图案和道路，表现出耿直、刚强、秩序、规则和理性，而弧形曲线组合则代表着柔和、流畅、细腻和活泼。

线条是造园家的语言，用它可以表现起伏的地形线、曲折的道路线、婉转的溪流岸线、美丽的桥拱线和花坛纹样、丰富的林冠线和花境边缘线、严整的铺装线等。

②图形美　线条围合而成的平面形即为图形，有规则式图形和自然式图形两类。它们是由不同的线条采用不同的围合方式而形成的。规则式图形的特征是稳定、有序，有明显的规律变化，有一定的轴线关系和数比关系，庄严肃穆，秩序井然，而不规则图形表达了人们对自然的向往，其特征是自然、流动、不对称、活泼、抽象、柔美和随意。

庭园绿地中规则的平面图形有硬质铺装外形、花坛轮廓等，自然式的图形包括作为软质景观的水体和草地轮廓、花境平面等，通常在近建筑处的景素造型采用规则式，在庭园中心则可灵活运用各种平面图形。

③体形美　由多种界面组成的实体是体形，包括了事物平面和立面甚至顶面的组合，它给人们一个相对完整的外形轮廓，所以给人以更深的印象。风景园林中包含着绚丽多姿的体形美要素，表现于山石、水景、建筑、雕塑、植物造型等。不同类型的景物有不同的体形美，同一类型的景物，也具有多种状态的体形美。如雕塑是一种表现力极强的景素，它不仅表现出景物体形的一般外在规律，而且还抓住景物的内涵加以发挥变型，达到表现的艺术效果。而各景素中的植物，其本身的体型就非常多样，加上人们对它的整形加工，使得以植物为主体的园林景观有生气而富有变化。

④色彩光影美　园林作为一种特殊的造型艺术，综合了形象、色彩、声响、气味等多方面的特征，而人眼最敏感的视觉形象是色彩，通过光的反射，色彩能引起人们的生理和心理感应，从而获得美感。在庭园花卉装饰设计时，考虑色彩基本原理和人们不同的色觉（人们对色彩的各种感情反应），科学地、艺术地运用色彩，对完善或提升景观空间的艺术效果具有很重要的作用。尤其是花卉地被的应用设计，色彩设计至关重要。本教材将在下文对色彩配置作详细介绍。

光和影相生并存，庭园以建筑为主体，本身已有光影的变化，加上各景素的投影，使得庭园空间虚实光影变化更加生动，给庭园带来很深的意境，如"疏影横斜水清浅，暗香浮动月黄昏"就是从光影角度形容梅花的美丽姿态，意境深远。光是反映园林空间深度和层次的极为重要的因素，同一个空间，光线不同，带来空间的明暗变化会引起视觉和感觉空间的变化，由明到暗、由暗到明和半明半暗的变化都能给空间带来特殊的气氛，可以使感觉空间扩大或是缩小。

（2）形式美的法则

①统一和变化　任何完美的艺术作品都有若干不同的组成部分，各组成部分之间既有差别，组合在一起后又能形成一个完美的整体，各部分之间的差别是艺术表现的变化，整体性则是艺术表现的统一。有变化又有统一是所有艺术作品表现形式要遵循的基

本原则。在庭园花卉装饰设计时，首先庭园绿化应与主体建筑在艺术风格上保持协调，景观各要素要有一些共同点才能保证整体性，其次景观要素的多样性必然导致艺术表现上的变化，给景观带来视觉上的冲击力和吸引力。如在一个庭园内布置多个建筑，这些建筑采用同种色调，如青顶、红柱、粉墙、红檐（古建风格），虽造型不同，但也能得到统一。在庭园绿化时，常选用体型特征一致的植物来表现统一的园林性格。如国外的墓园常用垂柳、垂皮桦、垂枝雪松、下垂的攀缘植物来体现哀悼、肃穆的性格；国内园林则常用塔形的侧柏、圆柏、龙柏、雪松等表现庄严、肃穆的气氛。虽然园内植物种类多样各异，但有着一些共同的特征，故能体现出整体感，这就是统一和变化的原则。

对比和调和是统一中求变化的手法，对比是把两种性质极端不同的形体组合成图画，显示出强烈的冲击性而产生美感。在庭园设计中，可以从造型、体量、色彩、明暗、虚实、空间开合、质感等方面进行对比，对比关系其实是主从关系，一方优、一方劣，忌两对比要素完全等量。调和是把性质相同或类似的造型放在一起，虽有差异，但给人以和谐的感觉。调和要通过人为计划安排，才能获得调和，不同形体组合在一起，一定要有共通性才能获得调和。园林中通过构景要素中的岩石、水体、建筑、植物等的风格和色调的一致而获得调和。凡用调和手法取得统一的构图，易产生含蓄与幽雅的美。

②比例和尺度　　比例是指景观要素本身、各要素之间、要素与整体之间的长、宽、高尺度是否合宜；尺度是物体局部或整体与人之间的制约（对比）关系。园林设计首先要根据目的考虑主要景物或空间的尺度，一般情况下庭园设计的景物的体量宜采用习见尺度，较易产生亲切感；住宅庭园也可考虑景物的体量略小于习惯尺度，以使人感到小巧、紧凑、倍加亲切，但前提是符合使用功能的要求。而一些细部的尺度如台阶、座椅等，则应根据人体的平均尺度或习见尺度来确定。

比例是人们在长期实践中通过对自然事物的总结抽提出来的，满足视觉要求的具有协调性的物与物的大小关系，具有美的观赏效果。运用到庭园设计中则是在主要景物的尺度确定后，其他景物要和主要景物保持良好的比例关系才能产生园林的美感，主要景物的尺度则是依据整体环境的尺度（空间的大小）来确定的。毕达哥拉斯学派提出的黄金分割率被公认为是最美的比例。黄金分割是指把一条线段分割为两部分，使其中一部分与全长之比等于另一部分与这部分之比。其比值是一个无理数，取其前三位数字的近似值是 0.618，也称为中外比。由于按此比例设计的造型十分美丽，故称黄金比。除了黄金比，等差数列比、等比数列比、斐波那契数列比等也是美的比例。

园林设计在处理各部分比例问题时，常采用无定式，一方面靠设计者的感觉和经验，一方面则依靠这些数学关系的指导。材料、结构、功能会影响比例，不同民族由于文化传统的不同，在长期历史发展的过程中，往往会以其所创造的独特的比例形式，而赋予建筑和园林以独特的风格。总之良好的比例，不单是直觉的产物，还应符合理性。

③均衡和稳定　　自然界静止的物体均遵循力学的原则，以平衡与稳定的状态存在。人们喜欢、习惯均衡稳定的物体，因为它给人们安全感。均衡稳定的造型给人安定、舒适、愉快的感觉，所以园林布置除少数动态造景外（如悬崖、峭壁、将倾古树、奇峰怪石等），一般都力求做到均衡与稳定。

均衡是指物体的各部分在前后、左右、上下等两个相反方面的布局上分量(包括形状、质地、距离、价值等诸要素的总和)处于相对相等的状态。均衡有对称均衡和不对称均衡(拟对称均衡)两种。对称是指由中心设一轴线，左右上下完全同形的均衡，它表现的是物体自身结构的一种符合规律性的存在形式。在园林中，对称均衡是指建筑、地形、植物等要素在布局上以轴对应相等的处理，规则式庭园在整体布局上就是遵循均衡对称的原则。对称的造型给人平静、舒服的感觉(静止美)，感觉庄重、严肃、有秩序、有气魄，但有时显得呆板、不亲切，缺乏动感。常用在需要庄重、严肃、显示雄伟气魄的地方，如纪念性、礼节性场合(如雨花台)、建筑前庭、主要出入口等处。不对称均衡是指两边不对称但总体却处于平衡的状态，如自然风景丰富多彩，很难看到对称均衡，但是处处都显示了视觉的均衡，这就是不对称均衡，是自然界普遍的、基本的存在形式。不对称均衡造型也有安定平稳的美感，由于形状、位置可以任意变化，所以造型生动活泼(动态美)，广泛应用于以东方园林为代表的自然式园林的布置中。要获得不对称均衡可以通过以下途径：一是以对称均衡为基础，改变整个画面中的某一部分；二是确定主体位置后再确定次要位置，如掇山"先立宾主之位，后定远近之形"的手法。

稳定的景物给人安定舒适愉快的感觉，也是园林中广泛应用的手法，园林中常在体量上用下大上小的手法来取得景物的稳定感，如塔、阁等，还常用人们的视感错觉来降低重心，造成心理上的稳定感，如在土山的山麓部分垒砌自然山石，建筑基础部分采用深色的处理等。

④韵律和节奏　也是视觉美感的基本要素之一，是造型艺术获得多样统一的一种手法。韵律原指诗歌中的音韵和节律，在流动的过程中，加以组织和统一，产生运动中的秩序。节奏是音乐术语，音响运动的轻重缓急形成节奏，其中节拍强弱或长短交替出现而合乎一定的规律。园林中的韵律和节奏是由山水、植物、建筑等要素自身的形状、色彩、质感及各要素组合的连续、重复的运用，并在连续、重复中按照一定的规律安排适当的间隔、停顿所表现出来的。韵律节奏是进行有规律的重复，重复中再组织变化。重复是获得韵律和节奏的必要条件，只有简单的重复会感到单调，如重复中加入有规律的变化，就能使园林作品既有韵律感又丰富多彩。如庭园设计中台阶展示的是简单的韵律，带状花境多种花卉高低错落、色彩质地的变化则是起伏和拟态的韵律，整齐规则的景物表现出的韵律，游人一目了然，虽然明显但乏味，而自然景物表现出的韵律，使人在不知不觉中有所体会，比较含蓄、艺术性高。

5.3.2.2　色彩配置

色彩是物质的属性之一，庭园设计除了考虑形态、空间上的布局，还要考虑色彩上的布局。庭园中的各种色彩用于人的感官，能够给人带来不同的心理感受。因此庭园花卉装饰要应景应情，考虑不同的场所精神、不同的观赏者、不同的心理诉求、不同的地理气候、不同的地域来进行色彩配置。

(1) 色彩感觉的一般规律

色彩给人们的感觉是极为复杂的，这和园林色彩配置关系很密切，必须对色觉有所了解。研究色彩的感觉，不能孤立地先从色彩这一角度钻牛角尖，否则往往会得出互相矛盾的结论。如同样的红色，有人看了很兴奋，觉得它有热情、欢腾、强烈、勇敢、喧闹、浓艳的意味，有人看后觉得很害怕，感到恐慌、骚动和不安。所以，研究色觉，一方面要从色彩本身容易引起人们的思想感情的客观反映和一般规律出发，另一方面又必须与具有色彩表现的物体和艺术品的内容及思想主题、人们的联想影响、艺术传统的影响、民族的喜好联系起来综合考虑，这样才能正确地理解。如鲜红的石榴花和鲜红的血迹，给人感觉绝不相同，这就和物体的内容有关。另外，我们民族习惯以素服黑纱表示对死者的哀悼和悲痛，而日本民族习惯以绿色表示哀悼和悲痛。

色彩的温度感觉　在色轮中，以橙色为中心的一半色彩为橙色系，以青色为中心的一半色彩称为青色系。属于橙色系的色相，由于色光的波长较长，伴随的温度效应高，所以波长大的色光所引起的色觉给人以高温的感觉，另外加上日常生活中对火光、阳光的联想也增加对橙色系的热感，所以橙色系又称暖色系。属于青色系的色相，由于色光的波长较短，伴随的温度效应低，所以波长小的色光会带来低温的感觉，加上人们对冰色、水色、夜色、阴影的联想，使我们对青色系产生冷感，故称为冷色系。庭园春秋宜多用暖色花卉，严寒地区更宜多用，夏季宜多用冷色花卉；如果暖色、冷色花卉材料有限，可用白色的花(白色具有加强邻近色调的能力)。另外两个补色配在一起，可以中和温度感。如早春把冷色花卉(如三色堇)和橙色花卉(如金盏菊)配合，则不觉寒冷。

色彩的运动感觉　橙色系色相伴随的运动感觉较强烈，易引起骚动的感觉。青色系色相伴随的运动感觉较弱，易产生宁静的感觉。同一个色相中，明色调运动感强，暗色调运动感弱。同一色相，饱和的运动感强，不饱和的运动感弱。互为补色的两个色相组合时，运动感最强烈。庭园的活动场地附近宜多选用橙色系花卉或色相对比强的花卉，以烘托欢乐、活跃、轻松、明快的气氛。而在安静休息处则不宜用对比过于强烈的花卉，以免破坏宁静的气氛。

色彩的距离感觉　由于空气透视的关系，暖色系的色相在色彩距离上，有向前及接近的感觉，冷色系的色相有后退及远离的感觉。大体上同一色相饱和度大的则近前，饱和度小的则退远。同一色相，最明色调及最暗色调近前，灰色调退远。饱和的两个补色配在一起，色相的主观距离接近。在庭园设计中运用，如实际的景观空间深度感觉力不足，为了加强深远的效果，作背景的树木宜选用灰绿色或灰蓝色的树种，如雪松、水杉、柳等。

色彩的方向感觉　橙色系的色相有向外散射的方向感，青色系的色相有向心收缩的方向感；白色及明色调呈散射的方向感，黑色及暗色调呈吸收的方向感；亮度强的色彩呈散射的方向感，亮度弱的色相呈吸收的方向感。饱和的色相比不饱和的色相散射方向感强，饱和的两个补色配置在一起，呈较强的散射。如在草坪上布置花坛或花丛等，可以用具白色的、饱和色的、亮度强的花卉种类，这样可以以少胜多与草坪取得均衡。

色彩的面积感觉　运动感强烈、亮度强、呈散射运动方向的色彩，在主观感觉上会产生面积扩大的错觉；运动感弱、亮度低呈吸收方向的色彩，相对地会产生面积缩小的错觉。橙色系的色相主观感觉上面积较大；青色系的色相主观感觉上面积较小。白色及明色调的主观感觉面积大于黑色及暗色调的面积。互为补色的两个饱和色相配在一起，双方的面积感更大。物体受光面积感觉较大，背光则较小。园林中水面的面积感觉比草地大，草地又比暴露的土地大。受光的水面和草地比不受光的面积感觉大，在面积较小的庭园中水面多，或色彩构图白色和明色调成分多，比较容易产生面积扩大的错觉。

　　色彩的重量感觉　不同色相的重量感与色相间亮度的差异有关，亮度强的色相重量感小，亮度弱的色相重量感大。红色、青色比黄色、橙色更厚重。白色的重量感比灰色的轻，灰色又比黑色轻。同一色相中，明色调重量感轻，暗色调重量感重。色彩的重量感对园林建筑的设色关系很大，一般说来，建筑的基础部分宜用暗色调，显得稳重，建筑的基础栽植也宜多选用色彩浓重的植物种类。

　　（2）庭园植物色彩配置

　　庭园设计中对色彩表现的基本要求是对比与和谐。在景观空间的色彩表现不是由某个单一因素构成的，它是由天然的、人为的、有生命的和无生命的许多因素综合构成的，在进行色彩配置时，必须将各类要素的色彩在时空上的变化作综合考虑才能达到完美效果。色彩配置，是指可以受人摆布的色彩因素而言，但同时也要考虑那些不以人们的意志为转移的客观色彩因素，使两者很好地配合，在庭园装饰设计时，色彩配置主要针对植物、建筑小品、道路等要素的色彩处理，其中植物的色彩配置是重点。常用的处理方法有：单色或类似色处理、多色处理、对比色处理、渐层处理及中性色的应用。

　　单色或类似色处理　单色处理是指使用一种色相的明暗、深浅的变化来配色，这种处理比较容易起到和谐、统一的效果。主要应用在主景形态轮廓丰富及要求配景色彩简洁的园林局部，给人的感受是单纯、大方、宁静、豪迈、有气魄。如在花坛或花境内只种同一色相的花卉，盛花期时，效果比多色花坛更引人注目。适合作单色处理的花卉为生长低矮、开花繁茂、花期长而一致的草花及木本花卉中先开花后展叶的植物。园林中绝对单色的空间是不存在的，就一种色相而言，其变化就很大。如绿色用孟氏系统分类有 3 种间色（类似色）、9 种明度和 5 种纯度的等级变化，总共至少有 135 种不同色泽的绿色，加上光源色和环境色的影响，变化就更丰富，所以单色处理就包含着类似色的处理。

　　多色处理　单色彩的庭园空间是不存在的，而多色彩的空间却到处皆是。多色处理特点是对组成景物的群体运用多种多样的颜色。如白色的花架，栽以淡绿色的紫藤，开着紫色的花，后有暗绿色的针叶树作为背景，即为多色处理；成片栽植色相不同的同种花卉或花期一致的不同花卉，构成花境或花坛，这也是多色处理。多色处理给人感觉生动活泼，但是一种较难处理的配色方法，处理不好会导致色彩杂乱无章，把握好了则可以使画面灿烂华丽。在运用多色处理的时候应注意各种色彩的面积（量）不可等量分布，要有主次，要做到多样统一。多色处理中有调和色也有对比色，调和色的应用是大量的，对比色是少量的，这样才能获得色调上的统一。

　　对比色处理　色相环上，间隔越大的颜色，对比也越强烈，相隔 180° 的颜色互为补色，对比最为强烈。两种互为补色的对比色配在一起，由于对比使彼此的色相都得到加强，其效果鲜明活泼，往往更能引起人们的注视。但运用不好容易产生失调或刺目，即对比强烈的色彩并不能引起我们的美感，只有在对比有主次之分的情况下，才能协调到同一个园林空间中。对比色适用于花坛，在出入口用类似的手法来吸引游人驻足观赏。但是搭配不当，效果也较难控制，因此在运用对比色植物时，更需注意配色设计，这不仅关系到植物和植物之间，有时还涉及周边的环境。需要根据园林绿地功能要求、环境条件选择色彩，如果在大环境中运用得当，会取得明快、悦目的艺术效果。如紫色三色堇与黄色金盏菊组合的花坛，或在草坪上栽植红色碧桃、红枫等色叶植物，都会收到强烈而活跃的效果；大片的蓝紫色植被，点缀金黄色或橙红色的花卉，会取得金灿瞩目的艺术效果。模纹花坛就可利用对比的方法来突出模纹的图案化效果；小庭园用冷色系或纯度小、体量小、质感细腻的植物，点缀对比色花朵，可以削弱空间的拥塞感，这里运用了色彩的距离感觉和对比色的处理。

渐层处理 渐层是指某一个色相由深到浅、由明到暗或相反的变化，或者由一种色相逐渐转变为另一种色相，也称层次配色，包括色相和色调按照一定的次序和方向进行变化。渐层处理多用于同一空间的景物相互过渡，如花坛、花境沿着长轴方向进行渐次变化，或由中心向外围变化。同一色相在明度和饱和度上的渐层变化给人以柔和和宁静的感觉，从一个色相逐渐转变为另一色相，既调和又生动。具体配色时，应把色相变化过程划分若干个色阶，取其相同 1~2 个色阶的颜色配置在一起，不宜取相隔太近或太远的。

中性色的应用 黑白灰和金属色属于中性色，在庭园花卉装饰时，要注意白色的运用。白色是冷与暖之间的过渡色，明度高，常给人以纯洁、干净、明快、简洁的感觉。植物的白色主要体现在白色或近乎白色的植物器官上，如白色花朵和灰色植物叶片（如雪叶菊）。植物造景中白色常作为一种调和色进行应用，当颜色不调和时，加入白色可以达到协调的作用；当明度或彩度十分强烈时，会让人感到耀眼而失去调和，此时混入白色花卉，即能获得缓解，重新达到和谐。白色花卉既可配在色带或色块之间，也可以混植在色带或色块之中。在植物配置时，白色花卉对园林色彩的调和起到重要作用，暗色调花卉中混入适量白色花卉，可使色调明快，而暖色花卉或冷色花卉中混植白色花卉都不会改变其原来的色感。如像紫色的矢车菊色调偏暗，植入白色花卉即可使色调明快起来；又如黄色万寿菊与蓝紫色三色堇配置对比强烈，混入白花可使对对缓和而趋向于调和。自然界中的灰色可以使人产生空虚、迷茫及远离的感觉，是很好的背景。灰色的银叶菊作花坛或是花境的镶边时，可以使其边缘有后退感。

5.3.2.3 空间布局和质地配置

庭园环境是空间环境，庭园空间由于主体建筑的关系，其绿化空间必然和建筑空间相联系。和其他园林空间一样，庭园绿化空间有开敞、闭锁和纵深空间之分。庭园绿化空间布局首先应结合空间的功能（适用性）来确定空间类型，如公共活动场所，应以开敞空间为主，庭园纵深空间往往是通道，闭锁空间通常是私密安静之处；其次应考虑不同空间的营造方法和手段，尤其是运用观赏植物形成空间的界面，在庭园空间里，既要考虑植物、建筑、山石、水体等要素平面上的相互关系，不同形体组合在立面上形成的天际线和立面轮廓线，同时也要利用要素组合在立体上的高低和层次结构关系营造多样变化的空间；另外应考虑庭园空间序列的组织，做到开、闭、聚、畅适当，主次分明，形成完整的空间序列，注意不同类型和不同大小空间的组织和转换。

庭园绿化设计还要注意植物的质地配置，质地也是物体的属性之一，质地粗的材料使人感觉稳重、古朴，有向外扩散的感觉；质地细致的材料使人感觉轻松，有向内收缩的感觉。质地粗细对比可以丰富景观。从质地上讲，小空间应尽量使用质地细腻、色彩较浅的植物，给人以面积扩大感；而大片栽种或被用作界定空间、引导路径时，可选质地粗糙者；若要形成强烈对比时，则应粗细搭配。

5.3.3 适用性原则

适用是园林设计的基本原则之一，庭园绿化设计应满足庭园的功能要求。庭园根据主体建筑的性质来划分，可以分为住宅庭园、公共建筑庭园、企事业单位庭园等类型，这些不同类型庭园的使用功能差别很大。如住宅庭园中的私家庭园，根据对欧美独立住宅的统计，私人庭园是家庭住宅基地中重要的使用场地，其使用的频度排序大致是：起居、游戏、室外烹饪和就餐、晒衣、园艺、款待朋友和储存杂物。3 岁以下的孩子，将在庭园内度过其大部分的户外时间。而在现代的生活中，人们更多的是通过庭园来与自然交流。在绿化设计时，则应考虑这些功能的实现，而非单纯地考虑观赏的功能。

5.4 庭园花卉装饰应用和设计

在庭园绿化中，花卉常常是重要的植物材料，庭园中或是应用各种花卉营造出各式各样图案化的装饰性景观，或是以花卉为主体布置五彩缤纷、富有生命的花园。这些花卉对创造和谐生态、活跃环境气氛，以及启迪人们的思想情感都有重要意义。庭园花卉装饰的常用手法有花坛、花境、花台、花池、花箱、花丛、花群，以及运用花卉进行垂直绿化和基础种植等。

5.4.1 花坛

花坛(flower bed)是观赏园艺中花卉装饰应用最主要的方式之一。最初的含义是在具有几何形轮廓的植床内，种植各种不同的观花或观叶的观赏植物，或是观赏盛花时的绚丽景观，或是运用花卉群体来展示华丽的图案。《中国农业百科全书·观赏园艺卷》中，花坛的定义是："按照设计意图在一定形体范围内栽植观赏植物以表现群体美的设施"，此定义涵盖的范围相当广泛。花坛既有醒目的色彩也富有装饰性，在庭园绿化中常作主景或配景。

5.4.1.1 花坛装饰的特点

花坛是花卉装饰应用的一种特定形式，具有以下特点：① 花坛一般具有一定几何形的栽植床，属于规则式种植设计，多用于规则式园林构图中；② 花坛主要表现花卉组成的平面图案或立体造型，以及华丽的组合色彩美，主要观赏群体美；③花坛多以时令性花卉为主体材料，因而需随季节更换材料，保证最佳的景观效果。气候温暖地区也可用终年具有观赏价值且生长缓慢、耐修剪可以组成美丽图案纹样的多年生花卉(观叶)及木本花卉组成花坛；④花坛形式上有平面、斜面、立面及三维空间多种设置，观赏角度有多方位的仰视、俯视与远望，给视觉以多层次的立体感；⑤花坛可用于室外庭园花卉装饰，也可用于室内的花卉装饰或展示。

5.4.1.2　花坛的类型

花坛因种植植物所表现的布局方式、花卉结构、主题方式、观赏性等不同，可分为独立花坛、带状花坛、花坛群、花丛花坛和模纹花坛等。在实际的装饰应用中，根据需要，可采用单一类型或几种类型组合的表现形式。

(1) 根据布局方式进行的分类

① 独立花坛　花坛作为局部构图的主体，在庭园中通常布置在建筑广场的中心、入口广场及大型公共建筑的正前方等处。独立花坛种植材料常以一、二年生或多年生的花卉植物及毛毡植物为主，其形状多种多样，长轴与短轴之比一般以小于2.5为宜。小的独立花坛多采用花丛花坛，大的多采用图案花坛。考虑到最佳视距和完整的观赏效果，平面的独立花坛面积不可太大。

② 带状花坛　花坛平面宽度在1m以上，且长度为宽度的3倍以上者称带状花坛，其中除使用草本花卉外，还可点缀木本植物，形成数个近似的独立花坛连续构图。常在城市园林绿地中常作主景使用，多布置在主干道路中央或街道两侧、公园主干道中央。在庭园中也可作配景布置在建筑墙垣，作为建筑物的基部装饰或草坪的边饰物。较长的带状花坛可以分成数段，以树墙、围墙、建筑为背景的长形带状花坛又称境栽花坛。带状花坛一般采用花丛式种植。

③ 花坛群　由两个以上的个体花坛组成一个不可分割、构图完整的花坛整体。花坛群的中心可以是水池、喷泉、雕塑、纪念碑等，也可以是别具一格的独立花坛。花坛群常用在大型建筑前的广场上或大型规则式的园林中央。由几个花坛群组合成为一个构图完整的整体，称为花坛组群。通常布置在城市大型建筑广场，或大规模的规则园林中，其构图中心常以大型雕塑、水池、现代喷泉、纪念性建筑为主。花坛组群规模巨大，除重点部分采用花丛式、图案式花坛，其他多采用花缘镶边的草坪花坛，或由常绿灌木矮篱组成图案的草坪花坛。大规模的花坛群内可设置铺装地、道路、座椅、花架等，供游人入内游览休息。

在实际应用中常将独立花坛、带状花坛或花坛群组合装饰，如连续花坛群和连续花坛组群等。由多个独立花坛或带状花坛直线排列成一行，组成一个不可分割、有节律、完整的构图整体，常称为连续花坛群。一般常布置在大型规则式园林中、大型建筑广场上、道路和游憩林荫路或纵长形广场的长轴线上，并配置水池、喷泉、雕像、彩灯、立体花台等组成一个沿直线方向演进的连续完整的景观，以强调的装饰过程（起点、高潮和结尾）和某些主题。在宽阔雄伟的石阶坡道中央或遇地形变化也可布置连续花坛群，呈平面或斜坡状造型。由许多花坛群成直线排成一行或几行，或由几行连续花坛群排列起来，组成一个沿直线方向演进的、有一定节奏规律的、完整的构图整体时称为连续花坛组群。

(2) 根据种植方式和观赏主题进行的分类

① 花丛花坛　又称盛花花坛、集栽花坛，以观赏花卉群体的华丽色彩为主，花坛内种植花期一致、开花茂盛的一、二年生花卉，一种或多种，以观赏花色为主，图案次

之。在城市公园中、大型建筑前、广场上人流较多的热烈场所应用较多，常设在视线较集中的重点地块。花丛式花坛要求色彩明快、搭配协调，主要表现花卉群体色彩美，四季花开不绝，因此必须选择生长好、高矮一致的花卉品种，含苞欲放时带土或倒盆栽植。常以开花繁茂、色彩华丽、花期一致的一、二年生的花卉为主体。

② 模纹花坛　又称镶嵌花坛、图案花坛。是用各种不同色彩的观叶、观花或花叶兼美的观赏植物，配置成各种美丽的图案纹样。在城市园林绿地中常作配景使用，以华丽的图案为观赏主题。模纹花坛根据内容纹样和景观效果不同又可分为毛毡模纹花坛、浮雕模纹花坛、飘带模纹花坛、结子花坛等类型。

毛毡模纹花坛　是在花坛中用观叶植物组成各种精美的装饰图案，表面修剪成整齐的平面或曲面形成毛毯一样的图案画面。

浮雕模纹花坛　是在平整的花坛表面修剪出具有凹凸浮雕的花纹，凸的纹样通常由常绿小灌木修剪而成，凹陷的平面常用草本观叶植物。

飘带模纹花坛　是把模纹修剪呈细长的飘带状，常用在严肃的大门或道路两侧。

结子花坛　将花坛中的观叶植物修剪成模拟绸带编成的结子式样，图案线条粗细相等，线条之间常用草坪或彩砂为底色。

③ 标题式花坛　运用观叶、观花植物组成有思想主题的图案，如修剪成文字(标志、标牌、标语等)、肖像、动物、时钟等形象，和模纹花坛不同的是，标题式花坛具有明确的主题思想，而模纹花坛的图案多突出装饰效果，并无明确的主题。标题式花坛最好设在有一定角度的斜面上，以便于观赏。

④ 立体花坛　是指具有一定的几何轮廓或不规则自然形体，按艺术构思的特定要求，用不同色彩的观花、观叶植物，构成立体的艺术造型。如创造时钟、日晷、日历、饰瓶、花篮、花瓶、建筑、动物形象、几何造型或抽象式的立体造型。随着现代科技的发展与人们审美情趣的变化，有关立体花坛的定义也被赋予更新的内容。国际立体花坛委员会对立体花坛的定义是：立体花坛是由一年生或多年生的小灌木或草本植物进行多组立体组合而形成的艺术造型，它代表一种形象、物体或信息。立体花坛作品包括二维和三维两种形式。在制作过程多使用钢制结构等为立体造型骨架，但立体花坛主体不允许采用在植物生长到一定年份时修剪出形状的方法。立体花坛常布置在公园、庭园游人视线交点上，作为主景观赏。

⑤ 沉床花坛　是设在低凹处的花坛(群)，它最有利于观赏者居高临下观赏。

⑥ 混合型花坛　不同类型的花坛，如花丛花坛与图案花坛、平面花坛与立体造型花坛的组合装饰；以及花坛与雕塑、水景等结合形成的综合花卉装饰景观。

此外，根据植物种类、观赏期等，还可分为一、二年生花坛，球根花卉花坛，宿根花卉花坛，五色草花坛，永久性花坛，半永久性花坛，季节性花坛，混合式花坛等。

5.4.1.3　花坛设计要点

(1)形式与功能

从景观效果来看，作为主景处理的花坛应外形对称，其轮廓通常与广场等环境空间的外形相一致协调，但在细节上可有变化，使构图显得生动活泼。花坛纵横轴与广场或建筑物的纵横轴相重合，或与构图的主要轴线相重合。作为配景处理的花坛，通常以花坛群形式配置在主景主轴两侧。如主景是轴对称的，作为配景的个体花坛，只能配置在对称轴的两侧。其本身最好不对称，但必须以主轴为对称轴，与轴线另一侧的个体花坛取得对称。

花坛无论是模纹式或是花丛式，作为主景雕像、喷泉、纪念性建筑的基础装饰时，则应处于从属地位。花纹色彩配置应恰如其分，与主题映衬，切忌喧宾夺主，宜种低矮型草花。

为减少改样变形，可把模纹花坛设立在斜面上，斜面上地面的成角越大，图案变形越小，为了不致土壤崩落，植物栽植的最大倾斜角一般为60°，花坛外围还要用木框固定，以免土壤崩落。一般可布置在倾斜度小于30°的斜坡上。

(2) 大小与立面处理

花坛大小和高度与装饰的效果有很大关系。花坛面积一般不超过广场面积的1/5～1/3，作为观赏用草坪花坛面积可稍大些，华丽花坛的面积比简洁花坛的面积应小些，尤其是图案纹样精细的花坛，面积越大，观赏到的图案变形越大。在行人集散量、交通流动量很大处，花坛面积亦可小些。

作为个体花坛，面积不宜过大，一般图案花坛直径或短轴应不大于8～10m，图案简单的花丛式花坛为12～20m之间，草皮花坛可大一些。为了减少图案花坛纹样的变形并有利于排水，常把花坛中心堆高，形成四面坡，坡度一般为4%～10%。

花坛以表现平面图案为主，一般情况下，其主体高度不宜超过人的视平线，中央部分可以高些，从排水要求和防止践踏角度来看，花坛种植床应略高于地面，一般以高出地面7～10cm为宜。种植床周围用石、砖或木质材料围起来，使花坛有明显的轮廓，防止车辆驶入和泥土流失污染地面。种植床围缘的材料很多，除了水泥预制、铁管焊接外还有卵石、空心砖、木制、空瓶子等，通常高为10～15cm，不超过30cm，宽度为10～30cm；形式宜朴素简洁，色彩应与广场铺装材料相协调，带图案的材料也能起到美化装饰的作用。

种植床内种植土厚度，一年生花卉及草皮为15～20cm，多年生花卉和灌木为35～40cm。

(3) 形状和色彩

花坛的外形设计应和环境相协调，可以随机应变，因地制宜。在庭园中由于面积较小，多采用圆形、椭圆形、方形或云形(流线型)等。不必为纯几何形，可以为几何组合形。边缘处理既可以简单，也可以结合座凳、雕塑小品等进行，使花坛在绿地环境中更具观赏性和实用性。

花坛的内部图案纹样设计应根据花坛类型不同来进行，花丛花坛的图案纹样应主次分明，以简洁为主；模纹花坛外形轮廓宜简洁，内部纹样则应该丰富和精致，其风格应该和周围建筑或是主景的风格保持一致。通常花坛的装饰纹样可以借鉴各民族的艺术图案，如云卷纹、花瓣纹等，以装饰物为图案纹样的，如日晷、时钟等。图案纹样要精致准确，标题式花坛则是以文字、徽标、标记等作为图案。另外为了保证纹样清晰，要注意纹样的宽度不可太细，通常由五色草类组成的花坛纹样最细处不能小于5cm，其他花卉组成的纹样最细应在 10cm 以上，常绿灌木组成的纹样最细不少于 20cm。

花坛的效果显现还应注意色彩的设计，花坛色彩搭配要求明快舒适，主次分明，一般选择 1~3 种主要花卉为主色调，占大块的面积，其他颜色的花卉则为衬托，起勾画图案线条轮廓的作用，花色不可过于繁杂，无论是采用类似色或是对比色处理，应注意不同色彩的花卉数量不宜相等，应有主次之分，才能收到较好效果。另外花坛的配色还应注意环境的氛围和背景的色调，一般住宅庭园以淡色、调和色进行配色，显得安静优雅。花坛的主色调应和背景取得对比，如白色背景前的花坛宜布置色彩鲜艳、饱和度高的色彩作为主色，而暗红色墙体前的花坛则应选择黄色、白色等明度高的颜色作为主色调。

（4）立体花坛设计和建造

和平面花坛相比，立体及半立体花坛的设计及建造均比较复杂。在进行立体花坛的营建时，不仅要仔细考虑花坛的立意主题、设计理念以及造型的大小比例，还要考虑花坛所处的环境条件，从而选择适宜的植物材料来达到设计效果。其设计和建造是一个多工种密切配合、高度脑力劳动和体力劳动相结合的系统工程。第一步是根据环境特点设计出布置图，计算花卉、植物的用量；第二步是制作大小适度、轻质高强度、承重合理的骨架；第三步是花卉摆放、镶嵌。目前国内运用较多的是以下几种方法：

①单元组合拼装法 传统方法是以钢筋按盆花容器的大小制作成方格或圈状的固定网架。将事先培育在塑料容器中的植物材料，按设计图组合而成，形式方便灵活。如果采用花球、卡盆、吊篮等预制件形式，可以设计出更加丰富的造型，施工方法也更为方便。

②植物栽植修剪法 用钢材按造型轮廓形成骨架固定在地面的基础上；然后用铅丝网扎成内网和外网，两网之间的距离是 8~12cm，外网孔为 20~30cm，网间填入营养土，然后均匀戳洞栽植植物，并及时浇水及修剪，形成立体的花卉造型。

③胶贴造型法 用干花、干果及种子为材料，在钢制骨架上蒙上铁丝网，以粉水泥、石灰等塑造形体，然后用胶将植物材料粘贴上，并进行喷漆着色，质感强烈，具有突出的雕塑效果。

④绑扎造型法 以框架及扎花两大工序来完成独具一格的植物圆雕或浮雕效果。框架一般由模型框架（即设计形象的主体）、装盆框架（放置盆花）、礼花篾网（固定花材的茎叶，保持编织图案的稳定)3 部分组成，以小型盆花作为基础单位来完成造型要求。

⑤插花造型法 通常以金属材质做出造型框架，内部填充吸水的花泥，然后将鲜切花插入花泥而形成的立体花卉造型。这种方法简便省工，但花卉保持的时间较短。

⑥镶嵌方法 是现今运用最广泛的花卉立体装饰技术，它主要由造型骨架、盆花和灌溉系统 3 部分组成。

造型骨架是根据设计主要用多种金属等坚固材料焊接或绑扎成的有立体图案的外形框架。它由承重骨架和夹层骨架两部分组成。夹层就是镶嵌盆花的位置，处于整个骨架的表面，其厚度根据花盆的高低而定，一般 12~15cm。在较为先进的花卉立体造型中，夹层由钵床和卡盆代替。有些造型骨架还包括一些辅助性骨架，如花柱、花墙里起支撑、平衡作用的脚手架。

立体造型的盆花位于整个造型的外表面，根据设计要求，选择不同种类或同一种类不同花色、高度的盆花，按照预定的设计图案镶嵌预夹层中来达到最终的装饰效果。

花卉立体造型中，最早使用的灌溉方法是人工灌溉，但由于盆花所处的高度、角度的不同，有些部位人工根本无法灌溉，效果不佳。昆明世博会首次利用分水器，彻底解决了灌水施肥问题，但总体造价昂贵、推广难。自 2001 年起，四川绵阳市园林局绿化工程队探索出一种经济又实用的浸水浇灌法，得到全面推广使用。即在骨架内绑上细小的塑料水管，在水管上用针头刺出数量不等的小孔，然后用水泵抽水灌溉，既节省了人力，又节约了水资源。灌溉系统的安装应注意以下几点：供水水压与水压力应保持平衡；供水管应分布均匀；防止泥土堵塞小孔；使用分水器，滴箭应安装于盆土表面；大型立体造型主管应分区域供水，随时检查供水管是否能正常运行。

5.4.1.4　花坛植物的选择

花坛植物的选择和种植应因地、因材制宜，随机应变，只要美观大方，生动活泼，简洁雅致即可。花丛花坛主要由观花的一、二年生花卉和球根花卉组成，也可使用花量较大的多年生花卉。要求花色艳丽，花丛整齐，花期长且较一致。如三色堇、百日草、金鱼草、金盏菊、一串红、鸡冠花、鸢尾类、郁金香、美人蕉、大丽花、紫罗兰等都可用于花丛花坛的布置。花坛中心植物应具有一定的高度，花叶美丽，株型圆润，姿态美丽规整，常用的有蒲葵、棕榈、橡皮树、棕竹、苏铁、加拿利海枣、含笑、石榴、散尾葵等。

对于种植养护人力和技术条件较差的地区，花坛植物应少用速生草花。模纹花坛和立体花坛需要长时间维持图案纹样清晰和稳定，其主体植物材料也应选择生长缓慢的多年生草本或木本植物，要求植株低矮、分枝密、发枝强、耐修剪、枝叶细小。立体花坛对花卉的要求如下：①开花整齐一致，株型矮小紧凑，盛花时花能覆盖叶片；②抗逆性强，管理较为简单，特别以高湿环境下不易感病或花冠不易腐烂的品种为佳；③株型大小一致，花小而多，花色丰富鲜艳且花期较长的杂交草花品种。适宜的品种有：夏秋用四季海棠、非洲凤仙、小菊等；冬春用羽衣甘蓝、雏菊、三色堇、报春花、瓜叶菊、矮牵牛、长春花、美女樱、金盏菊(矮生品种)、石竹等；而常用的观叶植物有虾钳菜、红叶苋、半边莲、半支莲、香雪球、矮藿香蓟、彩叶草、石莲花、五色草、松叶菊、景天等。尤其是毛毡花坛，最好选择观赏期长的五色草，花期长的凤仙类、四季秋海棠也是很好的用材，或选择整形观叶常绿灌木，如红花檵木、火棘、黄杨等。我国立体花坛造景中常见植物材料见附录 1。

作为花坛边缘的植物材料要求低矮、株丛紧密、枝叶美丽，稍微匍匐或下垂，尤其是盆栽花卉花坛，下垂的镶边植物可以遮挡容器，保证了花坛的整体美观，常用的镶边植物有半支莲、垂盆草、天门冬、雪叶菊等。

5.4.2　花境

花境起源于英文 flower border 一词，译作花境或花径。花境的传统概念是模拟自然界林缘地带各种野生花卉交错生长的状态，以宿根花卉、花灌木为主，经过艺术提炼而成宽窄不一的曲线或直线式的自然式花带，表现花卉自然散布生长的景观。顾颖振、夏宜平等从造景设计角度对花境的定义是：以宿根花卉、花灌木等观花植物为主要材料，自然斑状的形式混合种植于林缘、路边、墙垣以及草坪中央，在株高、色彩和季相上达到自然和谐的一种园林植物造景形式。花境是一次设计（种植），多年使用，并能做到四季（三季）有景，既有优美的景观效果，还具有分隔空间和组织游览路线的功能。花境多布置在建筑或围墙墙基、道路沿线、挡土墙、栏杆及植篱前、草坪及树丛的边缘或林下溪边路缘。近年来，花境这种园林应用形式逐渐被人们认识和接受，在我国园林绿地中的应用越来越普遍。

5.4.2.1　花境装饰的特点

通常认为花坛是一种规则式的花卉应用方式，而花境是自然或半自然式的布置方式。花境主要具有下列特点：①花境主要表现花卉群丛平面和立面整体的自然美，从平面上看，是各种花卉的块状混植；从立面上看，则体现各种花卉的高低错落排列。②花境的种植床两边的边缘线是连续不断的平行直线或是有轨迹可寻的曲线，是沿长轴方向的动态连续构图。③单面观赏的花境要有带状背景，背景可以是围墙、绿篱、树墙等。④花境内部的植物配置是自然的斑块式混交。⑤花境既能表现植物个体的自然美，又展示了植物自然组合的群体美。⑥花境要形成丰富的季相景观，四季（三季）有景可赏，每季有 3~4 种花卉开花，形成当季的主基调。

5.4.2.2　花境的类型

花境的分类标准很多，既可根据花境的植物材料来分，也可按照应用场所分类，还可以根据植物生物学特性或者环境条件等因素进行分类。

（1）按植物生物学特性分类

① 草本花境　植物材料以多年生草本花卉（包括宿根和球根花卉）和一、二年生花卉为主，常在春夏秋三季成景的花境形式，是较早出现的花境形式，也称草花花境。近年来欧美园林十分流行一种植物造景形式——观赏草花境，这种花境以各种多年生观赏草为主营建，观赏草主要是禾本科植物，也包括部分莎草科、灯心草科、花蔺科等植物。

② 灌木花境　花境内所用的观赏植物全部为灌木，以观花、观叶或观果且体量较小的灌木为主。

③ 混合花境　以草本植物和木本植物为素材，用攀缘植物、观赏草作为框景植物，选用一、二年生，宿根草本和球根花卉作为主要开花植物，将不同质地、株形和色彩的植物混合配植，以营造周年变化的景观。

④ 专类花境　由一类或一种植物组成的花境。如由叶形、色彩及株形等不同的蕨类植物组成的花境，由不同颜色和种类（品种）的鸢尾属植物组成的花境。专类花境要求在同一类植物中，其变种和品种类型多，花期、株形、花色等观赏内容上要有丰富的变化，这样才有良好的效果。针叶树花境也是国外园林植物景观中新兴的布置形式，专指以松柏类针叶树为主要造景元素，利用植物材料的常绿性及相对草本花卉生长缓慢的

特性，通过布置不同特色的针叶乔灌木所营造的主题明确、景观持续性强的花境形式。

(2) 按应用形式分类

根据花境在园林应用的不同形式，可以分为林缘花境、路缘花境、墙垣花境、草坪花境、滨水花境等。

① 林缘花境　主要在风景林的林缘配置，多以常绿或落叶乔灌木为背景，呈带状分布，常作为与草坪衔接的过渡植物群落，是目前应用较广泛的花境形式。林缘花境在丰富林带的背景色彩，平衡林冠线，连接周围自然风景等方面具有重要的作用，适宜远观，能体现气势。

② 路缘花境　园林中游步道旁边的花境，可以单边布置，也可以夹道布置，若在道路尽头有雕塑、喷泉等园林小品，可以起到引导空间的作用。路缘花境是路边乔木、草坪与园路的良好过渡，人们可以漫步其中而近观。目前也有在公路隔离绿化带中设置花境的，既有隔离作用又很好的美化装饰效果。

③ 墙垣花境　墙缘、植篱、栅栏、篱笆、树墙或坡地的挡土墙以及建筑物前的花境，统称为墙垣花境，多带状布置。利用植物材料生长性强、管理粗放的优势，可以柔化建筑物生硬的边界，弥补景观的枯燥乏味，并起到基础种植的作用。

④ 草坪花境　位于草坪或绿地中央，中间高四周低矮，多为双面或四面观赏的独立式花境。既能分隔景观空间，又能组织游览路线，也为柔和的草坪绿地增添活跃的气氛。

⑤ 滨水花境　或草坡与水体衔接处，或水体驳岸边，以多年生花卉结合湿生植物布置花境，并配置各类乔灌木以丰富景观层次，形成滨水景观美丽的风景线。

(3) 按观赏角度分类

①单面观赏花境　常以建筑物、矮墙、树丛、绿篱等为背景，植物配置在整体上呈现前低后高的格局，高大植物作背景，低矮植物镶边，供游人单面观赏。

②双面观赏花境　多设置在道路、广场和草地的中央，植物种植总体上以中间植物最高，向两边逐渐降低，但其立面应该有高低起伏的轮廓变化；高度一般为 4～6m；这种花境没有背景。

③对应式花境　在广场、草坪、建筑等规则场地的两侧，呈左右二列式对应的两个花境。

(4) 其他分类方法

根据花境的立地条件不同，还可以分为阳地花境、阴地花境、黏土花境、砂土花境、湿地花境等多种形式；还可依据花期的不同，分为早春花境、春夏花境和秋冬花境等，也可进一步细分为初夏花境、仲夏花境、冬季花境等；根据不同的花色，可以分为单色花境、双色花境和多色花境。

5.4.2.3 花境设计要点

花境可应用在公园、景区、道路绿地、庭园中，在庭园中可以在布置在路旁、墙边、草坪上，既有造景的功能，同时还可分隔空间，起到空间过渡等作用。

(1) 种植床设计

朝向　单面观赏花境和双面观赏花境可以自由选择朝向，对应式花境为了使左右两个花境光照均匀，植物生长良好，要求长轴沿南北方向展开。

大小　花境的规模大小取决于环境空间的大小，要因地制宜，考虑游人的视觉要求和观赏效果，花境大小要与背景的高低和道路的宽窄成比例，即墙垣高大或道路很宽时，花境应宽些。花境是带状的，其种植床的两个长边是平行或是近于平行的直线或是曲线，长度不限，但是为了管理方便和体现花境整体景观的韵律感和节奏感，可以对过长的种植床进行分段，每段长度不大于20m，每段之间留1～3m的距离，这个地段可以空白，也可以布置园林小品。花境应有适当的宽度，太窄则不易展示花卉群落的景观，过宽则管理不便，通常双面观赏花境要比单面观赏花境宽，混合花境比草花花境宽，单面观混合花境一般宽4～5m，单面观草花花境宽2～3m，双面观草花花境宽4～6m，在面积较小的庭园中花境宽度一般为1～1.5m，不超过庭园宽的1/4。花境不宜离建筑物过近，一般要距离建筑物40～50cm，较宽的单面观草花花境的种植床和背景之间可留出70～80cm的小路，以便于管理。也可在花境边缘和周围分界处40～50cm深的范围内以金属或塑料板隔离，防止植物侵蔓。

种植床高低和边缘　种植床根据土壤条件及装饰要求可设计成平床或高床，保持2%～4%的排水坡度，在土壤排水良好地段或布置于草坪边缘的花境宜用平床，床面后部稍高，前缘和道路或草坪相平，多用15～20cm高的低矮植物进行镶边，如马蔺、沿阶草、葱兰、韭兰等。高床多用在排水差的土壤或布置在阶地、挡土墙前的花境，高30～40cm，边缘可用自然的石块、砖头、碎瓦、木条等垒砌，也用蔓性植物覆盖边缘石，显示柔和的自然感。

(2) 背景设计

单面观赏的花境需要背景，背景色彩以绿色或白色为好，可以衬托花境丰富的色彩变化和优美的线条和体形美。背景材料可以用色彩单一的绿篱或深色的墙垣，以衬托出前面花境中的各色鲜艳花朵。面积稍大的花境，也可以配以少量低矮花灌木作背景。景墙也是花境很好的背景，建筑物的墙基或栅栏也可以作为花境的背景，也可在背景前种植高大的观叶植物或攀缘植物，形成绿色屏障。

(3) 种植设计

作为花境的设计者，应该充分了解花卉的不同生长习性，选择不同种类合理搭配，注意各段植物材料和花卉色彩的合理配置，既要有丰富的色彩与层次变化，又能充分体现季相变化，使花境具有持久和良好的观赏效果。

①植物选择　花境中选择的观赏植物要求适应性强、耐寒、耐旱，在当地自然条件下生长强健且管理简单，平时不必经常更换植物，就能长期保持其群体自然景观。选择植物还应因地制宜，根据花境的具体位置和环境条件，考虑花卉对土壤、光照、水分等的适应性，尤其是光照条件应多加注意，花境中可能会因为背景或是上层乔木造成局部半阴的条件，要注意耐阴植物的选择。

观赏价值是花境植物选择的另一个重要条件，花境植物要造型优美、色彩丰富、花期较长或是花叶兼美、花期具有连续性和季相变化，选择多种花卉时要考虑株高、株形、质地、花序形态等变化要丰富，有水平线条和竖直线条的交错，有利于形成高低错落有致的景观，设计时还应注意相邻段的花卉在生长强弱和繁衍速度方面要相近，否则设计效果就不能持久。理想的花境是四季有景可赏，寒冷地区也要做到三季有花，在花境的植物选择上应当考虑不同季节的开花代表植物及其花色，要列出各个季节或月份的代表种类，在配置时考虑同一季节不同花色株形、不同季节开花植物的搭配，以保证花境的每季景观和四季的景观变化。

种类丰富的宿根花卉、球根花卉、观赏草和花灌木是构成花境的重要材料，野花野草在现代都市园林中的应用也越来越常见。从株形、叶形考虑，目前花境应用的高茎类植物和阔叶类植物偏少，从而影响植物配置的景观效果。除应加强已应用的宿根花卉如美人蕉、高飞燕草、毛地黄、松果菊、火炬花外，其他如毛蕊花、多叶羽扇豆、落新妇、深蓝鼠尾草、大头囊吾、珍珠菜、赤胫散、蜘蛛水鬼蕉、铃兰、玉竹、香茶菜等，也是很好的花境植物材料（可用于华东地区）。

②配置方式　花境在设计上首先要确定平面，平面构图多为鱼鳞网状混交斑块，每个斑块为一个单种的花丛，花丛是构成花境的最基本单位，花丛的大小（组成花丛的特定种类的株数多少）取决于花境中该花丛在平面上面积的大小和该种类单株的冠幅等因素，各个花丛不要一样大小，一般花后叶丛景观较差的植物面积应小些。通常一个设计单元（如 20m 长）由 5~10 种以上的种类自然混交组成。在花境中的配置应粗中有细，种类和品种可以多样，却不能过于杂乱，要注意主次，在配置时，可把主花材植物分成数丛种在花境的不同位置，再将配景花材自然布置。在花后景观较差的植物前方应配置其他花卉进行遮掩。对于很长的花境，可以设计一个花境单元进行重复或 2~3 个单元交替重复演进，整个花境要有主调、配调和基调，做到多样统一。

其次，花境的立面构图要有层次感，应利用植株的株形、株高、花序及质地等观赏特性，使植株高低错落有致、花色层次分明，创造出丰富美观的立面景观。草花花境的高度一般不超过人的视线，在建筑物前的花境一般不要高过窗台，为了便于观赏和管理，单面观赏花境在立面上是前低后高，双面观赏花境是中央高、两边低，但剖面不宜设计成机械的三角形，整个花境要有适当的高低穿插和掩映，才显得自然。株形和花序是植物个体姿态的重要特征，也是和景观效果相关的重要因子。结合花或花序构成的整体外形，可把花境花卉分为水平型、直线型和独特型 3 类，水平型株形圆浑，多为单花顶生或各类头状和伞形花序，开花较密集，形成水平方向的色块，如八宝、蓍草等；直线型植株耸直，多为顶生总状花序或穗状花序，开花时形成明显的竖线条，如火炬花、一枝黄花等；独特型花卉兼有水平及竖向效果，且花型独特，如鸢尾类、鹤望兰等。花境在立面设计上最好有这 3 类植物的搭配，以达到较好的立面效果。花境植物配置通常的原则是将花灌木和高茎草本植物作为背景，以花序独特或色彩丰富的宿根花卉作为主景，镶边和中部填充植物多选用低矮的一、二年生花卉，蔓生藤木或观赏草类等，并通过植物的自然生长，使花境越来越饱满，感觉厚实却又不失典雅。

另外，也要注意花境植物配置时质感的搭配，花卉的枝叶花果均有细腻或粗糙的不同质感，不仅给人以不同的心里感觉，而且还具有不同的视觉效果。质地粗糙的植物显得近，占地大；质地细腻的植物显得远，占空间小；在花境植物配置时也要因地制宜考虑质地的协调和对比。

③色彩搭配　花境的色彩主要由植物的花色和叶色来体现，叶色多为绿色，但一部分观叶植物叶色的搭配在花境色彩设计中也显得很重要。花境色彩搭配要根据色觉基本原理，首先确定不同季节花境的主色调，如在炎热地区，花境夏季景观应用可以给人带来凉爽的冷色调，如蓝紫色系的花卉，而在早春和秋天用暖色调的红、橙色系花卉，可以给人们带来暖意。在庭园出入口，为增加热烈的气氛，可多用暖色调的花。在花境内部色彩搭配时，可以考虑运用单色或类似色处理、补色设计和多色处理。总之色彩搭配应对比协调，任其自然，随机应变，因时、因材而异。要避免在较小的花境上使用过多的色彩而产生杂乱感。在色彩设计时，可以用颜料结合花境的平面种植图，在图纸上检查配色效果并修改调整。

在设计上，还应考虑花境色彩与周边环境的协调。在庭园中，花境多设在建筑物的四周、斜坡、台阶的两旁和墙边、路旁等处。在花境的背后，常用粉墙或修剪整齐的深绿色的灌木作为背景来衬托，使二者对比鲜明，如在红墙前的花境，可选用枝叶优美、花色浅淡的植株来配置；在灰色墙前的花境，则以大红、橙黄花色相配为宜。

（4）种植方案

选择好种植材料后，应该根据以下5个原则考虑好种植方案，然后再分别栽种：①最好选择可以露地越冬或越夏的种类，了解其高度、株形、花形、花期和花色；②不同种类花卉的栽植位置，应该是株高的放在后面，矮的在前面，亦可稍有错落，但不应互相遮掩；③花期相同或极相近的种类，栽植位置宜错开，从整体来看均匀协调，使之能此起彼落、互相衔接；④避免花色相近、花期相近的种类种植在一起，还应考虑到叶的色调协调；⑤种植的距离应考虑到该类花卉2~3年中生长需要的空间，一种一丛栽植，不要成行成列栽种，这样栽植的花境可以2~3年整理一次，栽培管理简便，四季均可花繁叶茂。

5.4.3　花台、花箱

5.4.3.1　花台

花台（raised flower bed），也称为高设花坛，是抬高和缩小的花坛，是将花卉种植在高出地面的有台基的种植池里而形成的花卉景观。花台面积比花坛小，台座高度通常40~60cm，花台或依墙而筑，或正位建中，常在庭前、廊前、窗下或栏杆前布置。花台上还可点缀以山石，配置花草。

（1）花台类型

花台按照形式可以分为规则式和自然式两种类型。规则式花台有几何形台座，如圆形、椭圆形、长方形、正方形、菱形等，面积较小，多布置在规则式园林中，在现代风格的建筑庭园中也常应用，为了突出主题，规则式花台中除了配置花卉外，还布置各种雕塑。

自然式花台常布置在中国传统的自然式园林中，形式自由灵活，结合环境和地形的变化来运用，其外形通常根据地形坡脚的走势以及道路的线形而呈现曲折起伏的曲线，用自然山石垒砌花台边缘，既可挡土，又有自然之趣。常设置在影壁前、漏窗前、庭园中、粉墙下、角隅之处，还可与假山、棚架、墙基等相结合，组成生动的立体画景。

（2）花台应用设计

自然式花台是以观赏植物的体形、花色、芳香及花台造型等综合美为主的。在中式庭园、古典园林中，花台作主景或配景用，位于后院、跨院或书斋前后的花台，则多用自然山石，依墙而筑，常布置成"盆景式"，以松、竹、梅、杜鹃花、南天竹、蜡梅、山茶、红枫、牡丹等为主，配饰山石小草，重姿态风韵，不在于色彩的华丽，粉墙作衬，犹如画在墙上的立体花鸟画。

规则式花台多应用在现代城市大型园林绿地的广场，道路交叉口，建筑物入口的台阶两旁，以及花架走廊之侧等处。在形式上也有所发展，出现了组合花台，形式新颖、风格别具。植物的种植更强调装饰美和群体美。植物以各种花灌木和草花装饰为主，花台以栽植草花作整形式布置时，其选材基本与花坛相同。由于通常面积狭小，一个花台内常布置一种花卉；因台面高于地面，故应选择株形小巧玲珑、繁茂匍匐或茎叶下垂于台壁的花卉，如常用的有玉簪、芍药、萱草、鸢尾、兰花、麦冬、沿阶草等宿根花卉。花台可以草花为主体，配以假山石等来创造最佳景观，也可以利用花台的大小高低造型搭配，和水池湖石搭配组成。

5.4.3.2 花箱

花箱是用木、竹、瓷、塑料等材料，主要是用木材制作箱形容器，在箱中栽植矮性花灌木或草本花卉供装饰用。可独立摆放，也可摆成各种花卉装饰的造型。花箱的装饰形式有固定型、半固定型和活动型多种。花箱可灵活地布置在庭园入口、平台窗侧、室内、窗前、阳台、屋顶、大门口及道旁、广场中央等永久或临时的装饰处。

根据装饰的场所、位置、功能和景观要求不同，可以制成各种形状、高度和大小的花箱。适宜花箱种植应用的花卉种类十分广泛，有一、二年生花卉，球根和宿根花卉，矮生的蔓性和匍匐性植物及多浆植物等。种植时可以选择应时花卉为材料，如春季栽植金盏菊、雏菊等；夏季选用美女樱、虞美人、花菱草；秋季应用菊花、三色苋；冬春之交采用羽衣甘蓝等，为绿地增添季相景观。也可以选用同种花卉不同色彩的园艺品种或不同种类的花卉进行色块构图，如采用三色堇的白花、黄花、紫花3个园艺品种拼成六角形活动花坛，色调明快，轮廓清晰。另外，所选花卉的形态和质感，与花箱的造型应该协调，色彩上应该有对比，才能更好地发挥装饰效果。如白色的花箱与红、橙等暖色花搭配会产生艳丽、欢快的气氛；与蓝、紫等冷色系花搭配会产生宁静、素雅的气氛等。

5.4.4 花卉篱、垣、棚架的应用（垂直绿化）

垂直（绿化）装饰是用各种攀缘花卉植物对现代建筑的立面或局部环境进行竖向花卉装饰，或专设篱、棚、架、栏等布置攀缘植物的绿化方式。垂直绿化是增加庭园绿量的一个重要手段。

5.4.4.1　垂直绿化的类型

(1) 花篱和花柱的装饰

花篱和花柱是用花卉装饰篱墙和柱子，常用在宽阔庭园中有碍美观之处，或作为划分界限的材料，还可起屏障作用，以增加景致。主要用蔷薇、三角梅、黄杨等木本花卉，亦可用草木攀缘花卉攀附于栅篱或花柱上，如茑萝、牵牛、香豌豆与文竹等。

(2) 凉亭(凉台)和荫棚的装饰

在凉亭(凉台)和荫棚上，用木本或草木蔓性花卉植物攀缘而上，形成装饰绿化景观，使之苍翠宜人，自成天然之美，饶有风趣，在绿廊之下，令人神爽。主要种类有木本的木香、凌霄、紫藤、蔓性蔷薇，草本的茑萝、重瓣旋花、观赏南瓜、观赏葫芦、丝瓜、苦瓜等。在凉亭廊间，可用吊盆栽植各类垂悬花卉，使花枝垂盆下悬，柔姿潇洒；栽植材料应选草本蔓性花卉，如矮牵牛、一品红、倒挂金钟、垂枝凤仙、紫露草、吊兰与天门冬等。

(3) 露瓶装饰

露瓶装饰主要设置在栏杆门柱之上，阶梯靠椅两侧与花柱之上。用石头、水泥、陶瓷等装修成瓶、钵等形，瓶中植满草花，可赏四季花卉之美。栽植的种类宜以习性健壮、色彩浓艳的低矮或垂悬花卉为主，如天竺葵、矮牵牛、旱金莲，秋海棠类等。

(4) 杆柱式装饰

杆柱式装饰是将植物材料攀缘于杆、柱状物体上，形成绿柱或花柱的垂直绿化形式。园林中杆柱式垂直绿化可与园林中灯柱、廊柱、路标及其他杆柱式的构筑物或装饰物相结合，也可以利用园林中的枯树干或高大乔木的树干，以及用木质及金属构件建造的杆、柱设施，布置攀缘植物进行垂直绿化。这种绿化形式适宜选择缠绕类或吸附类攀缘植物，如爬山虎、常春藤、凌霄、常春油麻藤、麒麟尾等。

(5) 拱门装饰

拱门的装饰是用花卉植物造型成门形装饰或将植物攀附于各种形式的出入口进行装饰的花卉应用形式。主要有：① 造型花门，即用观赏花木经盘扎造型制作而成的花门，植物材料通常选用枝条柔软、易编扎造型的种类，如紫薇、叶子花、女贞、桂花等，编扎成瓶状、柱状或动物形状的门。② 架式花门，即用钢筋等材料设计成拱形门，在基部种植藤本植物，如藤本月季、蔷薇、凌霄、紫藤、叶子花等，使其沿钢筋格架攀缘而上形成花门。③ 其他形式的花门，在各种出入口的两侧基部种植攀缘植物，通过人工牵引使其攀附于门的周围进行装饰而形成的花门。对一些没有吸盘、难以攀缘的植物可以在墙上设格子架助植物缠绕或将植物绑缚其上。

花门既具有门的分隔和连接景区的作用，还具有导向作用，造型别致的花门本身就是一个景点；设置位置巧妙时，花门还具有框景的作用，是庭园中可游、可赏的一个内容。

5.4.4.2 垂直绿化植物的应用类型

(1) 攀缘、垂吊和匍匐植物

攀缘植物也称藤蔓植物，具有攀附他物向上伸展的攀缘习性，是用于垂直绿化的主要植物。由于这些植物幼嫩茎细长、柔软、不能直立，在无他物可攀附时，呈匍匐或垂吊生长。攀缘植物与垂吊和匍匐植物都是垂直绿化或立体绿化的基础材料，对山坡、堡坎、墙面、屋顶、篱垣、棚架、柱状体、林下绿化及室内装饰等方面具有不可替代的作用。但根据这几类植物习性的不同，它们在园林中的主要用途也有所差异。其中攀缘类植物类主要用于建筑或立交桥等构筑物墙面、篱垣棚架等的垂直绿化；垂蔓性植物的蔓生性能比较好，枝条长且常柔软下垂，一般可栽植在容器边缘，能很快地覆盖容器的侧面，形成极好的花卉装饰效果，适合于配置在吊篮、立篮、花槽、大型花钵等立体花卉装饰的边缘，既能有效地遮挡容器，更能充分地展示植物材料的美化效果。

卷须类 植物茎、叶或其他器官变态成卷须，缠绕于支柱物或格栅而上升。其中大多数种类具有茎卷须，如葡萄属、蛇葡萄属、葫芦科、羊蹄甲属等种类；有的为叶卷须，如炮仗花和香豌豆；有的部分小叶变为卷须，如百合科的嘉兰。尽管卷须的类别、形式多样，但这类植物的攀缘能力都较强，适合篱、棚、架等垂直绿化。

蔓生类 此类植物为蔓生悬垂植物，无特殊的攀缘器官，仅靠细弱而蔓生的枝条攀缘，有的种类枝条具有棘刺，在攀缘中起一定作用，个别种类的枝条先端偶尔缠绕。主要有蔷薇属、悬钩子属、胡颓子属等种类。相对而言，此类植物的攀缘能力最弱。一般适宜格式、拱门式的装饰应用。

缠绕类 植物茎细长，主枝或新枝幼时能沿一定粗度的支持物左旋或右旋缠绕而上。常见的有紫藤属、崖豆藤属、木通属、五味子属、忍冬属、猕猴桃属、牵牛属等。缠绕类植物的攀缘能力都很强。此类植物适合篱式、棚式等垂直绿化的设计应用。

吸附类 植物依靠吸附作用而攀缘。这类植物具有气生根或吸盘，均可分泌黏液将植物体黏附于它物之上。爬山虎属和崖爬藤属的卷须先端特化成吸盘；常春藤属、络石属、凌霄属、天南星科的许多种类则具有气生根，此类植物大多攀缘能力强，尤其适于墙面的垂直绿化。

垂吊和匍匐植物 垂吊植物既不攀缘，也不匍匐生长，植株或因附生而向下悬垂，或因枝条生出后而向下倒伸或俯垂，有的则因叶片柔软而下垂；匍匐植物不具有攀缘植物的缠绕能力或攀缘器官，茎细长柔弱，缺乏向上攀附能力，通常只匍匐平卧地面或向下垂吊。常见的垂吊和匍匐植物有鹿角蕨、昙花、迎春、夜香树、中华里白、盾叶天竺葵、垂吊天竺葵、垂吊矮牵牛、龙翅海棠、蔓长春花、旱金莲、紫竹梅等。这类植物主要用于岩壁绿化或悬垂装饰等。

(2) 直立式植物

直立性化卉种类丰富，其中部分适合立体花卉装饰的应用。这类花卉的植株向上直立生长，高度为 20~70cm 不等，其中株型较高的种类，可以用于大型花钵、花槽、吊篮、旋转立篮、壁挂篮，成为栽植组合的中心主题和色彩焦点；株型低矮、花朵密集、花期较长的种类可以用于以卡盆为组合单元的立体装饰造型，突出群体的美化效果。常用的直立性花卉有四季秋海棠、长寿花、新几内亚凤仙、丽格海棠及鸡冠花等。

　　除直立性的草本花卉外，有些木本花果植物适合造型后贴墙直立生长，也可用于立体绿化。适合直立式设计的乔灌木种类有桂花、红花山茶、香榧、银杏、梅、火棘、榆叶梅、杨梅、含笑、紫荆、木绣球、绣球、罗汉松、日本木瓜、木槿、蔓性月季、凌霄、金银花、山荞麦、葡萄、木通、使君子、叶子花、常春油麻藤、炮仗花、络石、猕猴桃、葫芦、牵牛花等。

5.4.4.3　垂直绿化植物的种植与维护

（1）选择适宜的种类

　　垂直绿化往往面临着空间狭小、生态环境差等问题，应根据种植环境，来选择植物种类。如城市高架路的内环线有相当多立柱的平均光照只有 502～1652 lx，可布置五叶爬山虎等耐阴植物。五叶爬山虎具有良好的光照适应性，种植在上述环境年最大生长量可达 6～7m。有时适当运用混植可以增强美化的效果，如应用五叶爬山虎和山荞麦等抗性强的先锋种类与生长缓慢的植物共同混植，可以达到迅速绿化的目的，待目标植物布满之后，便可逐渐淘汰先锋种类。为了营造四季有景的垂直绿化效果，将常绿与落叶、观叶与观花等植物有机混植，可获较好的装饰效果。

（2）人工缚引固定

　　垂直花卉装饰常需要借助人工搭架成型，攀缘植物中只有吸附类可以沿墙面攀缘而上，其他几类则需人工设立棚架或支柱供其攀缘，有的还需一定的人工辅助才能向上生长，否则会下拱或蔓地而长。采用人为牵引固定，也可以引导植物枝条的生长分布。在杆柱式装饰形式中，常用丝网牵引，即用金属网将杆柱表面包裹起来，为植物提供固定条件。对观花观果类植物，可采用支架、丝网、格栅或木块贴接等方法提供条件，在墙面固定木条或金属做成的格栅，也可以供缠绕类和吸附类的植物攀缘。木块贴接是指在墙面或构件光滑的情况下，将钉上铁钉的小木块按一定距离，用黏合剂贴于墙面，铁钉之间用铅丝相连，以便植物的攀缘生长，还应尽量朝横向牵引，或水平式盘曲向上，以使枝叶密生，花量及着果数目增加，达到最佳观赏效果。对攀缘性较强的种类在初栽之后，可用胶带临时帮助固定于墙上。在墙垣、坡面等处，还可采用 U 形卡钉来牵引和固定。对台地的挡土墙可将蔓性植物种于高处，使其向下蔓垂。

（3）加强管理与维护

　　由于垂直绿化植物的生长条件大多受到一定的限制，且要求装饰植物要尽快生长成型，达到应有的绿化观赏效果。所以，除了在植物种类品种上选择抗性强、速生等特点的植物，或者采用大苗、营养土、容器定植技术外，精心管理不可缺少：① 加强土肥水管理，对种植点的土肥水管理必须高度重视，如薄肥勤施等措施，为快速生长提供条件。② 采用保护性栽培措施，在垂直绿化中，对新栽植物加以保护，如设立隔离网、护栏等保护措施，待植物成型有一定抵御能力后再行拆除。③ 正确应用修剪调节技术，如在移植时，宜多采用摘叶保枝方法代替截枝蔓的做法，采取适当的栽植方式或设置合理的支撑设施，并做到正确的日常养护管理，有助于植株成活和快速成型，保证垂直绿化预期的生态效益和美化效果。

5.4.5　花卉立体装饰

花卉立体装饰源自盆栽花卉,是利用不同材质的花钵、卡盆、组合盆等装饰载体单元,摆设在立体空间来展示更多植物材料的观赏特点和美化效果,并以此扩大园林绿化面积及应用范围。花卉立体装饰在欧洲应用较早,一些传统形式如吊篮,在英国已有140 多年的历史,而阳台、窗台及栏杆上的槽式立体花卉种植也在很早之前就已成为美化城市的重要手段。当今随着花卉生产的规模化、集约化,花卉立体装饰应用的范围越来越广,成为现代城市不可或缺的一种绿化手段。

花卉立体装饰的特点:① 充分利用各种空间,应用范围广,增强空间的色彩美感,丰富绿化视觉效果。② 在空间造景设计上具有更大的自由度和灵活性,可以各种形式的载体构成其基本骨架,如各种种植钵、卡盆、钢架、金属网架等,然后配以花材完成特定的景观塑造。③ 利用空间立体展示植物装饰的美感,既能突出植物自身各个部分的自然美感,又能以更具观赏价值、更有艺术冲击力、更具美感的空间组成立体绿化。④ 有效地柔化、绿化建筑物,减弱建筑物带给人们的压迫感和冷漠感。⑤ 很多立体装饰可移动,能快速组装形成较好的景观效果,在节日和重大活动期间,可以在广场、街道、会场快速布置立体花坛,烘托热烈气氛。

5.4.5.1　立体装饰的类型

(1) 立体花坛

立体花坛花坛是一种比较古老的花卉装饰形式,起源于古罗马时期,16 世纪开始大量出现于欧洲园林中。早期的花坛多为有固定栽植床的平面式花坛,随着时代的变迁,花坛发展迅速,拓展出单面观的斜面花坛、四面观的立体花坛以及各种花坛的组合等,成为现代立体装饰的重要手段之一,如花塔、立体花球等。

(2) 花篮

花篮又分为吊篮、壁挂篮、立篮等多种形式。

① 吊篮　出现较早,最初流行于北欧。花篮的形状多为半球形、球形,是从各个角度展现花材立体美的一种方式。多用金属、塑料或木材等做成网篮或以玻璃钢、陶土做成花盆式吊篮。是应用范围最广的一种花卉立体装饰形式,广泛应用于门厅、墙壁、街头、广场及其他空间狭小的地方,多以花卉鲜艳的色彩或观叶植物奇特的悬垂效果成为点缀环境的主要手法之一。

② 壁挂篮　壁挂篮和吊篮的材质、色彩、规格及为植物所提供的生长环境都比较类似。二者的区别在于:吊篮主要为半球体、圆柱体或多边体,由于可悬空吊挂,所以要求各个侧面都必须美观;壁挂篮为球体的 1/4 或为多边体,一侧平直,可以固定到墙壁或其他竖直面上,与平整面相对的弧面向外成为观赏面,要求比较美观。吊篮和壁挂篮的规格、形状、色彩都极其丰富。

③ 立篮　通常用金属材料制作,由基部的支撑架和顶部的球状花篮两部分组成。大型立篮顶部的花篮一般分为 3 层,中间一层直径较大,上下直径小,栽花后,易于形成花球效果。立篮的高度可以调节,顶部的花篮既可以是固定的,也可以是旋转的。可

旋转的立篮能够满足不同侧面植株对阳光的需求。将几个不同高度、不同直径的立篮配置合理的花卉组合在一起，可以形成很好的群体效果。

(3) 花钵

花钵是传统盆栽花卉的改良，融入了花坛、花台等的设计思想，使花卉与容器融为一体，越来越具有艺术性与空间的雕塑感，是近年来在各类城市中普遍使用的一种花卉装饰手法。花钵的构成材料多样，大型花钵主要采用玻璃钢材质，强度高，外表可以为白色光滑弧面，也可以是仿铜面、仿大理石面；形状、规格丰富多彩，因需求而异。主要用于公园、广场、街道的美化装饰，丰富常规花坛的造型。花钵可分为固定式和移动式两大类。除单层花钵以外，还有复层形式。可通过精心组合与搭配而运用于不同风格的环境中。

(4) 悬挂花箱、花槽

花箱及花槽同样也有着比较长的应用历史。有木质、陶质、塑料、玻璃纤维、金属等多种材质，多为长方体壁挂式，安装在阳台、窗台、建筑物的墙面，也可装点于护栏、隔离栏等处。以长方形为多，长度为 60～80cm，可以适合于不同宽度的窗台和阳台的要求。

(5) 组合立体装饰体

组合立体装饰体是在较大的环境空间中，利用包括花球、花钵、花柱、花树、花塔等造型的装饰组合体，如花柱、花墙、花拱门、巨型花球等。由于这是一种集材料工艺与环境艺术为一体的先进装饰手段，从狭义上来说，这些组合形式还属于立体花坛。组合装饰多以钵床、卡盆等为基本组合单位，结合先进的灌溉系统，进行造型外观效果的设计与栽植组合，装饰手法灵活方便，具有新颖别致的观赏效果，可以在立体造型上以不同色彩的花卉拼构出非常细致的图形，连接方式简便易行。是现有花卉立体装饰形式中最为复杂、最能体现设计者设计意图的一种表现手法，同时也是最能体现设计者的创造力与奇思妙想的一种花卉装饰形式。组合花坛适用范围非常广，既可用于大型广场、公园、大型的庆典场合，也可以用于宾馆饭店及家居庭园。

5.4.5.2　立体装饰的植物应用

(1) 吊篮和壁挂篮

吊篮侧面宜配置瀑布式植物，如盾叶天竺葵、波浪系列矮牵牛、半边莲、常春藤等，易于形成球形效果；中间栽植直立式植物，如直立矮牵牛、长寿花、凤仙花、丽格海棠等突出色彩主题。根据植物的种类和生长习性，25cm 吊篮可配置 4～6 棵，20cm 吊篮可配置植物 2～3 棵，而 15cm 吊篮只能栽植 1～2 棵株型较小的植物。

(2) 立体花球

花球的卡盆中配置的植物应该具备低矮(15～25cm)、花头多且紧凑、花期长的特性。花冠不必太大，但每株植物上花的数量要多，以便整体效果能维持较长时间。四季秋海棠是首选的植物材料，它花期长，能适应不同的生长环境；其他较适宜的花卉还有小菊、凤仙花、伽蓝菜、彩叶草、三色堇、羽衣甘蓝等。球柱形花球边缘所需的瀑布式植物可以选用盾叶天竺葵、波浪系列矮牵牛、半边莲及常春藤等。

（3）立篮和花槽

立篮的顶部应栽植直立式植物，如百日草、矮牵牛、万寿菊、四季秋海棠等色彩鲜艳、对环境适应性强的品种；边缘栽植下垂蔓性植物，将容器遮挡起来；采用大型三层立篮时，应选用枝条长的植株，使不同层的植物能枝叶交叠，形成花球效果。花槽主景面应栽植下垂的植物，如盾叶天竺葵、蔓性矮牵牛、半边莲、鸭跖草、常春藤等；中央栽植直立式植物如百日草、矮牵牛、万寿菊、四季秋海棠等，形成完整的景观效果。

（4）大型花钵和花塔

花钵中栽植直立式植物，如直立矮牵牛、百日草、长寿花、凤仙花、丽格海棠、彩叶草等颜色鲜艳的种类，以突出色彩主题；靠外侧宜栽植下垂式植物，使枝条垂蔓而易形成立体的效果，也可以栽植雪叶菊等浅色植物，以衬托中部的色彩。花塔种植槽内部空间大，可以装载足够的生长基质，从而保证植物根系获得充足的养分，并减少水分的散失。因此可栽植的植物种类较多，一、二年生花卉，宿根花卉及各种观花、观叶的灌木或垂蔓性植物材料均可。

5.4.6　其他花卉装饰应用方式

5.4.6.1　花丛、花群

花丛（flower clumps）是根据花卉植株高矮及冠幅大小不同，将数目不等的植株组合成丛植阶旁、墙下、路旁、林下、草地、岩隙、水畔的自然式花卉种植形式。花丛既是自然式花卉配置最基本的单位，也是花卉应用最广泛的形式。

花群是由几十株乃至几百株花卉种植在一起，形成一群，具有强烈的色块效果，形状自由多变，布置灵活，可以布置在林缘、自然式的草地内、草地边缘、水边或山坡上。

花丛和花群重在表现植物开花时华丽的色彩或彩叶植物美丽的叶色，形态多变自然美丽，是将自然风景中野花散生于草坡的景观应用于园林，增加园林绿化的趣味性和观赏性。花丛和花群布置简单，应用灵活，花丛可大可小，株少为丛，集丛成群，大小组合，聚散相宜，繁简均可，位置灵活，极富自然之趣。因此，最宜布置于自然式园林环境，如布置于河边、山坡、石旁，使景观生动自然，或点缀于建筑周围或广场一角，对过于生硬的线条和规整的人工环境起到软化和调和的作用。同时花丛和花群还可以布置于开阔的草坪周围，从而使林缘、树丛树群与草坪之间有一个联系的纽带和过渡的桥梁，也有布置于自然曲线道路转折处或点缀于小型院落及铺装场地（包括小路、台阶）之中，均能产生较好的观赏效果。

（1）花丛、花群设计要点

花丛与花群大小不拘，简繁均宜。一般丛群较小者组合种类不宜多，花卉的选择，高矮不限，但以茎干挺直、不易倒伏、植株丰满整齐、花朵繁密者为佳，尤其是应选择耐粗放管理的花卉，使花丛、花群持久而维护方便。

花丛与花群从平面轮廓到立面构图都是自然式的，边缘不用镶边植物，与周围草地、树木等没有明显的界线，常呈现一种错综自然的状态。园林中，根据环境尺度和周围景观，既可以单种植物构成大小不等、聚散有致的花丛，也可以两种或两种以上花卉组合成丛。但花丛内的花卉种类不能太多，要有主有次；各种花卉混合种植，不同种类要高矮有别，疏密有致，富有层次，达到既有变化又有统一。花丛设计应避免两点：一是花丛大小相等，等距排列，显得单调；二是种类太多，配置无序，显得杂乱无章。

（2）花丛、花群的植物选择

花丛和花群的植物材料以适应性强，栽培管理简单，且能露地越冬的宿根和球根花卉为主，选择一种或几种多年生花卉，单种或混交，忌种类多而杂，既可观花，也可观叶或花叶兼备，如芍药、玉簪、萱草、鸢尾、百合、玉带草等。或选用自播繁衍能力强，同时栽培管理简单的一、二年生花卉或野生花卉作为花丛、花群的植物材料。适宜花丛、花群应用的一、二年生花卉有紫茉莉、金鱼草、金盏菊、长春花、香雪球、福禄考、三色堇等。宜用于花丛及花群的具体种类，属宿根及球根花卉者，可依照花境选用植物的标准选择植物。

5.4.6.2 基础种植

基础种植（foundation planting）又叫房前屋后的种植，是用灌木或花卉在建筑物或构筑物的基础周围进行低于窗台高度的绿化、美化栽植，在高大建筑天窗的地方也可栽植林木。建筑物外轮廓一般为规则式的直线，所以基础种植常用规则式种植，既与墙面线条取得一致，又可通过植物自然的形态来缓冲墙面与地面之间的生硬对比，起到软化作用，丰富建筑立面，美化墙基及周围环境，调节室内外视线，并有隐蔽和安全的作用。

一直以来人们为了改善自身生活的环境做了多方面的尝试，而在日常生活和活动的场所周边进行绿化种植就是其中一种很好的改善方式。基础种植可以使房屋建筑取得坐拥繁花绿树的效果，还可以促进微气候的改良，使建筑与周围的环境更好地融合在一起，利用植物进行装饰和美化人们生活的环境。

建筑基础是建筑与自然环境的过渡地带，其配置的好坏在很大程度上影响着建筑与自然环境的协调和统一。建筑基础的植物种植是美化、强化建筑及其环境地域性、文化性、功能性的重要手段。而且适宜的栽植还能减少建筑和地面受烈日暴晒，产生辐射热，避免地面扬尘。

建筑基础种植常采用的方式有花境、花台、花坛、树丛、绿篱等，应用时应注意以下几点：

① 基础种植是依附于建筑的一种以装饰性为主的绿化手段，建筑仍然是主体，因此基础种植不可过高过多，避免过多遮挡建筑立面而失去完整性。

② 采光问题上，基础种植不可离建筑太近，除攀缘植物外，灌木通常保持和建筑1.5m以上的距离，而窗前乔木则应离墙在5m以上。同时还应充分了解植物的生长速度，掌握其体量及其与建筑的比例，以免影响室内采光，并满足植物生长所需空间，保证其正常生长。

③ 建筑的高度决定着基础绿化植物种类的选择，也决定了配置方式及绿化效果。建筑物一般有多个立面，并与环境有不同程度的交接，应进行合理的基础种植，其中主立面的种植设计应更多地考虑美化功能，同时对于临街建筑面的隔音防噪功能也不能

忽视。

④ 因建筑物高度、平面布局等因素的影响，不同朝向的建筑基础会形成不同类型的小气候，所以应根据建筑形成的不同环境合理选择植物种类。

⑤ 不同的建筑物有不同的风格，植物种植的形式、手法要与其相一致，最大限度地运用植物色彩、质感、姿态进行合理配置，或显或隐，使二者形成统一，不可喧宾夺主。

(1) 基础种植设计要点

基础种植的植物配置要根据建筑的大小、形式、风格及基础种植地段范围的大小而变化。房前、屋后、侧面三者的绿化美化要求也不一样。但整个建筑是一个整体，所以，三者的形式也要有所统一。

① 建筑物正前方的植物布置　建筑物正前方是人流量集中的地方，也是艺术表现最强烈的一面，要做重点布置。

高大的建筑物，基础种植的地段应相应地加宽。一般在靠近窗台的地方，栽植矮灌木及多年生花卉，如萱草、鸢尾、迎春、牡丹、黄刺玫、榆叶梅、连翘等。以不高过窗台、不阻挡光线和空气流通为原则。在距建筑物 5m 以外，可以种植高矮不同的乔木，作为前景树。前景树的树形、色彩都要与建筑物相配。如平顶建筑最好用树冠塔形或圆形的树木做前景树。前景树树木的分枝点要高于窗台，以便透视和通风。适宜做前景树的树种很多，如杨、柳、香椿、桉树、乌桕、樟树、泡桐、枫树等。如果基础种植的地段很宽，则可以建花境、花坛、草地等。

矮小的建筑，基础种植的地段较小。要尽量布置得轻松活泼。在入口的地方，可以种一些花叶兼美的树种，如海棠花、樱花、苹果、山楂等，使树冠交接起来，形成一个圆拱形的绿荫入口。或者搭一个小型的花架，种上葡萄、凌霄、紫藤等爬藤植物。在狭窄的地段，可以只种一些花灌木或花丛。

② 建筑物侧面和后面的布置　建筑物的侧面除了装饰美化以外，还有防止西晒的功用。可种植乔灌木造成夹景，将建筑物显现出来；也可种植其他缠绕藤本植物，进行垂直绿化；还可种植花境、花丛、草坪进行装饰美化。

建筑物的后面除了进行装饰、防风、绿化布置以外，在绿地面积较大的地方，可种植果树、蔬菜进行小型农业生产，既锻炼身体、增加生活情趣，又为建筑搭建绿色背景。

(2) 基础种植植物选择

基础种植所用的植物称基础植物，应选择适应性强、栽培管理简单且能露地越冬的宿根和球根花卉，既可观花也可观叶或花叶兼备的植物。按其类别，可分为以下几种：

① 宿根、球根花卉类基础栽植　沿墙基（或散水外沿）栽植一行宿根、球根花卉，如麦冬、葱兰、玉簪、萱草等。也可布置成花境，以墙面作为背景，衬托花、叶，为建筑物（构筑物）增色，如蜀葵、宿根福禄考、红花酢浆草、荷包牡丹等。

② 灌木类基础栽植　沿墙基外种植灌木（常绿灌木为主，落叶灌木次之），可单株相间等距栽植，或作自然式整枝、绿篱式布置，其高度一般不宜超过窗口，如大叶黄杨、锦熟黄杨、海桐、石楠、白鹃梅、贴梗海棠等。欧洲常用平枝栒子、小叶栒子等；

美国常用鹿角桧、八仙花等。

③竹类基础栽植　栽种低矮叶密的竹类，如菲白竹、箬竹、凤尾竹、观音竹等。

④混合类基础栽植　当狭长空地有一定宽度(3m以上)时，可栽种宿根花卉、灌木和小乔木等，灌木高度控制在窗台线以下，小乔木宜植于窗间墙前，以免影响底层窗户的采光和视线。常用的种类有萱草、蜀葵、射干、阔叶十大功劳、石楠、桃花、紫薇、紫叶李、梅花、石榴及矮生松柏类等。

在基础种植带中，还可适当配置富于装饰性的雕塑小品及地点等。基础种植的宽度应与建筑物高矮、体形成比例。基础种植在选择树种时要考虑到防止下午西晒、避免冬季北风吹袭，同时也要发挥隐蔽和防风等效果，还要考虑建筑物性质，如庄严肃穆的场所的基础栽植多用常青的松柏和整形绿篱，而休息娱乐的厅堂则多用花灌木与草花。建筑物正面与侧面、背面的基础种植也不能雷同。各入口处用植物标志，选成对而体形端正的常绿树左右对植，称"门卫栽植"。在建筑物转角处，常栽一丛或一株常绿树，以掩蔽生硬的垂直线条，称为"角隅栽植"。

5.5　庭园花卉装饰实例

庭园类型多样，有风格不同的中式、日式和欧式庭园，有观赏性、休憩性和参与性等不同功能的庭园。同时，庭园空间组合灵活而丰富，根据在建筑中所处的空间位置和相应具有的使用功能有前、内、后、侧庭和屋顶花园之分。

5.5.1　不同庭园的花卉装饰实例

5.5.1.1　风格不同的庭园花卉装饰

(1)中式风格庭园

中式风格庭园在我国具有非常悠久的历史，由建筑、山水、花木等共同组成，极富有诗情画意，在许多面积不大的庭园中重视将自然的山川大河浓缩于咫尺之地，"小中见大"，曲折有致，亦开朗，亦收敛，亦幽深，亦明畅，达到"虽由人作，宛自天开"的境界。

如位于著名的北京香山公园内的香山饭店，无论在建筑还是种植设计上都透着浓浓的中式风格的韵味。香山饭店的设计者是世界建筑大师贝聿铭，庭园由北京市园林古建筑设计研究院设计。香山饭店的建筑平面呈H型，建筑层数2~4层，外墙为白色并饰以灰色线脚，由于建筑平面延伸曲折，分隔成大小不同的十几个庭园空间。主要有"高阁春绿"、"漫空笔头"、"云岭芙蓉"、"晴云映日"、"松竹杏暖"、"古木清风"、"冠云落影"、"海棠花坞"、"洞天一色"、"青盘敛翠"、"烟霞浩渺"、"曲水流觞"等。溢香厅东侧的"晴云映日"、"松竹杏暖"是一组面积较大的庭园，内有古松、成片的玉兰、竹丛和数株杏花等。玉兰花洁白如玉，在阳光照射下，宛如白云朵朵，故名"晴云映日"，取"数里花开浮映日"之意。"晴云映日"以东有竹林、古松、杏花，相传燕山八景的"西山晴雪"即指杏花盛开时宛如粉雪，在这里种植杏花，另一层含义是"空梅香断无

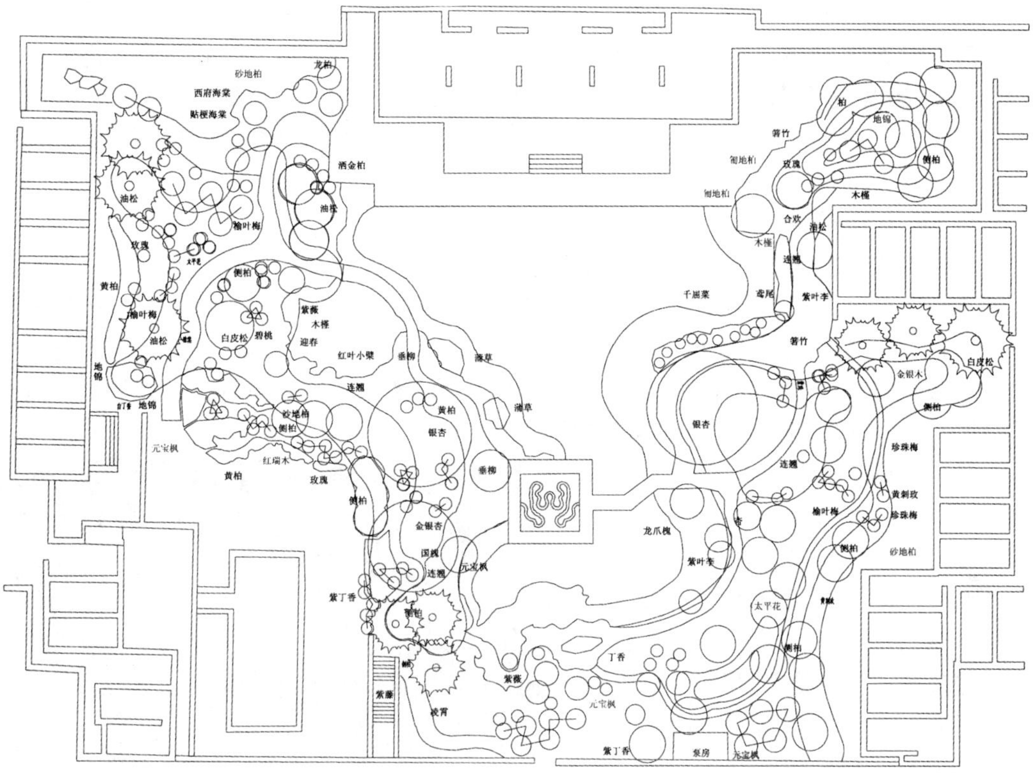

图 5-6　香山饭店主庭园种植设计图

消息，一树春风属杏花"，故名为"杏花春暖"。

香山饭店主庭园（图 5-6）位于香山饭店入口大厅"溢香厅"以南，面积约 7000m²，东西均为客房。院中保留古松柏数十株，还有两株百年以上的古银杏，庭园具有自然山水园的风格，以水为主，水面宽 40m 以衬托主体建筑，长 50m 得以增加水的层次及水面大小的对比。水池面积 1400m²，平静开阔，清澈见底，春夏之时素端绿潭，回清倒影；盛秋之际，绿色青松，红色枫树，金色银杏，白色粉墙倒映在半池积水之中，一片璀璨风光。主庭园中高层乔木的种植除了原有的古松柏、银杏，还有元宝枫、槐等；中层小乔木、灌木的种类较为丰富，主要有木槿、紫叶李、榆叶梅、丁香、紫丁香、西府海棠、贴梗海棠、侧柏、紫薇等，地被植物则选用紫叶小檗、爬山虎、砂地柏、玫瑰等植物，不仅丰富了视觉的层次感，也增添了季相景观的变化。由于水景面积较大，相应的在水边植柳，形成弱柳扶风、影影绰绰的含蓄美感。加上千屈菜、蒲草等水生植物及耐水湿植物，如鸢尾、迎春等的种植，使水岸植物景观变得饱满而绿意盎然。

现代中式庭园植物品种丰富，观叶观花植物种类繁多，乔、灌、草、地被植物层次丰富，配置方式亦灵活多变，讲究造型和姿态、色彩、季相特征，以自然为宗。园林植物以落叶树为主，配合若干常绿树，在辅以藤萝、竹、芭蕉、草花等构成植物配置的基调，并能够充分利用花木生长的季节性构成四季不同的景色。植物也常常是某些景点的观赏主题，园林建筑常以周围花木命名，如狮子林植梅的"暗香疏影楼"。

由于花木蕴涵着丰富的文化内涵，故在中式庭园的设计中，可以利用对植物文化的理解和涵养，通过对花木品种的选择、配置，将人格理想、情操节守等文化信息透露出来，借以表现、衬托园林主题。如喻松、竹、梅为"岁寒三友"，喻梅、兰、竹、菊为"四君子"，喻玉兰、海棠、牡丹、桂花为"玉堂富贵"等，以此来表达人们的感情，赋予花木某种特有的性格。

（2）日式风格庭园

中国的造园艺术在公元6~8世纪随中国的佛教传入日本。日本园林在吸收中国文化和佛教文化时，有选择地吸收了与日本自然条件和社会条件相适应的部分，产生了自己的风格和园林形式。日本园林在发展的历程中，为人们留下了几种截然不同的庭园类型，如传统的耙有沙纹的禅宗枯山水庭园；融小桥、湖泊和自然景观于一体的古典回游式庭园；以及四周环绕着竹或树篱的僻静的茶道庭园。

枯山水庭园（图5-7）内的造景元素多为静止、不变的色调。园林的构成以砂为底，以石和木为景进行构图，有苔草景石配置法、灌木景石配置法和乔木景石配置法。其中以灌木景石配置法最多，其次是苔草景石配置法，最后是乔木景石配置法。枯山水庭园内基本上不使用任何开花的植物，因为在禅宗修行者们看来，花朵是华而不实、易凋谢的，会打乱人们的沉思及他们所追求的"苦行"与"自律"精神。枯山水庭园中草类植物以羊齿苋、

图5-7　枯山水庭园

木贼草和兰花等为多；灌木中以竹子、茶花、杜鹃花、桂花、冬青、黄杨、栀子等为多；乔木中以梅花、松树、杉树、橡树、柏树、枫树等为多。植物修剪较少，尽力保持其自然状态。

回游式庭园（图5-8）中植物种类非常丰富，有株干不大，且生长缓慢的槭树，有造

图5-8　回游式庭园

型优美的五针松，形态多姿的小乔木，有丛生灌木和覆盖于岩石之上的地被植物及罗汉松、日本铁杉和常绿杜鹃。在回游式庭园中，最基本的植物是常绿植物，不仅可以保持园林的景观风貌，也可为色彩浅亮的观花或色叶植物提供一道绿色背景，而使园林色彩更为丰富多彩。

在茶道庭园（图5-9）中，植物配置一般分为上、中、下三层。下层有苔藓及草本植物；中层是灌木如竹子、黄杨、栀子、山茶等；上层植物以乔木为主，如松树、杉树、橡树、樟树等。这些植物很少修剪，主要是为了保持丛林野际和山间古刹的趣味。

图5-9　茶道庭园

在日式庭园中，常用的植物有五针松、柏树、樱花、红枫、罗汉松、杜鹃花、瓜子黄杨、铁树等，通常以一两种作为主景树，再选两三种作为点景植物，层次分明，简洁美观。最常见的灌木是常绿杜鹃，特别是形体密实紧凑、自然生长的小叶杜鹃，经常精心修整以保持灌木形态。

（3）欧式风格庭园

图5-10　意大利台地园

欧洲园林主要有规整式的意大利台地园（图5-10）及英国式的风景园之分。在意大利台地园中，建筑在山坡之处因势而作，因此它前面能引出中轴线，开辟出一层层台地，分别配以平台、水池、花坛、喷泉或雕像，中轴线两旁栽植高耸的杉树、黄杨等植物可以与周围自然环境相协调。而在法国则设计成平地上中轴线对称均衡的规整式布局。荷兰则将树木修剪成繁复的几何形体及各种动物形状。最兴盛的是英国的风景式（图5-11）自然树丛和草地，尤其讲究借景与园外自然环境的融合，更注意花卉的形态、色彩、香味、花期和栽植方式。

欧式庭园中的植物种植以修剪整齐的树篱和灌木为主，花卉应用较少，整个庭园的色彩以深绿色为主。规则式的花坛中布置有黄杨、女贞等组成的图案。一些大树植于庭园的边界，形成园中景物的背景。

图 5-11　英国式庭园

适合种植在欧式庭园中的树木一般有雄伟的欧洲七叶树、美丽的悬铃木，以及各种枫树等，种入花坛里的植物一般有报春花、石竹、芍药等。每个花坛周围都栽着黄杨，里面种植颜色单一的同类花草。水池也种植一些水生植物，如根植于泥中而叶片漂浮在水面上的睡莲，根垂于水中的漂浮植物凤眼莲，完全沉入水中的制氧类植物金鱼藻等，至于水池边植物种类则较多，均可让水池看起来更加自然、美丽。

5.5.1.2　功能不同的庭园花卉装饰

(1)观赏性庭园

观赏性庭园具有流动的动态观赏性质，供短时间停驻，所以景物需要异质性、分散性和步移景异，以便为观者提供多趣味的游览空间。

如中山国际酒店庭园中四楼的天台花园设计主要考虑到要满足酒店住宿的客人游览赏景的需要，同时还要紧密配合娱乐场和游泳池开放时提供休息。在天台花园的园林景点中，花架廊植紫藤，蔓生于顶上覆盖，每逢春日，花絮浓浓，紫绿相映，故称"紫絮长廊"。"玉堂春色"一景中玉堂春花洁白如玉，素有玉树之美名。在水榭和竹廊相连的三角位置上栽有紫薇，初夏盛开，花色艳丽，一组三株，高矮不等，古劲多姿，花色呈

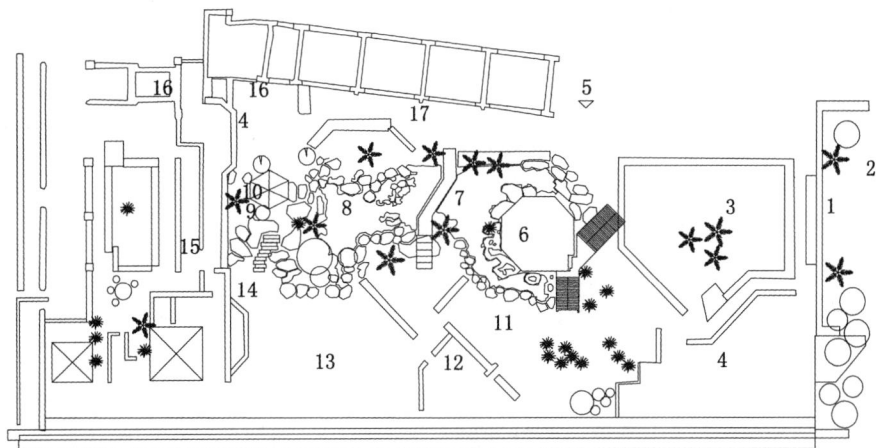

图 5-12　白天鹅宾馆庭园平面图

1. 正门　2. 停车场　3. 门厅　4. 酒吧间　5. 首层北入口　6. 观景台　7. 曲桥　8. 故乡水
9. 英石山　10. 藏亭　11. 休息厅　12. 二楼风味餐厅　13. 咖啡厅　14. 水帘洞通道
15. 三楼中餐厅　16. 至后庭过道　17. 商场

粉红，娇艳夺目，雅俗共赏，更点缀了廊和水榭的景色。红花夹竹桃从夏季一直到入秋，花期很长，烘托着山峦和知音泉，使其更加壮观美丽。佛肚竹枝叶青翠，微风吹动，摇曳多姿，如诗如画。池湖中，浮出一簇簇睡莲、荷花，清香有色，分外迷人。

（2）休憩性庭园

休憩性庭园以休息为主要目的，具有静态观赏性质。如广州白天鹅宾馆中庭（图 5-12，图 5-13），植物造景时，为使有限的空间充分发挥绿化效果，采取了空中绿化、地面绿化、水边绿化三者并用、合理布局的手法。

空间绿化　十余盆牙姜、巢蕨等由天棚挂下，错落有致，疏密相间。上下三层走廊的花槽密植天冬、黄素馨、绿萝等，层层披挂，如空中绿帘。

地面绿化　因面积小，为增强效果，除乔灌木适当密植外，多种植地被植物，如何氏凤仙、铺地锦等，用两三株中型蒲桃填充石山左池穴位。

水池绿化　主要采用风车草、石菖蒲、艳山姜、花叶莨姜、姜花等耐水湿植物。

该中庭的设计配置，使四周三层的商店、咖啡厅、餐厅、门厅、休息厅和观景台都统一融合，植物造景消除了市内外的界限。人们由

图 5-13　广州白天鹅宾馆中庭

大门厅进入宾馆举目四望，中庭上下周围满眼自然景色，犹如处于山野胜景之中。

(3) 参与性庭园

参与性庭园追求高娱乐性和高参与性。如国外的水庭，人们可以身入水庭，戏水和观看他人活动，聆听水声；亦可静坐庭旁，品赏、交流、远望水庭之动态景观。现在国内有的大型庭园内游泳池为使环境更为优美自然，在池边摆设天然的大卵石，墙边种植大型椰子、橡皮树、棕榈等热带植物，墙上画着沙漠及热带风光，真假相融，让游泳者恍若在热带河、湖中畅游。

如某私家别墅的庭园 (图 5-14) 中的北面设计了一个游泳池，以供园主人与家人朋友在夏日午后的阳光里休闲娱乐，暂时逃避喧嚣的城市和紧张的工作，能够放松身心。靠近泳池入口的部分布置了木平台，上面放置了太阳伞、休息座椅和小帐篷等休闲设施。孤植的非洲茉莉在泳池线条的内弯处，刚好起到点缀的作用。沿泳池北面的曲线设置了一些小品，种植的蜘蛛兰叶片下垂弯成的曲线与泳池形状正好呼应，远处种植的南洋杉，可以阻挡邻居的视线。泳池南面是一片开阔的草坪，做些微地形的处理，点缀一些小型植物，就成了一片很好的休闲活动场地，闲暇时可在草坪上做些运动，也可享受温暖的阳光。泳池和休闲大草坪的设置，使人的活动和庭园功能的发挥得到了最好的结合。

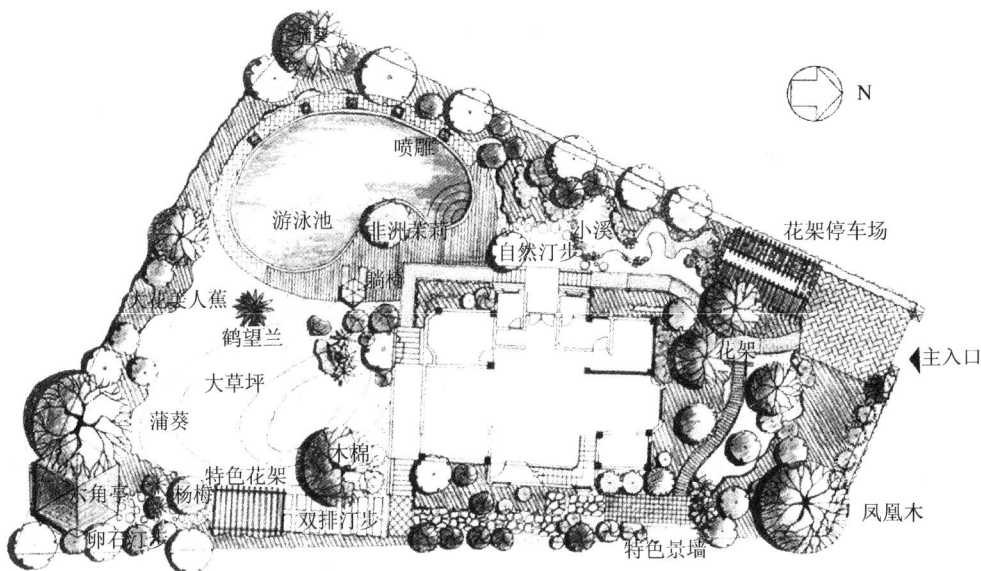

图 5-14　某私家别墅庭园

5.5.1.3　庭园中不同位置的花卉装饰

植物的生长与庭园环境是相互矛盾的，这是因为植物是有生命的软性材料，它受光照、水分、土壤和气候等因素的制约，而建筑是人类改造自然的结果，是硬质材料。因此，由于立地条件的限制，在植物品种选择上应慎重，尽力使其适应基地生长环境。但再好的庭园也不能完全满足植物生长需要，所以在设计庭园之前有必要注意一点：为植物生长创造优越的环境条件。如中庭，中庭的形式对植物的生长有显著的影响，中庭内

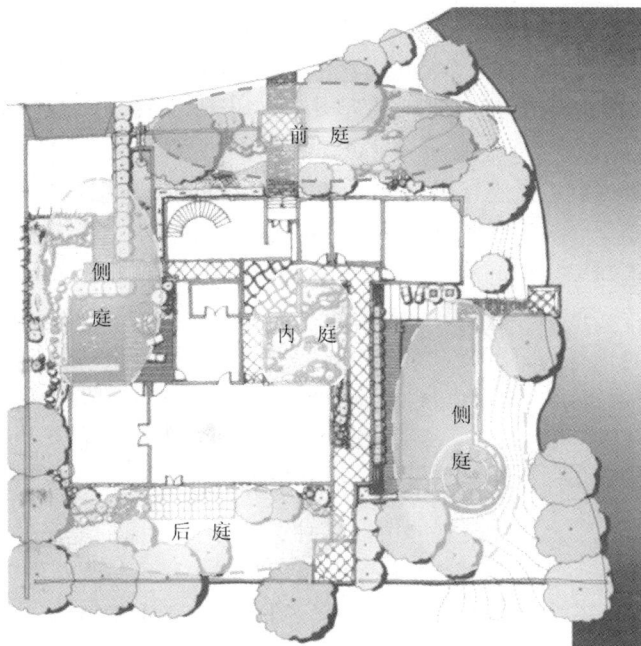

图 5-15　庭园各部分名称

部设计应考虑光、热、风对植物的影响。反之，也要注意植物的配置对室内环境的影响，比如在华南地区的中庭一般多选用亚热带植物。下面就以几个具体的实例讲述庭园中不同位置的花卉装饰方式及相应的植物选择。图 5-15 中已相应表明庭园的前庭、内庭、侧庭、后庭的具体位置。

（1）前庭

前庭通常位于主体建筑的前面，面临道路，一般庭境较宽敞，供人们出入交通，也是建筑物与道路之间的人流缓冲地带，因此，前庭的布置宜开朗。植物造景时应考虑虚实结合，若隐若现。植物的形态、体量不宜太大，枝条柔美，叶色鲜亮，疏密有致，且与建筑物的搭配得当。只有这样，才能创造出"引人入庭"的前庭景观。图例中前庭较为开阔，以绿化为主，乔木、灌木、地被自然地配置在一起，在角隅或庭园一侧点缀一两棵较大的乔木，既能显示出庭园的气势，也不遮挡出入的视线。

（2）内庭

内庭作为庭园之心腹重地，植物造景要根据视觉的普遍规律进行适当的空间尺度处理，细致考虑植物的形、色、味等，以适于人们近观静赏。在植物品种选择上，要求树形优美秀丽，树枝疏密有致，树冠透光透气，花叶色泽鲜艳柔和，芳香宜人。白兰、丹桂、九里香、金丝竹、佛肚竹、粉丹竹、绯桃、蜡梅、山海棠、葡萄、含笑、茉莉、鹰爪等都是良好的内庭植物品种。图例中的内庭采用日式庭园的做法，曲线变化的枯山水结合较耐阴的灌木、小乔木的种植，手法简洁，但又能恰到好处地营造出幽静、雅致的氛围。

（3）侧庭

侧庭古时多作书斋院落，供人小憩。因此植物造景宜营造出清静淡雅之氛围，一般选择松、竹、梅、相思、紫藤之类。图中建筑两侧庭园均以水景为主，西侧规则式水池结合木平台、汀步以及花木的点缀，营造出一片清幽宁静的氛围。而东侧庭园则以泳池结合微地形的草坪，小有起伏的地势变化中，散植几棵大树，既能遮阴，又增添了韵律和趣味。

（4）后庭

后庭位于建筑后侧，景观布置偏重自然式，手法灵活多变，追求景观各要素在时间和空间上的丰富变化。植物花色品种丰富，可选择大型、小型乔木，花灌木，宿根、球根花卉，草花，草坪等，也可适量选择开花而富有香味的植物，如玉兰、丁香类植物及木香、金银花、香水月季、玫瑰、木本香薷、糯米条、刺槐等。图例中后庭的植物配置相对较随意，依旧是简洁明快的乔灌草相结合，但由于注意了疏密与开合的布置，于是有了古典园林中"疏可走马，密不透风"的韵味。

（5）屋顶花园

屋顶花园对建筑物顶层结构的承重、防水等方面提出更高要求。江南一带宜选择浅根性，树枝轻盈、优美，花叶美观的植物品种；北方宜选择抗旱、耐寒的草种，宿根、球根花卉及乡土花灌木。现广东东方宾馆的屋顶花园布置得较为精细，内容很多。园内有路、桥、水池、山石、雕像、花架、鱼池、园灯及多种观赏植物，如短穗鱼尾葵、棕榈、佛肚竹、苏铁、南迎春、九里香、硬骨凌霄、含笑、凤尾竹、海桐、红背桂、南天竹、罗汉松、石榴、山茶、龟背竹等。

华盛顿互惠银行第十七层的屋顶花园是一个漂亮的绿色屋顶（图5-16，图5-17），同时也是银行的一个非常重要的社交空间和市民活动中心。它符合西雅图市最小规格公

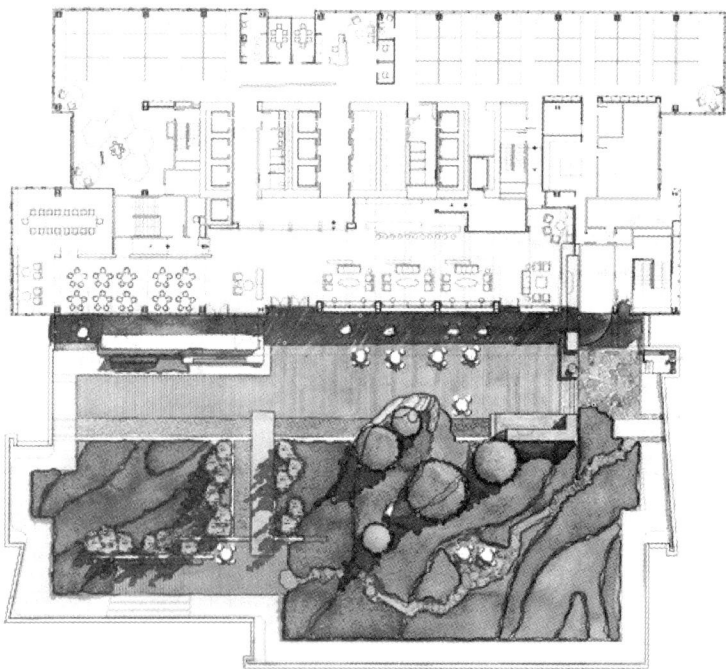

图5-16　华盛顿互惠银行平面图

共开放空间的要求，花园可使用区域面积还被扩大了 3 倍，通过铺设地板和花园小路为人们欣赏艾略特湾风光提供了便利。所用的造景元素向人们讲述着银行的故事、它的地方渊源及其服务的社会群体。植物种植、花园小路和木制装饰用来象征性地表示华盛顿州丰富多样的自然风光，至少 2/3 的木制装饰区用来栽种当地的特色耐旱植物，花园也因此获得"西雅图最大的绿色屋顶"的荣誉。繁茂的绿草和松树让人们立刻联想到华盛顿州暴露在风

图 5-17 华盛顿互惠银行局部效果

中的高地和海岸线。季相变化性和观花植物为花园带来粗犷大胆的植物景观，并与花园内的钢材、玻璃、木材形成的线形模式及建筑物具有的硬朗感形成鲜明对比。玻璃景墙的反光表面从视觉上扩大了花园空间感，也形成多个视角帮助人们欣赏花园景观。不论春、夏、秋，人们站在银行大楼下的街道上都能看到开花植物为大楼带来的色彩绚丽、样式丰富的景致。

(6) 建筑和室外过渡空间（门、窗、墙）

建筑和室外过渡空间主要包括门、窗、墙这 3 个部分。

① 门 是入口的终点，是进入室内或另一个空间的必经之处，与墙连在一起，起到分隔空间的作用。大门对庭园设计有着非同寻常的意义，植物配置设计应使人获得稳定感和安全感。常见的绿色屏障起到与其他庭园的分隔作用，通过绿色屏障实现了家庭各自区域的空间限制，从而体现了相关的领域性，通过组合一定数量的树木勾画入口处的主体特征。如图 5-18 所示，藤蔓状的铁艺大门是欧式风格的典型特征，铁门上面爬满拱形花栏的三角梅，绿色的叶子长势旺盛，形成稳重的主色调，而粉色的苞片像花瓣一样点缀其间，丰富了色彩，活跃了大门口的气氛，入口矮墙上自由排布的爬山虎以及造型优美的龙舌兰共同营造了一个热闹、浪漫、生机盎然的环境氛围。

园林中门的应用很多，并有众多造型，充分利用门的造型，以门为框，通过植物配置，满足

图 5-18 门的花卉装饰

其便于识别、引导视线、提供阴凉等功能，形成门区空间，可以带给人特定的空间归属感，满足人们心理上的某种需要。同时，可适当结合道路、山石进行精细的艺术构图，不仅可以入画，而且还可以扩大视野，延伸视线。建筑物入口的植物配置是视线的焦点，起标志性作用，一般采用对称式的种植设计。根据建筑类型，既可采用树形规整的乔木、整形灌木或花灌木、花坛等，也可树木与花坛组合，但应首先满足功能要求，不能遮挡视线。

　　广州某茶座庭园中，在椭圆形的门框左侧前配上一丛棕竹，小巧的姿态和叶裂片的线条打破了门框的机械感；门框后的右侧植上一丛粉单竹与之相呼应，起到了均衡的效果。路的曲度流畅蜿蜒，远处一土堆覆盖着野生地被植物五爪金龙，犹如山峦远景，层次清晰、构图简洁，将游人的视线引向无限远处，达到了入画的境界。

　　② 窗　也可充分利用作为框景的材料，安坐室内，透过窗框外的植物，俨然一幅生动画面，如留园揖峰轩的"尺幅窗"框修竹、湖石。如图 5-19 中，沿建筑的墙基种植龙船花和红花檵木成两条曲线的带状，在窗前的位置又特地点缀植成丛状的蜘蛛兰和海芋，丰富了窗前景致的变化，也柔化了建筑外沿坚硬的线条。

　　由于窗框的尺度是固定不变的，植物却不断生长，体量增大，会破坏原来画面。因此要选择生长缓慢，变

图 5-19　窗下的花卉装饰

化不大的植物，如芭蕉、南天竹、孝顺竹、苏铁、棕竹、软叶刺葵等，均富有民族情调，适合小庭园应用。近旁可再配些尺度不变的石笋石、湖石，增添其稳固感。这样有动有静，构成相对稳定的、持久的画面。为了突出植物主题，窗框的花格不宜过于花哨，以免喧宾夺主。

　　③墙　其正常功能是承重和分隔空间，完整的墙体一般包括墙基、墙面和角隅等部分。在园林中，还可以利用墙的南面良好的小气候特点引种栽培一些美丽的不抗寒的植物。

　　墙前的基础栽植宜采用规则式，以与墙面平直的线条取得一致。应充分了解植物的生长速度，掌握其体量和比例，以免影响室内采光。在一些花格墙或虎皮墙前，宜选用草坪和低矮的花灌木以及宿根、球根花卉。高大的花灌木会遮挡墙面美观，喧宾夺主。

　　墙面绿化泛指用攀缘植物或其他植物装饰建筑物墙面或各种围墙的一种立体式绿化。墙面绿化不仅是装饰建筑的艺术，在功能上还能减少墙体的直接日晒，降低气温，吸附灰尘，增加绿地率，改善环境质量，遮挡景观不佳的建筑。现代园林中，一般的墙体绿化常选用藤本植物或经过整形修剪及绑扎的观花、观果灌木，辅以各种球根、宿根花卉作为基础栽植。常用种类如紫藤、木香、藤本月季、爬山虎、五叶爬山虎、葡萄、山荞麦、铁线莲、美国凌霄、凌霄、金银花、盘叶忍冬、华中五味子、五味子、素方

图 5-20　墙基的花卉装饰

花、冠盖藤、常春油麻藤、鸡血藤、绿萝、西番莲、炮仗花、使君子、迎春、连翘、火棘等。一些山墙、城墙，经过何首乌、爬山虎等植物美化后，极具自然之趣。

我国南方园林中的白粉墙常起到画纸的作用，如图 5-20，通过配置观赏植物，用其自然的姿态与色彩作画。常用的植物有红枫、山茶、木香、杜鹃花、枸骨、石榴、南天竹、芭蕉、孝顺竹、紫竹等，植物的枝、叶、花、果跃然墙上。欲取姿态效果的常选用一丛芭蕉或数枝修竹，为加深景深，可在围墙前做些高低不平的地形，将高低错落的植物植于其上，使墙面若隐若现，产生远近层次延伸的视觉效果。一些黑色的墙面前，宜配置些开白花的植物，如木绣球，硕大饱满圆球形白色花序明快地跳跃出来，也起到扩大空间的视觉效果。如果将红枫配置在黑墙前，不但显不出红枫的艳丽，反而感到色彩黯淡。

墙角和建筑的角隅线条都较为生硬，可以利用植物柔和、多变的特点，对尖角进行遮挡，从而起到软化的作用。如图 5-21 的巴厘岛风格的庭园中，在一面粗质感的景墙前配置树形优美的鸡蛋花、红叶朱蕉、海芋、满天星等地被植物，形成丰富的层次和色彩，长势旺盛的绿萝攀生在墙面上，与丛植的植物相呼应，再结合古朴的巴厘岛风情建筑，构成了这个优雅别致的庭园小角落。

图 5-21　角隅的花卉装饰

墙角与建筑的角隅多采用观果、观叶、观花、观干等类型成丛配置，也可做微地形处理，结合小体量的山石，将视线吸引至以植物为主形成的优美景观，减弱角隅产生的不利影响。角隅可用自然式种植，还可与水景相结合，布置水生花卉来软化建筑生硬的线条。

5.5.2　花卉在庭园中的合理应用

园林花卉种类繁多，形态和习性各异，因而具有各自不同的园林用途。在庭园花卉装饰上的应用方式主要可采用以下两种：

5.5.2.1　一般观赏花卉在庭园中的应用

在植物配置上，要创造一个小庭园，自春至冬都能生机盎然，四季有景，就得根据庭园的性质，运用传统手法，选择一些合适的花木进行配置，把科学的配植与艺术创作紧密结合起来，达到预想效果。园林花木很难从生物学、植物学的角度予以严格界定，大致有木本、草本、藤本之分。配置植物前应了解庭园土壤的酸碱度和地势的干湿程度，以及花园的朝向、风向、光线等。然后根据植物本身喜光喜阴、喜干喜湿、喜酸喜碱等作出正确选择。下面介绍几种植物种类在庭园花卉装饰中的合理应用。

（1）木本花卉

庭园中常用的常绿阔叶乔木有樟树、广玉兰和苏铁等；落叶阔叶乔木有银杏、红枫、鸡爪槭、玉兰、山茶、海棠、枇杷、垂柳、梅、桂、桃和紫薇等。园林中的灌木常用于划分、组织空间，或作为高大乔木的下木以过渡空间层次。庭园中常用的灌木有木槿、迎春、连翘、月季和丁香等。

① 种植形式　木本花卉种植主要指植物的栽种构图形式，包括花木品种选择以及种植点布局等。花木种植得当可突出庭园特色，强化自然属性，丰富空间层次，完善庭园功能。小园种植常以花卉为主，大园多以茂林取胜，中园则可花、树并重。在庭园建造时常用花木引导、过渡、限定或分隔空间，使其充分发挥组织空间的作用。在庭园中常采用的花木种植形式有孤植、对植、丛植、坛植等。

② 花木配置　多种花木的配置，在整体上应突出以绿为主的园林基调，花木间的配置应相辅相成，乔木、灌木、攀缘植物和地被植物各居其位，疏密适度，空间层次分明。多色调的花木配置，姹紫嫣红，不仅能强化视觉感受，还能营造生机勃勃的庭园氛围。如图5-22，将鸡蛋花与中层的朱蕉、美丽针葵，再加上一些草花植物和菖蒲等水生植物的配置，增强庭园的空间感和色彩感。在庭园中的花木配置还可依据季相因素，采用常绿树

图 5-22　花木配置实例

木与落叶树木搭配，或选择不同花期的植物搭配，使庭园中花木兴衰此起彼伏，四季均有可赏之花木佳景。

花木与建筑的配置要因地制宜，根据庭园的属性与功能，选择与之相配的植物，特别要注意花木的特性及象征、寓意，以便准确地烘托景观主题。南方私家园林多梅、竹、枇杷和桂树等中小型植物，以便在咫尺庭园中营造诗情画意。一些木本花果植物适合造型后贴墙直立生长，与建筑的窗墙、窗、墙角等配合用于立体绿化。适合直立式设计的乔灌木种类有桂花、'红花山茶'、银杏、梅、火棘、榆叶梅、杨梅、含笑、紫荆、

木绣球、绣球、罗汉松、日本木瓜、木槿等。

花木与庭园中的山石配合得当，可成为富有画意的佳构；可作为景石之间的空间过渡，以弥补其空间布局的不足之处；也可以屏蔽山石的欠缺部位，从而完善石景的整体构图；植物可作为山石的背景，衬托山石的优美形态，还可丰富庭园空间层次。与景石相配的植物以乔木和藤木为主，可选用的植物有芍药、海棠、茶花、紫薇、黄杨、竹、紫荆、红枫、鸡爪槭、龙爪槐、紫藤、翠竹、南天竹等。

图 5-23　水岸植物配置（1）　　　　　图 5-24　水岸植物配置（2）

花木与庭园中水景的配置，可丰富水体的景观效果，使生硬的池岸得以柔化，使单调的池塘水域得以丰富。用花木划分水域空间，既自然，又可装饰水体。如图 5-23，在庭园靠近水岸处栽植柳树，树姿摇曳，倒影婆娑。又如图 5-24，在水景池岸种植松、鸡蛋花和'红叶乌桕'，从树形及颜色方面来搭配，再配置些耐水湿的低矮植物，在花木掩映下，水景的空间层次更加丰富，无形中又增添"藏"的意境。花木倒影可极大地丰富水的色彩，应以植物的丰富绿色为基调，以秋叶植物或开花植物为点缀，营造幽雅、明快的影映景。庭园中水岸的花木配置应疏密有致，选择耐湿而形态婀娜多姿的植物，如垂柳、鸡蛋花、水石榕、水杉、枫杨、樟树、圆柏、海棠、云南黄馨、红千层、连翘、桃花、木芙蓉及一些棕榈科植物等。

（2）直立型草花

直立型花卉种类丰富，庭园中的直立型草花的应用形式主要有花坛、花境和花池等。

① 花坛和花台　花坛和花台的外形往往采用规则的几何形状，栽植一、二年生的草本花卉，这些花都需要一致的花期、花色、株高及株形。花的色彩要求艳丽，对比强烈。种植不同色彩的花能组成美丽的图案。图 5-25 中，在两组对称的花坛中种植不同品种的月季，红、白、黄、粉，不同的色彩映衬着白色的花坛，干净而静谧中又透着一种活泼的感觉。

图 5-25　花台植物配置

图 5-26   庭园花境

②花境   在一般的庭园设计中最适合用的是花境。花境植物可选择多年生宿根或球根花卉，也可用一、二年生花卉。如图 5-26，庭园中将各色草花栽植成花境、花池，使整个庭园有了色彩缤纷的感觉。

在庭园花卉装饰的过程中，利用植物种类造景就必须既要考虑植物本身的生长发育特性，又要考虑植物与生境及其他植物的生态关系。同时还应满足功能需要，符合审美视觉原则。总之以植物种类为基础的种植设计必须既讲究科学性又讲究艺术性。

（3）藤蔓植物

藤蔓植物的形态与一般乔木、灌木、草木和地被植物不同，无论是主动攀附还是依附攀缘，都使绿化布置朝立体发展，产生向上爬或下垂的效果。藤蔓植物在庭园中的应用范围有以下几种：

①围墙或围篱   一般指与外界分隔起保护作用的自家围墙或围篱。根据围墙的不同情况，可选择不同种类的藤蔓植物进行栽植，如爬山虎、地锦、蔷薇、三角梅等。如图 5-27 将蔷薇植于庭园周边的围篱上，生长迅速的蔷薇第二年就可以爬满围篱，可以有效地美化、柔化围篱。

② 建筑墙面   一些藤蔓植物攀附时能随建筑物形状而变化。无论建筑是方形、尖形还是圆形，它都能显出建筑原有的形体，要产生这样的效果，选择爬山虎、常春藤最为典型，也可选择一些开花的藤本植物，如藤本月季、蔷薇等。如图 5-28，在建筑墙前

图 5-27   围篱绿化   图 5-28   墙面绿化

植藤本月季，让其顺着墙体往上延伸，花期到来时，花朵竞相开放，香气扑鼻，既对墙面或墙角起遮挡美化的作用，同时也为庭园增添一道独特的风景。

③栏杆　家庭的阳台、窗台的栏杆，既是安全栏又是室内与室外最好的连接点，也是接触大自然和美化环境必不可少的。阳台、窗台栏杆绿化可选择悬挂类常绿和开花植物组合栽植，体量小一些，既保持终年常绿，又可增加建筑立面活泼、美丽的景观气氛，可选择三角梅或者垂挂、盆栽植物（图 5-29）。

图 5-29　窗台绿化

图 5-30　棚架绿化

④ 棚架　在一些较为宽阔的庭园内，可在宅门、车棚、路面活动空间搭上一个简单、轻巧的棚架，植以紫藤、凌霄、木香、金银花、葡萄、猕猴桃等木质藤本（图 5-30）。同一棚架的下部，也可混植一些草质的开花藤本，如牵牛、茑萝、丝瓜等。尤其是在供人活动的花架下，如果能放置一套桌椅，创造一个凉爽、舒适的休憩小景则效果更佳。

5.5.2.2　实用观赏植物在庭园中的应用

庭园是建筑的附属和延伸，其面积一般有限。以往庭园种植的植物总选用一些与大园林相似的植物，比较强调观赏性。实际上，庭园的植物更应重视其实用性，如不少食用类、芳香类、药用类的植物，它们的花、叶、果，甚至全草都可食用，挥发的香味还有利于健康，而且还具观赏性，给人们带来更多的实惠，这些植物可统称为实用植物。

(1) 食用类植物

可供食用的植物非常多，在小庭园中更适合栽一些小型的并具观赏性的植物。据专家研究，常见的入馔花卉就有百余种，不仅味美、色艳，而且能延年益寿。如百合科中的芦荟、百合、萱草（金针菜）、石刁柏（芦笋）、宽叶韭等，菊科中的菊花脑、马兰、菊苣等，茄科中的茄子、朝天椒、枸杞等，泽泻科中的慈姑（沼生植物）等。

在一些居家庭园中，还建有水泥或木质的棚架，炎热的夏季可在下面休憩、乘凉，冬季又可在下面享受阳光，所以这些棚架栽植落叶或半常绿的攀爬植物是比较恰当的，如大型一点的棚架可用猕猴桃、葡萄、葫芦、丝瓜等植物；小型轻质的棚架可攀爬金银花、栝楼、木通、何首乌、扁豆等植物。

在庭园进行植物配置时，可根据实用植物的花期、观赏价值及香味等，与常用的园林植物混合组成花坛、花境或花丛。当然，在面积较大的庭园中可规划香草类或药草类的专类园。实践中，有些可食用的植物又有美丽的叶或花，可以和一些一、二年生花卉组合成花坛，如唇形科的罗勒，嫩茎叶可食用，尤其在夏季可作凉拌菜、清炒等，有清暑解毒作用，在花坛中可作镶边材料，尤其紫叶罗勒，色彩更佳。而朝天椒由于其果实色彩鲜艳、闪亮，也可用作花坛。同时，还可用能抵御虫害的万寿菊与它们配置在一起，免去杀虫剂的使用，保证食用的安全。

（2）芳香类植物

在乔木、灌木、多年生草本及一、二年生草本植物中都能选出庭园可栽的芳香植物，可根据庭园面积的大小选择不同的类型。木本植物有广玉兰、桂花、含笑、蜡梅、栀子、玫瑰等，草本植物有紫罗兰、薰衣草、薄荷、百里香等，这些植物都能散发香味，如果植于屋边，开花时在室内就能享受花香，还有益于人的身体健康。开阔的草地中可种植高大的乔木树种，如白兰、玉兰、樟树等；在游人驻足处，可种植香气较浓的植物，如春天的梅花、香荚蒾、玉兰，夏天的栀子、玫瑰，秋天的桂花，冬天的蜡梅等；在小园的路边可种植低矮的灌木和芳香的草花植物，如百里香、薰衣草、迷迭香等；水中可种植荷花、菖蒲等。

在庭园中，设计花境是应用实用植物的好方法。如花境中种植薰衣草，紫色的花色彩独特，又有香味，这种香味对治疗衰弱和失眠还有辅助疗效。种植百里香，春季开花时犹如地毯；用株形独特的常绿迷迭香，可以使花境冬季也不单调；花境中如用银叶厚毛水苏、麝香草等还可使景色更美丽。总之，根据个人的喜好，可以配置出千姿百态的实用花境来。

（3）药用观赏植物

药用观赏植物就是可药用又具有较高的观赏价值的园林绿化植物。随着人们生活水平的不断提高，对周围环境的要求日趋提升，选择药用观赏植物作为园林中的树种搭配已经成为一种新型的植物配置方法，被大多数人所接受。

药用植物资源丰富，适合庭园栽培的并无定式，只要与环境协调，适合栽培就行。在庭园中，对药用观赏植物的绿化层次和搭配方面也值得推敲，主要有高矮搭配、常绿和落叶搭配、色彩的不同搭配，这样不仅可以达到四季有景的效果，而且还能丰富绿化层次，提升观赏效果。高层的绿化药用乔木主要有银杏、樟树、厚朴、木瓜、大叶榕、杜仲、喜树等；中层灌木主要有贴梗海棠、垂丝海棠、峨眉蔷薇、枸骨、苏铁、小檗等；低层的相对比较丰富，样式也可以多样，如紫苏、万年青、石菖蒲、白芨、白头翁、垂盆草、虎耳草、景天、鸢尾、金银花、石蒜、紫茉莉、芍药等。颜色搭配方面可以用深绿的麦冬、阔叶麦冬等，浅绿的有万年青等，黄绿色的有垂盆草等，白色的有葱兰等，红色的则可以用石蒜。

对庭园采用实用植物进行花卉装饰时应该注意的是，在开始种植实用植物前，必须了解它们的基本习性，是喜光还是喜阴，喜干还是喜湿，对土壤的酸碱度、排水情况要求如何，尤其为了造就理想的景观效果，更要了解这些植物的自然高度。如果对有些种类不太熟悉，可以先选一处少量试种一两年，然后再扩大种植。

小　结

本章在介绍庭园花卉装饰的意义、形式和原则的基础上，着重阐述庭园中花卉装饰与应用设计及相关知识；结合实例介绍不同庭园和庭园不同部位的花卉装饰，对不同类型的花卉在庭园绿化中的应用也进行了阐述。

思考题

1. 庭园花卉装饰设计的原则体现在哪些方面？
2. 庭园花卉装饰应用和设计的形式有哪些？
3. 举例说明不同庭园风格中植物花卉装饰方式的差异。
4. 简述庭园中不同位置的花卉装饰方式。
5. 试分析不同花卉在庭园花卉装饰中的应用。

推荐阅读书目

园林建筑设计．杜汝俭．中国建筑工业出版社，1999.

建筑外环境设计．刘永德．中国建筑工业出版社，1996.

庭园空间的植物造景．李玲．福建林业科技，1997，24(2)：75 – 77.

植物造景．苏雪痕．中国林业出版社，1994.

中山国际酒店园林．陈守亚．中国园林，1994，10(2)：35 – 37.

宾馆园林综议．基口淮．园林，1991，(2)：10 – 11.

日本小庭园．刘庭风．同济大学出版社，2001.

园林花卉应用设计．董丽．中国林业出版社，2003

植物造景．苏雪痕．中国林业出版社，1994.

日本小庭园．刘庭风．同济大学出版社，2001.

6

插花艺术
与时尚花艺

插花是一门以花卉的自然美经过艺术加工构成装饰美的造型艺术。它与雕塑、盆景、造园、建筑等一样，属于艺术的范畴。狭义的插花是指以花为主体的艺术设计，将剪切下来的植物之枝、叶、花、果、芽、皮、根等作为素材，以造型艺术的技法为基础，按照艺术的构图原则和色彩搭配进行设计，将其插在能盛水的容器或保水的基质上，组成一件既有一定内在的思想情愫，又能充分展示花材的自然美的外观形式的艺术品。广义的插花所应用的花材，可以是新鲜的花材，也可以是干花、人造花和其他装饰性材料，应用范围更加广泛，包括装饰室内外环境用的摆设花和装饰人们仪容用的服饰花、手捧花及各种花环、花篮。

插花作品因其既具有艺术美的欣赏性，又具有广泛的实用性和商品性，融自然、生活与艺术为一体，因此深受古今中外各阶层人们的喜爱。然而要真正插成一件好的作品却并非易事。因为它既不是单纯的各种花材的组合，也不是简单的造型，而是与其他造型艺术一样，具有造型美学原理。只有掌握造型的基本理论，才能不断创新和提高插花水平。

6.1 插花艺术概述

6.1.1 插花艺术特点

插花艺术虽与雕塑、盆景、造园、建筑等艺术学科有很多共同之处，但也有其自己的特点。

（1）时间性

花材大多不带根，没有根系，吸收水分及养分受到限制。以植物种类及季节不同，水养时间少则 1~2d，多则 10d 或一个月。因此插花作品供创作和欣赏的时间较短，属于快捷的临时性的艺术欣赏活动，要求创作者与欣赏者抓紧时间插作和品味。

（2）随意性

随意性表现在选用花材和容器都很随意和广泛，档次可高可低，形式多种多样，常随场合和需要而选用。高档的附生兰、鹤望兰、红掌、切花月季固然很美，而路边的狗尾草、酸模、芦花、蒲草、车前草同样可用；芹菜、辣椒、豆角、萝卜及各种水果常是家庭和饭店插花的好材料。其构思、造型可简可繁，可以根据不同场合的需要以及作者自己的心愿，随意创作和表现。因此，插花作品在选材、创作、形式、陈设、更换上都较灵活随意。

（3）装饰性

集众花之美而造型，随环境而陈设的插花作品艺术感染力最强，美化效果最快，具有画龙点睛和立竿见影的效果。这是盆景、雕塑等艺术无法与之相比的。

（4）自然性

插花作品独具自然花材绚丽的色彩、婀娜的姿容、芬芳而清新的大自然气息，是最接近生活环境，最容易被人们所接受的一种美化方式，一种艺术修养及文化娱乐活动。

(5)艺术性

插花作品是有生命的艺术品，不仅色、香、型俱佳，而且富有神情与生命，能够使人感受婀娜多姿、清新且芬芳的大自然气息。

学会插花，不仅可以随时随地用来点缀自己的居住环境，使家庭生活增添一份美感和温馨，而且也是探亲访友、迎送宾客最高雅、最珍贵的礼品。学会插花，可以时常与花做伴，以花为友，不仅给人带来大自然的美感，同时各种插花作品所展示的丰富内涵——热情欢乐、或典雅秀丽、或雍容华贵、或傲霜斗雪、或坚韧刚毅等品质与精神风貌——能逐渐美化、净化人们的心灵，陶冶人们的情操，起到修身养性、增进友情和传递信息的作用。因此，插花具有实用性、知识性和趣味性，既可自娱，又能娱人，能够带给人们喜悦与欢乐，象征美好的愿望，使之更加热爱生活。

6.1.2 插花的分类

(1)依用途分类

①礼仪插花　用于各种社交、礼仪活动，烘托和营造气氛，或热烈欢快，或庄严肃穆。常用形式很多，如各种花篮、花束、花钵、花环、花圈、捧花、胸花、餐桌花饰等，可根据不同的场合和气氛选用。

②艺术插花　主要用于美化环境和艺术欣赏，既渲染气氛又供艺术欣赏。这类插花在造型上不拘泥于一定的形式，注重表现线条美，色彩或典雅古朴，或明快亮丽。

(2)依艺术风格分类

①西方式插花　以欧美各国的传统插花为代表。其特点是作品体量大，造型简洁大方和凝练，结构紧密繁盛，色彩华丽或素雅。主题思想的体现是通过作品的外形而不是内涵，插制手法多采用大堆头式插法，注重块面和群体的艺术效果。西方式插花具有热烈奔放、雍容华丽、端庄大方的艺术效果，很适合装饰性插花。

②东方式插花　以中国和日本为代表。受传统文化和习俗的影响，东方式插花造型多变，不拘泥于形式；造型以自然线条为主，多呈现不对称构图，配色清新淡雅，以幽雅见长；主题思想是通过作品的内涵和意境来表现的，插制方法是以三大主枝为骨架的线条式插法。

③自由式插花　融会东西方插花的特点。选材、构图、造型不拘一格，自由广泛，可以使用各种非植物的材料，如金属、羽毛、玻璃等，色彩以天然色和装饰色相结合，更富表现力，既可以是单独的作品，也可以数个作品组合，融合了东西方的插制方法，更富想象力和生命力。

(3)以花材性质分类

①鲜花插花　全部或主要用鲜花进行插制。它的主要特点是最具自然花材之美，色彩绚丽、花香四溢，饱含真实的生命力，有强烈的艺术魅力，应用范围广泛。其缺点是水养不持久，费用较高，不宜在暗光下摆放。

②干花插花　全部或主要用自然的干花或经过加工处理的干燥植物材料进行插制。它既不失原有植物的自然形态美，又可随意染色、组合，插制后可长久摆放，管理方便，不受采光的限制，尤其适合暗光摆放。在欧美一些国家和地区十分盛行干花作品。

其缺点是怕强光长时间暴晒，也不耐潮湿的环境。

③人造花插花　所用花材是人工仿制的各种植物材料，包括绢花、涤纶花等，有仿真性的，也有随意设计和着色的，种类繁多。人造花多色彩艳丽，变化丰富，易于造型，便于清洁，可较长时间摆放。

6.2 插花的基本知识

重点介绍插花材料、插花容器和插花工具。

6.2.1 插花材料

自然界中的植物种类非常丰富，其中绝大多数都可以作为插花的素材。只要不污染环境，无毒、无刺激性气味，在水养条件下能长时间保持其固有姿态，有一定观赏价值，都能用作插花材料。

6.2.1.1 按一年四季花材出现的时间分类

春天　山茶、水仙、桃花、迎春、紫荆、玉兰、芍药、石竹、彩叶草、风信子、小苍兰、贴梗海棠、榆叶梅、垂柳、垂丝海棠、郁金香和紫藤等。

夏天　荷花、茉莉、紫薇、唐菖蒲、百合、八仙花、栀子花、白兰花、三角花等。

秋天　菊花、鸡冠花、乌桕、千日红、一串红、翠菊、九里香、狗尾红、木芙蓉、石蒜、麦秆菊和火棘等。

冬天　南天竹的果、银柳、仙客来、马蹄莲、冬珊瑚、天竺葵、水仙、五色椒等。

随着科技进步，有许多花卉的生产已经打破了季节性观赏的界限，如唐菖蒲、香石竹、月季、菊花等花卉，全年均有供应。同时，有一些观叶植物，也可以全年采用，常见的有文竹、肾蕨、八角金盘、沿阶草、海桐、旱伞草、苏铁、棕榈、变叶木、罗汉松、常春藤、朱蕉、散尾葵和黄杨等。

6.2.1.2 按插花中的造型分类

①线状花材　整个花材呈长条状或线状，利用直线形或曲线形等植物的自然形态，构成造型的轮廓，也就是骨架。各种木本植物的枝条、根、茎、长形叶、芽，以及蔓性植物和具有长条状枝叶、花序的一些草花都是线状花材。例如，金鱼草、蛇鞭菊、飞燕草、龙胆、银芽柳、唐菖蒲、文心兰、补血草、马蹄莲等。

②特殊形花材　花朵较大，有其特有的形态，看上去很有个性的花材，是设计中最引人注目的花，经常用在视觉焦点。这类花材本身形状上的特征使其个性更加突出，使用时要注意发挥花材的特性。例如，百合、红掌、鹤望兰、富贵鸟、芍药、向日葵等。

③块状花　花朵集中成较大的圆形或块状，一般用在线状花和定形花之间，是完成造型的重要花材。没有定型花的时候，也可用当中最美丽、盛开着的簇形花代替定形花，插在视觉焦点的位置。例如，香石竹、非洲菊、月季、白头翁等。

④散状花　分枝较多且花朵较为细小，一枝或一枝的茎上有许多小花。具有填补造

型的空间以及花与花之间连接的作用。例如，小菊、小丁香、满天星、小苍兰、情人草。

除新鲜花材外，有时也用一些干燥花材如枯藤干枝或非植物材料等。但正式比赛的场合，都要以鲜材为主。花材的状态和鲜度也是评分的一个重要指标。至于人造花，则只能作为一般摆饰，正式场合不能使用。

6.2.1.3　花材的选购、包扎与保养

(1) 花材选购

首先要随季节选购。选购鲜花时，要按质选购。应选择生长强健、花朵端庄、无病虫害的花材，花枝细嫩、柔软、花朵不端庄的均为劣品。从观赏角度看，不宜选用花朵大部分全开的，应以含苞的为好。花型过小不宜购买。此外还需要仔细观察，茎部挺拔有力，有弹性者好。茎下端黏滑或有臭味者不佳。如果是切叶，应选择叶色正常、叶片挺拔、光亮洁净者。以观果为主的材料，应选择饱满、成熟、色泽纯正的。

(2) 花材的包扎

无论从野外采集的花材还是从商店购买的花材都要注意妥善包扎。最好用报纸或有色的纸把花朵部分小心包好，加以保护，切勿直接暴晒在阳光下或受风吹袭。茎叶部外露暂无妨。用玻璃纸包花，阳光透入也会伤花，应避免。

(3) 花材的保养方法

倒淋法　一些叶片较多或观叶植物、竹等以及刚刚购回的萎蔫花材，可采用倒淋法使之复苏和恢复吸水。

水中剪切法　对于所有刚采集、购买及运送到达的花材，不论其是否萎蔫都应当施行水中剪切。

深水养护法　常与水中剪切法配合使用，是萎蔫花材急救的好办法。即在水中剪切后，将花材浸入深水中养护。

扩大切口法　扩大切口面积可以增加吸水量，对于一般花材，在剪切时将切口斜向剪切成"马耳"形。

注水法　水生花卉如荷花、睡莲等，可用注射器把水注入茎的小孔内，直到水流出为止，以排除其内的空气。

切口灼烧法　即将含乳汁较多的花材如一品红、绣球花等可将切口在酒精灯、蜡烛等火上烧炙，直至变色发红，立即放入冷水中，即可灭菌消毒，又可防止导管堵塞，从而利于吸水。但要注意保护好花头部分。

切口浸烫　即将花材下部 3~4cm 浸泡在开水中 2~3min，浸到部位发白时，取出立即浸入冷水中。

切口化学处理法　即用适当的化学药物对切口进行处理，以灭菌防腐，促进吸水。常用的化学药物有食盐、食醋、酒精、辣椒油、薄荷油等。

应用切花保鲜剂　目前常用的切花保鲜剂配方很多，不同的花材对保鲜剂配方的要求不同。一般的切花保鲜剂含以下成分：①抗氧化剂，如抗坏血酸、硫酸亚铁和铁粉等。②乙烯清除剂，如高锰酸钾等。③乙烯合成抑制剂，如硝酸银。④吸附和吸水剂，

如沸石、硅酸、氧化活性炭等。⑤杀菌剂，如8-羟基喹啉、硼酸、水杨酸、苯甲酸等。

应用保鲜剂时可根据条件加以选配，配制时最好使用玻璃、陶瓷、塑料容器，并根据不同切花材料选用不同配方的保鲜剂。如月季保鲜液为30g/L蔗糖＋130mg/L 8-羟基喹啉硫酸盐＋200mg/L柠檬酸＋25mg/L硝酸银，菊花切花保鲜液为35g/L蔗糖＋30mg/L硝酸银＋75mg/L柠檬酸。

插花用水也是花材保养的重要因素。最好每天换水，城市自来水宜贮存一昼夜后再用。阳光能使花的颜色娇艳美丽，所以插花作品宜摆放在无风但空气流通、有散射光照射的地方，而不要放在离热源太近之处，否则花开加速，缩短观赏期。

6.2.1.4 花材的抑制法和催花法

有时对那些吸水性太强、花开放太快的花材，或由于宴会需要必须对花朵开放时间加以控制的，需用抑制法使花朵迟开或缓慢开放。常用的方法有：

①绑扎茎端 对吸水性良好的花材，如百合、郁金香、月季等容易开花的花材，可以细线或铜丝绑扎花茎端部，以减缓其吸水程度，或用手指捏弯花茎，压制它过多吸水。

②睡莲抑压法 睡莲一般16：00闭合，夜晚看不到其美丽的花容。如要晚上观花，在不影响水盘水混浊的情况下，加两匙水溶石灰，麻醉正在开放的睡莲，使之无法准时闭合。但这种方法很伤花，次日会后继无力。

③三氯甲烷麻醉 使用三氯甲烷(哥罗防)麻醉花，控制开花的时间，或注射硼酸水于花茎处，促使花提前开。

④垂直切茎以限制吸水 樱花和桃花的吸水性能都很强，修剪切口时勿斜切，宜垂直于茎干切下，减少切口面积，蓄意限制吸水。

⑤适度破坏花柄，防止化过分吸水 冬天花的吸水都较好，可用铁丝穿过花柄，使花受伤，或搓揉花柄，破坏组织，亦可在切口处擦上发油，防止花过分吸水，但要适度，否则会损伤花材。

⑥冰箱过夜保存 晚会上用的胸花、手捧花束，如花冠被切断，不能插入水中养护，为此，可先将摘下的花浸入水中使之吸好水再制作，制好后再喷些水，用塑料袋装好，放入冰箱，隔天仍可用。

⑦有计划地将花或新枝条暴露在特殊环境中 如高温、高湿度和光线明亮处或使用催花剂等，都可使花加快开放。

6.2.2 插花容器

6.2.2.1 插花容器的作用及种类

插花时盛放花材的器皿称为花器。它的作用是盛放、支撑和保养花材。因此只要能够放置平稳，能够盛水的器皿，均可以作为插花容器。花器对插花作品是十分重要的，它不仅作为一个容器盛放花材和水，同时也是插花艺术作品构图中不可缺少的一部分。中国传统插花艺术对花器的选用极为讲究。欣赏作品时都是把花材、花型与花器，甚至几架连在一起作为整体进行欣赏。正规的插花比赛中，花器亦占有一定的比例。

现代花器的种类很多，按材质分为陶瓷、塑料、玻璃、竹篾、金属等。按形状更是五花八门。然而现代人插花往往不太讲究使用传统的花器，有时返璞归真地使用各种日常生活用具如碗、碟、茶具、罐，甚至废弃的饮料瓶等，可以增加生活情趣。也有用竹编笼筐、簸箕、鱼篓来表现田园野趣。一些抽象的造型作品则选用或自创些异形花器，现代插花为了表现某种质感，往往将木屑、树皮或叶片粘贴在花器外改变花器原有的形状或质感，以满足自由创意的要求。

插花造型的构成与变化，在很大程度上得益于花器的形与色。就其造型而言，花器的线条变化限制了花体，也烘托了花体。现在所使用的花器多以花瓶、水盆和花篮为主，也可选用笔筒、竹管、木桶、杯、盘、坛、壶、钵、罐等生活器皿。

花瓶的造型，有传统形式和现代形式。中国古典风格的花瓶有古铜瓶、宋瓶、悬胆瓶、广口瓶、直筒瓶、高肩瓶等。现代的花瓶形式讲究抽象形体，形式简练，线条流畅，有变化花瓶、象形花瓶、几何形花瓶等。

水盆是近代出现的插花器皿。式样繁多，形状各异，一般盆口较浅。形状有圆形、椭圆形、方形、长方形、S形、三角形、半圆形等多种形式。水盆有很大范围的盛花能力，但自身无法固定花枝，需要借助于剑山等物固花。

花篮常作为一种编制品，外形很美观。如元宝篮、花边篮、提篮等。有时可以根据需要编制花篮。但是花篮也有不足的地方，它无法盛水和固定花枝，需要另行配置盛花和固花之物。

手捧花束也有专用的花器，称为花托，由塑料手柄、栅栏罩和花边等组成，栅栏内放置花泥，可更换。用花托插手捧花十分方便。

作为插花的花器，无论材质如何，形状怎样，开口都不可太小，以免空气不流通，影响插花寿命。

6.2.2.2　插花容器的搭配

花器选配主要根据插花的环境、使用的花材、表达的情趣以及构图的需要等因素而定。插花时必须把花器视为作品的一部分来考虑整体效果。大型作品要选用有一定质量和体形的花器，室内宜用小型花器，花器的质感亦要与花材相配。

一般外形简洁、中性色彩的花器如黑色、灰白色、米色、浅蓝色、暗绿色、紫砂等对花材的适应性较广，使用较普遍。花器的性状应简洁大方，要与插花的造型相配。如直立式花型，可选阔、广口浅盘；下垂式花型，可选狭口高瓶。自由式插花，容器的性状可以新奇一些。还可以根据花材和季节选择不同的容器。如小型的、纤细的草本花卉，宜选玻璃花器；冬季插置一些木本花卉，宜选铜器。陶器的应用范围很广，插草本和木本植物都适宜。竹器较适合初夏和秋季时使用。

选择花器还应注意与环境的配合。中式摆设的环境与花材要协调，一般不宜选用太豪华的花器。当花材色彩深时，花器宜色浅；反之，花材颜色浅淡则花器可稍深，深浅相映才能托出花之艳丽。如果摆放插花作品的位置较低，可使用较高的花器；若放在较高位置，则应选择具有安定感的较低的花器。

在插花作品中，花材是主体，容器起烘托陪衬作用，所以不宜选用造型繁杂或色彩鲜艳夺目的容器，以免喧宾夺主。插花的花器不一定要贵，应考虑容器的性质、色泽、质地，大小要与使用目的、花材及周围环境条件协调统一。

6.2.3　插花工具

6.2.3.1　固定花材的用具

①剑山　又名花插，由许多铜针固定在锡座上铸成，有一定质量以保持稳定。花茎可直接在这些铜针上或插入针间缝隙加以定位。使用寿命较长，是浅盘插花必备的用具。有长方形、圆形、半月形等多种形状。

②花泥　又名花泉，由酚醛料发泡制成，可随意切割，吸水性强，干时很轻，浸水后变重，有一定的支撑强度，花茎插入即可定位，十分方便，因此深受插花者青睐。尤其西方式插花，强调几何图形的轮廓清晰，花材需从花器口水平外伸，这时，只有使用花泥才能做到。花泥使用时要注意：插后的孔洞不能复原，使用 1～2 次后即需更换。泡浸时，应让其自然吸水，切忌用手强行按下，否则内部空气不能排出，吸不透水。

③铁丝网　高型花器可采用铁丝网，利用铁丝得以定位。当用花泥插粗茎花材时，也需在花泥外罩一层铁丝网以增加强度。大型作品可用铁丝网包裹花泥，再用铁丝固定。

6.2.3.2　插花的工具

(1) 修剪工具

修剪工具主要有剪刀、刀和锯。剪刀是必备工具，如枝剪和普通剪等。刀是用来切削花枝，以及雕刻和去皮的。花艺设计时，往往为求速度，多用刀而不用剪。锯主要用于较粗的木本植物截锯修剪。

(2) 辅助工具

金属丝　一般较多使用 18#～28# 的铅丝，号码越大，铁丝越细，最好用绿棉纸或绿漆作表面处理，在插花过程中，对花茎细小、柔软或脆弱易断的花材，要用金属丝插入花头或茎内，使其坚挺、易于造型。

铁丝钳　用于剪断铁丝。

绿色胶带　用铁丝缠绕过的花枝可用绿色胶带缠卷，折断的花枝还将继续使用，可用胶带包卷使其复原。

喷水器　花材整理修剪后，未插之前及插好之后都要喷水，以保持花材新鲜。

6.3　插花的基本技能

插花者必须掌握插花的基本技能：即修剪、弯曲、固定 3 个基本功。遵循"以构图需要为目的，顺其自然为主导，分明层次，造就美观"的原则，熟练地运用基本功。

6.3.1　花材修剪

自然的花材，欲令其美态生动地表露出来，合乎自己的构思，必须善于修剪。尤其是木本花材，修剪时应根据构思、造型的需要，加以整理修剪。

首先应仔细观察、考虑和决定取舍的部位，审视枝条，观察哪个枝条的表现力强，哪个枝条最优美，其余的剪除。取舍时应尽量保持花枝的自然属性，不要轻易破坏。具有自然风韵的枝条，其弯曲自然，线条流畅，姿态天然，这些均是构图成功的主要因素，尽量保留这些枝条，对于感染病虫害的枝条、干枯的枝叶，以及那些交叉的、重叠的、过密的、呆板的以及影响画面多余的枝、权，必须大胆剪去。使枝条满足造型需要，并疏密有致，富于变化，活泼而不繁杂。

草花用剪刀的刃尖剪，在节下剪容易插。木本要斜剪，剪柳、桃枝时，刀刃要沿着枝干平行地剪，不要留下切口，梅和木瓜则与枝干垂直地剪去小枝。有些花材(如月季等)有刺，宜插前先去除刺，可用除刺器或小刀削除。花材有残缺者，宜修剪，月季花外层花瓣往往色泽不匀且有焦缺，宜剥除2~3片。

6.3.2　花材弯曲造型

自然生长的植物往往不尽如人意，为了表现曲线美，使之富于变化新奇，往往需要做些人工处理，这就要求插花者用精细的弯曲技巧来弥补先天不足。现代插花为了造型的需要，也将花材弯成各种形状，所以弯曲造型的技巧也是插花者手法高低的分界线。弯枝造型的方法如下：

(1)枝条的弯曲造型

粗大树干可用锯或刀先锯1~2个缺口，深度为枝粗的1/3~1/2，嵌入小楔子，强制其弯曲。枝条较硬、不太容易弯曲的，可用两手持花枝，手臂贴着身体，大拇指压着要弯的部位，注意双手要拼拢，才可有效控制力度，慢慢用力向下弯曲，否则容易折断。如枝条较脆易断，则可将弯曲的部位放入热水中(也可加些醋)浸渍，取出后立刻放入冷水中弄弯。花叶较多的树枝，须先把花叶包扎遮掩好，直接放在火上烤，每次烤2~3min，重复多次，直到树枝柔软，足以弯曲成所需的角度为止，然后放入冷水中定形。枝软、较易弯曲的，如银柳、连翘等枝条，用两只拇指对放在需要弯曲处，慢慢掰动枝条即可。草本花枝用如文竹等纤细的枝条，可用右手拿着草茎的适当位置，左手旋扭草茎，即可弯曲成所需的形态。

(2)叶片的弯曲造型

柔软的叶子可夹在指缝中轻轻抽动，反复数次即会变弯，也可将叶片卷紧后再放开即会变弯。叶子呈现非自然形状，可用大头针、钉书钉或透明胶纸加以固定，或用手撕裂成各种形状。

(3)铁丝的应用

运用铁丝进行组合或弯曲造型，也是常用的方法。尤其制作胸花或手捧花时，铁丝的运用更为常见。如剑兰、非洲菊等的花茎不易弯曲，可用铁丝穿入茎干中，再慢慢弯曲成所需的角度。

6.3.3　花材固定

插花时，依构图的要求，使花枝按照一定的姿态和位置固定在容器中，称为花材固定。花材的固定和花材的弯曲一样，也是插花造型的基本技法，由于花器的形状不同，固定的工具和固定的方法也不同。常用固定方法如下：

(1) 剑山固定

浅盘及低身阔口容器用剑山固定花材，由于剑山只有一个方向可以固定花材，因此它不适用于球形、半球形等向四面平伸构图的作品，多用于艺术插花。

剑山固定应注意：用剑山插花前必须先向容器中加入水，水位要高过剑山的针座以便花枝插上后即可吸水。过硬或过粗的木本枝条必须斜剪切口，并于切口剪一"米"字形或"十"字形剪口，深0.5~1.0cm，如此既便于固定，又可扩大切口面积，使之多吸水。插制时先直插，然后再倾斜成所需要的角度。马蹄莲、郁金香之类花葶组织疏松而花头又重的花材一般可取一花枝较该花葶为细、硬度又较大的花枝插入花葶下部，再往剑山上插；如以较纤细的草本花材进行插作，应用细铅丝在花材基部成束捆扎，再插入剑山；如需插入单枝，则可将花枝基部插入一较粗的其他花枝，再插入剑山，但辅助茎段不可过长，不能显现在完成的作品中。

(2) 花泥固定

阔口容器及花篮、壁挂等用花泥固定花材。用花泥固定花材要注意：浸泡花泥要用清洁的水，应将其放于水面上，自然浸透；花泥应高出容器3~4cm，便于鲜花插制。对于高瓶，应先在瓶中垫些泡沫、碎花泥等物；花泥放在容器上，按出印迹；玻璃花瓶中，放入具有观赏性的物品，瓶口处再安放花泥。

6.4　插花基本的构图形式与插花创作步骤

将花材合理而巧妙地组合在容器中，构成一定的图形，体现主题，就叫插花的构图，也称插花的造型。对于插花这门造型艺术来说，形式美是至关重要的。插花的构图形式各异，表现形式也各种各样。

6.4.1　插花基本的构图形式

插花构图形式是指花材插入容器后的形状式样，及插花作品的外部轮廓。构图形式多种多样，千变万化，任意造型，只要遵循一般艺术创作的规律，掌握植物材料的特性即可。常见的插花作品的基本构图形式如下：

(1) 按照作品外形轮廓分类

①对称式构图（整齐式构图）　作品外形整齐而对称，呈各种规则的几何图形，如球形、半球形、塔形、柱形、扇面形、椭圆形、倒梯形、等腰三角形等。对称式构图要求花材多、花形整齐、结构紧凑而丰满。花材常被组合成一定的色带、色块或图案，以表现群体的色彩美或图形美。适宜表现热烈奔放的风格和喜悦欢庆的气氛。

②不对称式构图（不整齐式构图）　作品外形不规整，不拘于一定的形式。常见的

有 L 形、S 形、月牙形、弧线形、各种曲线形和各种不等边三角形等。不对称式构图用花量相对少，但种类广泛，花形不求整齐，但不宜过粗过大，以精致为美；构图讲究高低错落、疏密有致，以表现植物自身的形态美。具有典雅别致、生动活泼的风格。

（2）按照作品主枝在容器中的位置和姿态分类

①直立式构图　主要花枝直立向上插于容器中，表现出挺拔向上的阳刚之美或亭亭玉立的典雅之美，具有端庄稳重、奋发向上的气质。多选用线状直立形花材，如唐菖蒲、水葱、蛇鞭菊，或具长花梗的鹤望兰、马蹄莲等。

②倾斜式构图　主要花枝向外倾斜插于容器中，表现一种动态的美感，具有活泼生动的风格。多选用具有自然弯曲、倾斜生长的枝条，如杜鹃花、山茶、梅花等木本花枝。

③水平式构图　主要花枝在容器中向两侧横向平伸或横向微倾插入。两侧之枝可等长对称，也可不等长对称。主要表现一种静态美，给人平稳、宁静、祥和的感觉。宜选用具直立线形花材或茎、梗直立的块状花材。

④下垂式构图　主要花枝向下悬垂插于容器中，如同悬崖瀑布一泻千里，又或者飘柔摇曳，具有强烈的动态美。多选用蔓性、半蔓性或具柔细枝条的花材，如垂柳、迎春等藤本植物；宜用高瓶容器，作品宜放在高处。

6.4.2　插花创作思路和步骤

（1）立意构思

插花时必须先构思后动手，否则拿着花材也无从下手。立意就是明确目的，确立主题。可从下面几方面着手。

①确定插花的用途　是节日喜庆用，还是一般装饰环境用，是送礼还是自用等。根据用途确定插花的格调，是华丽还是清雅。

②明确作品摆放的位置　环境的大小、气氛，位置的高低，是居中还是靠拐角处等，根据位置以选定合适的花型。

③确定作品想表现的内容或情趣　是表现植物的自然美态，还是借花寓意，抒发情怀，或是纯粹造型。

（2）选材

根据以上的构思选择相应的花材、花器和其他附属品。古人虽有将花分成等级，几品几命，或分为盟主、客卿、使命，但这都只是把人的意志强加给花而已。花无分贵贱，全在巧安排，只要材质相配，色彩协调，可任由作者喜爱和需要去选配，没有固定的模式。

（3）造型插作

花材选好后，开始运用三项基本技能，把花材的形态展现出来。在这一过程中应用自己的心与花"对话"，边插边看，捕捉花材的特点与情感，务求以最美的角度表现。有时往往超出了最初的设想，只有把人们的注意力引导到作者想要表达的中心主题上，让主题花材位于显眼之处，其他花材退居次位，这样，作品才易被人接受，获得共鸣。

(4)命名

作品命名也是作品的一个组成部分。尤其是东方式插花，赋上题名使作品更为高雅，欣赏价值也随之提高。

(5)清理现场，保持环境清洁

这是插花不可缺少的一环，也是插花者应有的品德。日本人插花都先铺上废报纸或塑料布，花材在垫纸上进行修剪加工，作品完成后把垫纸连同废枝残叶一起卷走，现场不留下一滴水痕和残渣。这种插作作风值得发扬和学习。

6.5　插花造型的基本理论

6.5.1　插花造型的基本要素

任何造型都是由质感、形态和色彩3个要素组成，插花艺术也一样。

6.5.1.1　质感

质感是设计中最重要的元素之一，是物品的表面特性。插花艺术所用材质是植物，花材也因植物种类的繁多而质感各异。通过质感的表现，可以传达作者某些意念或表达一定的艺术效果。

插花时选用不同材质的花材，可插出风格、情趣迥异的作品。例如，生长环境的不同使得野生芒草和温室花朵以及旱地高山植物与水生、阴生植物在质感上均有显著差异。花材经过人工处理，还可以表现出特殊的质感。例如，剥除粗糙树皮后呈现光滑质感的枝条，鲜嫩的叶子风干后也会变得硬挺粗糙(见彩图1)。同一种花材，不同部位也会有不同的质感。例如，小麦的麦穗表面粗糙，而麦秆则光滑油润。因此，必须掌握各种花材的质感特性，在插花造型中加以灵活运用。

插花中要注意花材质感的相互协调，产生自然流畅的效果，否则配合不当则显牵强而失美感。现代花艺设计有时会以表现质感为主体，通过不同质感的对比产生强烈的视觉效果(见彩图2)。

6.5.1.2　形态

"形"是花材的基本形状，"态"则为姿态。造型的基本形态由点、线、面组成。

一般叶片较宽者可视为面状花材，如龟背竹、绿萝、春羽等，若经过加工，如卷曲、折叠、撕裂等各种手法可使之变形而产生意想不到的效果。

线状花材可使花型挺拔、伸展或飘逸，产生多种多样的优美姿态与空间。线状花材种类丰富，草本植物如唐菖蒲、蛇鞭菊、晚香玉等，木本花材则数不胜数，几乎所有枝条均可视作线材。叶材中也不乏作线状花材的，如水葱、新西兰麻等。

许多花材既可作点也可作线或面。如鹤望兰、散尾葵、苏铁等叶材，正面摆放为面，侧放则成线。因此，插花时要从不同的角度审视花材以表现其不同的形态。在插花时可通过修剪、撕裂、卷曲、曲折、弯曲、捆绑等技巧，改变花材的原来形象(见彩图

3)，以满足创作的需要。彩图 4 是将 3 种不同形态组合为一个作品。

形态不仅是构图的表现形式，也是作品内涵的媒介。作品意境可通过花材和花器组成的形象来表达。例如，作品"腾蛟起凤"（见彩图 5），以曲扭的去皮金银花藤（曲线）和翘首的火鸟蕉，形成银蛟腾飞、金凤展翅的形象，柠檬桉树皮勾勒出几片浮云，衬托出龙腾凤展的气势，形象与意境融为一体，产生强烈的艺术效果。

6.5.1.3　色彩

色彩是构成美的重要因素。花材本身色彩鲜艳丰富，但如何搭配才能和谐悦目，则需要掌握一些色彩的常识。

(1) 色彩的构成

色彩分"无彩色"和"有彩色"。无彩色是指白、灰、黑色。有彩色是光谱色彩中的各种颜色，即红、橙、黄、绿、青、蓝、紫等。色彩有原色、间色和复色之分。红、黄、蓝三色为原色。二原色之间的混合产生间色，间色与间色的混合为复色。

色彩由色相、明度和彩度三要素构成。色相是区别各个色彩的名称，如红、黄、橙等。明度是色彩的明暗程度，白色和黄色的明度最高，黑色和紫色的明度最低。彩度（饱和度），即彩色中混入无彩色的多少，如纯红色彩度高，而混入白色呈粉红色，则彩度降低。明度和彩度合在一起，使色彩有明暗、强弱、浓淡的区别，称之为色调。彩图 6 为色环图。

(2) 色彩的表现机能

色彩富有象征性，具有冷暖、远近、轻重以及情感的表现机能。

色彩冷暖感　或称温度感。色彩本身并无温度差别，但能令人产生联想，从而感到冷暖。红、橙、黄等色使人产生温暖的感觉，称为暖色系，具有明朗、热烈和欢乐的效果，多用在喜庆、集会、舞会等场合。蓝、紫等色使人产生寒冷沉静的感觉，称为冷色调，多用在盛夏的室内装饰，另外在悼念场合也多用此色调的花材布置，产生庄严肃穆的气氛。插花时可根据不同的场合、用途来选择不同的色彩。

色彩轻重感　色彩的轻重感主要取决于明度和彩度。明度越高，色彩越浅，感觉越轻盈；而明度越低，色彩越深则越觉得重。插花时经常利用色彩的轻重感来调节花型的均衡稳定。颜色深或暗的花材宜插在低矮处，飘逸的花枝可选用明度高的浅淡颜色。

色彩远近感　冷、暖色并置时，暖色有向前及接近的感觉，故称前进色；冷色有后退及远离的感觉，故称为后退色。黄绿色和红紫色等为中性色，感觉距离中等，较柔和。明度对色彩远近感的影响也很大，明度高者感觉前进而宽大，明度低者则远退且狭小。插花时可利用这种特性，适当调节不同颜色花材的大小比例，以增加作品的层次感和立体感。

色彩感情效果　不同的色彩会引起不同的心理反应。不同民族习惯和个人爱好，不同的文化修养、性别、年龄等会对色彩产生不同的联想。例如，中国传统习惯喜庆节日偏爱用红色，白色被认为是丧服的颜色；而西方则相反，结婚时新娘服饰喜用白色，表示纯洁。黄色具有富丽堂皇的富贵气，在丧礼上黄色花的使用也十分普遍，但在日本，黄菊只用于丧礼；在西方，送黄月季则表示分手。蓝色有深远和清新的感觉；但在比利时，人们最忌蓝色，只在不吉利的场合才穿蓝色。因此，选择色彩需要适当留意，以免引起误会。

（3）色彩的设计

插花作品在配色时既要考虑花材颜色，也要考虑花器以及环境的色彩与色调，才能产生和谐的美的视觉效果。

同色系配色　即用单一的颜色，较易取得协调的效果。适合于初学者。利用同一色彩的深浅浓淡，按一定方向或次序组合，可形成有层次的明暗变化，产生优美的韵律感（见彩图7）。

近似色配色　利用色环中互相邻近的颜色来搭配，一般在色环上相邻90°范围内选色，如红—橙—黄、红—红紫—紫等。应选定一种色为主色，其他色为陪衬，数量上不要相等，再按色相逐渐过渡产生渐次感；或以主色为中心，其他色在四周散置也能烘托出主色的效果（见彩图8）。

对比色配色　即明暗悬殊或色相性质相反的颜色组合在一起。色环上相差180°的颜色称对比色或互补色，如红与绿、黄与紫等。对比色可产生强烈和鲜明的效果。配色时应注意色彩浓度，一般降低其纯度较易调和，如浅绿、浅红等。彩图9以蓝色为基调，用蓝色花器配以蓝、红两色的花，红蓝对比灿烂，但由于两者色彩都较暗，纯度低，因此并不眩目，从而显得协调。

在对比色的设计时，要善于利用叶片的基本色绿色。还可以选用一些中性色加以调和，如黑、白、灰、金、银等色。例如，加插白色小花可使色彩明亮，花器选用黑、灰或白色较易与各色花相配。

三等距色配色　在色环上任意放置一个等边三角形，三个顶点所对应的颜色组合在一起，即为三等距色配色。彩图10是一个红黄蓝三等距色搭配的作品。这些色彩搭配的作品鲜艳夺目，适用于气氛热烈的节日喜庆场合，但同样应以中性色调和，加插白花或用白（黑）色的花器等。

6.5.2　插花造型的基本原理

6.5.2.1　均衡与稳定

均衡就是匀称与平衡，稳定就是重心要稳，这是造型的首要条件。

（1）匀称

匀称指作品的大小、长短、各个部分之间以及局部与整体的比例关系。插花时首先要根据作品摆放的环境大小来决定花型大小，其次是花型大小要与所用的花器尺寸成比例。

花型与花器之间的比例　花型的范围一般以花器的最大尺寸（高度或宽度、直径）为基数，花型的尺寸约为此基数的1.5～2.0倍（图6-1），这个基数也称为花器单位。有时，花材少、花色深时，此比例可大。S型等花型，比例也可大些。

黄金分割与等比　各花枝之间要有长有短，若按黄金分割法则可得最均匀的比例。黄金分割比率的基本公式是将一条线分成两段，小线段a与大线段b的长度比恰等于大

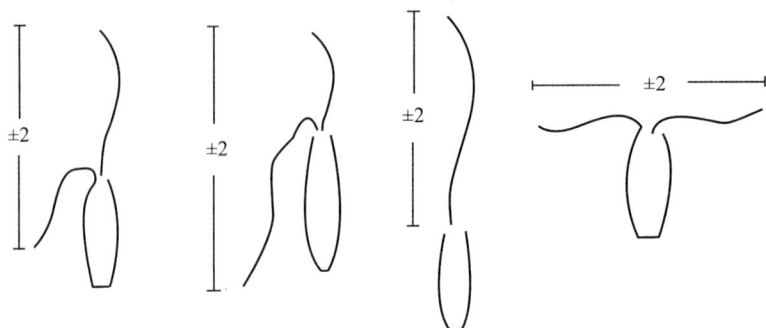

图6-1　花型范围与花器的比例

线段 b 与全线长度之比，即 $a:b=b:(a+b)$，其比值约为 $0.618:1$，这通常被认为是最美的比例。

花型最大长度为 $1.5\sim2.0$ 个花器单位，即体现了黄金分割原理。黄金分割原理在插花中的应用还体现在：三主枝构图中，一般 3 个主枝之间的比例取 $8:5:3$ 或 $7:5:3$。

此外，按等比级数截取枝条的长度，如 2，4，8，16 等使枝条距离逐渐拉大，也可产生韵律和渐变的强烈效果（图6-2）。

均匀除了受长度比例因素的影响外，还受到形体、数量、质感等因素的影响。

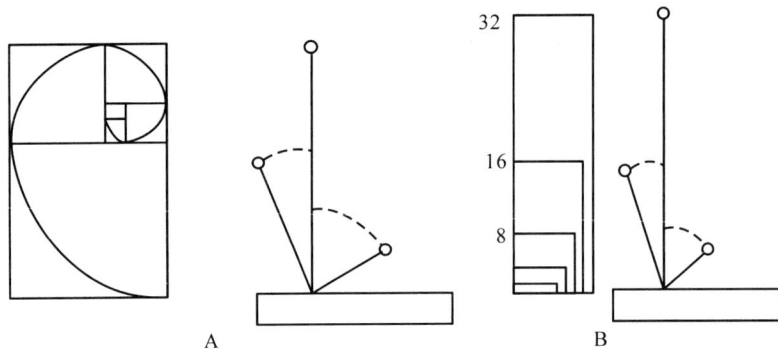

图6-2　比　例
A. 黄金分割比率　B. 等比级数

(2) 平衡

平衡有对称的静态平衡和非对称的动态平衡之分。

对称平衡给人以庄重的感觉，但有点呆板，多用于较正规场合。传统的插法是花材的种类与色彩平均分布于中轴线的两侧，为完全对称。

不对称平衡给人活泼、飘逸的感觉。花型左右两侧不相等，插作时通过花材的数量、长短、体型大小和质量、质感以及色彩深浅等因素使作品达到平衡的效果。例如，现代插花常采用外形轮廓对称，但花材形态和色彩则不对称，将同类或同色花材集中摆放，使作品产生活泼生动的视觉效果，这就是非完全对称，或称为自由对称（见彩图11）。彩图12强调一种力的平衡，表现了极富技巧的平衡感。

(3)稳定

均衡与稳定是两个互相制约的元素。稳定是形式美的重要尺度之一。一般重心越低，越易产生稳定感，因此有所谓上轻下重、上散下聚、上浅下深、上小下大等的要求。深颜色有质量感，故宜将深色花置于造型下部或剪短些插于内层，形体大的花材尽量插在下方焦点附近。作品的重心往往放在作品的焦点之处（图6-3）。此外，宜选高型或阔口的花器（图6-4）。例如，在瓶插时，各枝条的插口应尽量集中；当花器较轻或缺乏稳定感时，宜插直立型或对称型。

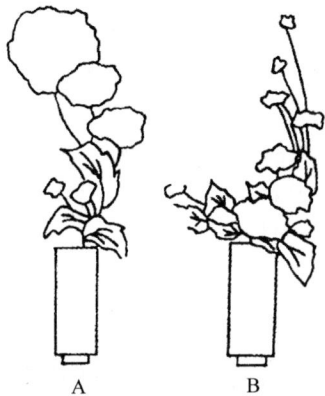

图6-3　稳定的效果
A. 不稳定的插法　　B. 稳定的插法

图6-4　花器的均衡稳定效果
A. 瓶花　　B. 盘花

6.5.2.2　多样与统一

插花构图中的多样是指一个作品是由多种成分构成的，如花材、花器、几架等，花材常又不只是一种。统一指构成作品的各个部分应相互协调，形成一个完美的有机整体。

在多样与统一这对矛盾中，统一是第一位的。但过分统一，不注意多样，又会使作品显得呆板。插花时应在统一中求多样。一般可通过主次关系的搭配、呼应、集中等形式来求得统一。

(1)主次

众多元素并存时，需要一个主导来组织，这个主导起着支配功能。作品中，主导只能有一个。在选用花材时，应以某一品种或某一颜色为主体，不能各种色彩或各种花材数量均等。作为"主"的部分不一定要量大，而要求或华丽、强烈、特别，或占领前方位置，或配合主题起点睛作用。一旦确定主体，则其他元素都要烘托主体，不可喧宾夺主。

(2)集中

即插花造型中要有聚焦点、核心。在插花构图中，焦点处理十分重要。焦点一般位于各轴线的交汇点，在1/4~1/5高度附近靠近花器处。焦点处不能空洞，应以最美花材示人。因此，焦点花一般都是45°~65°向前倾斜插入，将花的顶端面向观赏者。大型现代插花作品可作焦点区域设计，利用组群技巧组成焦点区。

(3)呼应

花的生长有方向性。插花时必须审视花、叶的朝向，所谓"俯仰呼应"才能统一。此外，重复出现也是一种呼应，尤其是一个作品通过两个组合表现时，则两个组合所用的花材、色彩必须有所呼应，否则不能视作同一整体(图6-5)。

图6-5   花材与花器的多样统一效果
A. 不同花材被相同的花器(竹筒)统一
B. 上下两组插花在花材和风格上的统一

6.5.2.3   调和与对比

调和表示各个元素、局部与局部、局部与整体之间相互依存的现象，从内容到形式都是一个完美的整体。调和可通过选材、修剪、配色、构图等技巧达到。此外，通过对比与中介可使作品更生动活泼和协调。

(1)调和

调和一般指花材之间的相互关系，即花材之间的配合要有共性。在花材与花器之间，调和主要表现在花材与花器之间的统一和谐关系。在插花构图时，要注意以下几点：

①色彩上，花材与花器的色彩相近，容易达到一致性，而色彩呈对比时，应注意调和。花器色彩应选择中性色彩，如黑、白、灰、金等色，易与花材色彩相统一。

②形式上，东方式花器应插东方式造型，西方式花器应插西方式造型。

③内涵上，即内容上要协调，如表现田野风景时，用华丽的玻璃花器就不协调；西式插花用很简陋的竹筒等花器也不协调。

(2)对比

对比是通过两种明显差异的对照来突出其中一种的特性。如本来不是很高的花材，因在其下部矮矮地插入花朵作对照，则显其高昂(见彩图13)。但要注意对照物不能太多太强。

例如，硬直的花材，加入曲枝或软枝可使之柔化，圆形的花、叶加入些长线条的花材(见彩图14)，一排直立的线条令其中有1~2条曲折倒挂，破其单一，画面更生动。

(3)中介

造型元素过多时，不易协调，需要从中找出它们之间的关系。可利用色彩、形态或加入某些中介物等手法使其发生新的关系，这也是调和的重要手段。如形体差别大时，在对比强烈的空间加入中间枝条，使画面连贯；对比色彩强烈时用中性色加以调和，使视觉产生流畅舒服的感觉。

6.5.2.4   韵律与动感

韵律美是一种动感，它通过有层次的造型、疏密有致的安排、虚实结合的空间、连

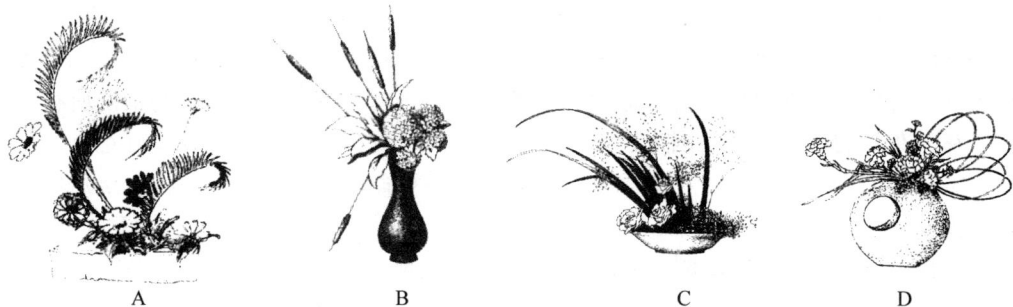

图6-6   花材韵律与动感的效果

A. 高低错落、俯仰呼应造就层次产生   B. 长短疏密形成节奏

C. 花枝为实，衬叶为虚   D. 弧线的重复产生韵律美

续转移的趋势，使插花造型富有生命活力与动感（图6-6）。

（1）层次

"高低错落"、"俯仰呼应"造就层次的产生。插花中的层次感可使作品有向深远处延伸之势。花枝修剪要长短参差，陪衬花和叶的高度一般不可超过主花。还可通过色彩变化增强层次感，如深色花插矮些，浅色花插高些。

（2）疏密有致

插花时花朵的布置忌等距，应疏密有致。如彩图15将虎尾兰弯曲穿插编织，使之交错架迭出立体层次的空间，两面针果从中穿出，由密到疏，渐向远方，表现一种疏密渐变的韵律感。

（3）虚实结合

"空白出余韵"，插花的空间就是花材的高低位置所营造出的空位。各种线状花材，无论是扭曲的枝条，还是细弱的草、叶，都是构筑空间的良材（见彩图16）。

（4）重复与连续

重复不仅有利于统一，还可产生韵律感，有规律的重复延续可以产生韵律美。

以上各项造型原理是互相依存、互相转化的。疏密不同即出现空间；上疏下密即产生稳定的效果；高低俯仰、远近呼应不仅产生统一的整体感，也出现层次和韵味。插花实践中要认真领会。

6.6   不同风格的插花造型技艺

插花艺术是社会生活的反映，代表着一个民族、地区、时代的精神面貌和经济状况。因此，它的产生与发展受到社会经济、民族意识、时代文化等诸多因素的影响，从而表现出明显的流派区别与特色。

6.6.1   东方式插花造型技艺

6.6.1.1   东方传统插花艺术的风格特点

在插花的创意与表现手法上，传统的东方民族以自然界中生长的花木为表现的物象，讲求"物随原境"、"形肖自然"，不能有明显的人工痕迹。这是中国国画和插花艺术的理论基础。它要求插花者在了解植物生长习性的基础上，对植物自然之美加以提炼和表现，使作品展现出自然的生命力和美的感染力。这是传统东方插花的精髓所在。

在对花材的选择上，中国人讲求材必有义，意必吉祥，赋予花卉以美好意义，用象征、寓意、谐音的技巧，借花明志，并赋以作品某种命题，使其展现一种特定意境。如人们称松、竹、梅为"岁寒三友"，取梅、兰、竹、菊为"花中四君子"，用玉兰、海棠、牡丹、桂花来谐音"玉堂富贵"。这是传统东方插花所特有的风格。

东方式插花创作中的艺术美包括素材美、布局美、色彩美、造型美、构思美和整体艺术美。插花素材善用木本花材，突出优美的线条造型。花材布局讲究画理书法。色彩配置力求艳而不俗、雅而不淡。造型不拘规则，以表现主题为要。以巧妙的构思，追求整体艺术美。

总之，东方人采用写实、写意或二者相结合的艺术手法，来表现花卉的姿态美、布局美、色彩美和意境美，是一种自然美与人文美相结合的艺术美。

6.6.1.2 东方传统插花艺术的创作理念与法则

东方传统的插花以表现植物自然形态美见长，故也称为自然式插法，创作时除了按照造型的基本原理以外，还应遵循以下原则：

（1）符合植物自然生长规律

这是自然式插法的基本要求和主要特征。创作中应遵循"虽由人作，宛自天开"的艺术规则。

表现花材自然美 在应用植物素材时，以自然美为本，是自然式插法创作的先决条件。如插柳枝，使其聚集成丛，则有违天性；插梅花，若不表现其横斜疏影的姿态，就等于失去梅花的自然美；插修竹，若倾斜使用，则丧失其挺拔刚劲的内涵美。

花型符合植物自然形态 自然式插法的花型分直立、倾斜、下垂等型式，是根据植物自然形态而定的（图6-7）。植物生长有向阳性，直立型插花有如阳光在正立方，所有枝叶方向都向上；倾斜型插花有如阳光位于斜上方，花叶倾向一侧；下垂型则适于蔓性枝条，向下悬垂。

（2）借鉴同类艺术创作的艺术手法

①重视线条的应用 传统的东方式插花十分注重线形材料的表现力（图6-8），常用木本枝条作为主要花材，运用枝条的不同形态表现不同的外延美与内涵美，使作品更富于艺术表现力。

②高低错落，参差有致 袁宏道所著《瓶史》中有关于传统的插花比例与位置关系问题的论述，这个比例关系包括材料之间、材料与花瓶之间、作品与环境之间的比例关系。传统东方式插花的比例较自由，以在视觉上感到均衡和谐为度。插花的位置安排不可太均匀对称，平齐成列（图6-9），数量上宜单不宜双，形体上不可过于单一，要有所变化。

③虚实结合，刚柔相济 插花中的"虚"是指松、浅、空白；"实"是指浓、重、密；"刚"是指劲、硬、挺；"柔"是指软、温、绵。虚实配合好就有层次，刚柔搭配妙就有

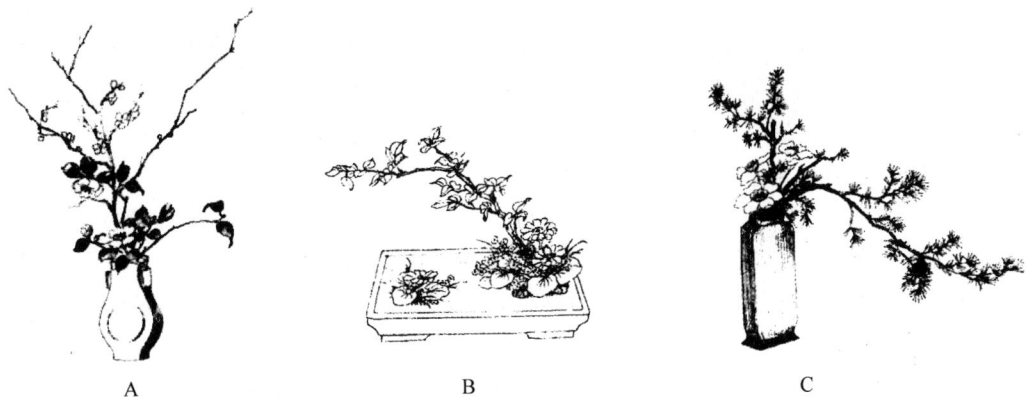

图6-7 自然式插法的3种花型
A. 直立型 B. 倾斜型 C. 下垂型

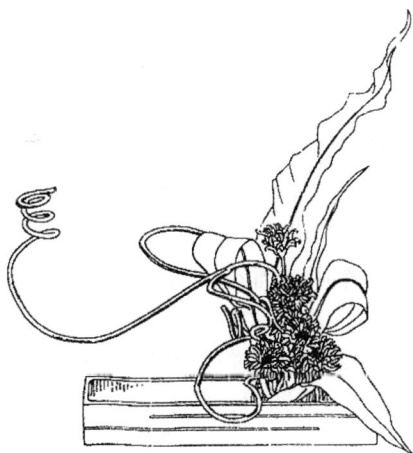

图6-8 线条的运用

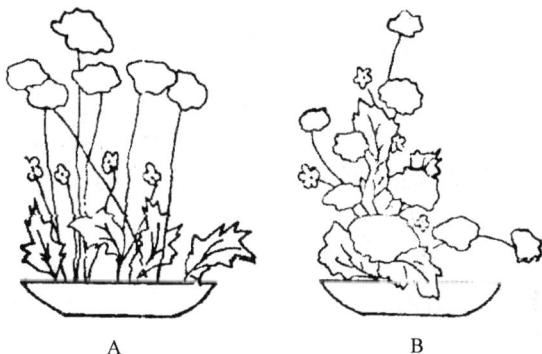

图6-9 插花的位置安排
A. 平齐成列 B. 参差有致

灵气。创作时应该注意：插花材料之间、花与花之间应有空位或以小叶、碎花加以间隔，但不要平均间隔；花色太浓时宜用浅色小花使之淡化，材质太硬太重时，则宜加些轻柔的枝叶使之柔和；采用"留空白"的构图手法，使作品有充分的伸展空间。例如，盆景式插花作品"雨后莲塘"（见彩图17），一侧布置插花，另一侧留下空白，给人以无穷无尽之感。

④呼应关系 采用呼应手法可使造型更加优美完整。呼应主要是指情势上和色彩上的呼应，应注意花材的方向性，使材料在俯仰顾盼之间互相联系，开合自如，浑然一体。切忌花叶背面相对，各朝一方。

⑤对比关系 即高低、疏密、大小、虚实、色彩的对比等。通过对比，使素材之间各自突出，或作品的精华部分得以强调。对比技法也称为"破"，如直者以曲破之，横者以竖破之，圆者以长线破之，所谓"破正求奇"。

⑥宾主关系　插花作品的主题是通过素材、构图、色彩等诸多要素来表达的。插花时要确立宾主关系，使主题更为集中。例如，彩图18"雨后"中柳枝飘逸垂拂，马蹄莲清新悦目，这是主花，作品下部的叶片和小苍兰作为陪衬，烘托雨后"烦恼无影，喧闹无踪"的宁静气氛，整个作品主次明了。

(3)讲求意境，寓意于花，赋题点睛

①意境　插花中的意境就是将各种花材、配件通过组合与造型而营造出的一种像外之像，景外之景，意外之意。东方式插花不仅注重花材的形体美和色彩美，更注重花材所要表达的内容美，即意境美，讲究借物寓意，以形传神，诗情画意。这是西方式插花乃至其他插花中所没有的。

②寓意于花　根据花木生长的特性或特征形态，赋予花木象征含义，借花言志或抒发情怀，寓教于花。故有所谓花意与花语。花木象征含义的由来有以下几种：

以花名谐音定意　花草的名称或别名及其谐音是花材象征含义的来源。如百合寓意百年好合；大丽花有大吉大利之意；万寿菊象征健康长寿；万年青比拟青春常驻；富贵竹有大富大贵含义等。

以花木形象定意　石榴、慈姑一株多子，代表后代繁荣；竹象征谦逊与虚心；千日红寓意长盛不朽等。

以花木生长习性定意　以各种花木的生长特性及其形、色、香、质、神、性格等来评议。如梅傲雪凌寒；菊淡泊隐忍；兰名士风度；荷莲洁身自好；松柏坚贞不屈。

③作品的命名与意境的表达　插花作品的命名可以加强和烘托作品的主题，引导欣赏者对作品的联想和共鸣，对作品的意境有着画龙点睛的作用。插花作品命名有两种：规定命题命名和自由命题命名。

规定命题命名　先命名，然后再根据命名进行创作，围绕该主题进行构思、选材。同一命题有不同的表现形式，目前一些插花大赛，往往规定一些题目，按题评定作品的优劣。

自由命题命名　在创作完成之后，根据表现的题材、主题及意境等内容再命名。这种插花作品命名需要一定的文学修养和表现技艺。常有以下几种：

以花材的象征含义和特性取名　这类命名需要对花语和作品的创作意图有较为清晰的了解。如菊花、荻花、枫叶表达萧瑟秋风；以松、竹、梅为素材创作的"岁寒三友"、"君子会"、"韵"（见彩图19）；以兰花、水仙表示洁身自好；以桃、柳表示明媚的春色。彩图20以帝王花象征皇帝的权威而命名"至尊"，十分贴切。

借助植物的季相景观变化命名　这类命名体现了日月星辰及四季的变化，具有较强的时令感。如以菊花为主要素材，表现秋季景观的作品"金秋"、"秋野"（见彩图21）等，均是典型的季相命名。

以插花作品的造型命名　依形写神，运用形象思维比拟真景，依其神态而恰当命名。如图6-10"追云"，一枝青松苍翠雄劲，斜曲上伸，有欲上九天揽月的气势，令人浮想联翩，达到了主题要求的艺术效果。作品"冰雪消融"（见彩图22），用去皮的龙桑枝条与蒲桃花的组合代表一个冰雪世界，以琴叶榕叶、小菊和火鸟蕉代表另一个春意盎然的天地，意在揭示严冬过后便是春天的自然哲理。

图 6-10 "追云"

图 6-11 "萧瑟秋风今又是"

以自然界山水风光命名   春夏秋冬，雨雪风霜，朝霞晚露，名山大川，草木花卉，均是自然界中的美景，以此为创作题材，产生了大量的优秀插花作品。例如，作品"嘉陵春色"（见彩图 23），表现嘉陵江畔明媚春色的自然景观。其他如"雨后莲塘"（见彩图 17）、"浮云秀色"（见彩图 24）、"日出"（见彩图 25）等也是命名佳例。

借鉴古诗词曲赋命名   这类命名纵越历史，以古托今，借古抒怀，常能产生意境深远的艺术效果。如"萧瑟秋风今又是"（图 6-11）、"春风又绿江南岸"（见彩图 26）、"采菊东篱下"（见彩图 27），等作品，令人回味无穷。

以一种情愫和情感命名   这类命名需要创作者有一定的文学积累和审美修养。例如，"对月佳人"（见彩图 28）、"一帘幽梦"（见彩图 29）、"大约在冬季"（见彩图 30）等。

以抽象的手法表现   这类命名的自由度较大。如作品"流水"（图 6-12）、"春之歌"（图 6-13），利用线形材料的流畅延伸感，以抽象手法模拟流水和春风的动感，以表现自然景观。

图 6-12 "流水"

图 6-13 "春之歌"

6.6.1.3　东方传统插花的基市花型插作示范

东方式插花通常指以中国和日本为代表的插花。其特点是用花量不大，讲求枝叶的巧妙配合，追求自然造型的艺术美感，清雅绝俗。

(1)基本花型的结构

东方式插花的基本花型制作主要是掌握枝条的长度比例关系和插枝的位置，并要熟悉各种花型的创作要求。浅盆插花可用剑山作固定工具，一般应放在容器的边角位置，也可以使用花泥，但欲使作品清雅、插脚洁净，则以剑山为好。高瓶插花，则采用瓶口分隔等各种固定技巧。

东方式插花的基本花型一般都由3个主枝构成骨架，然后再在各主枝的周围，插些长度不同的辅助枝条以填补空间，使花型丰满并有层次感。一般把最长的花枝称为第一主枝，以此类推。图6-14 显示了花材与花器的比例关系。

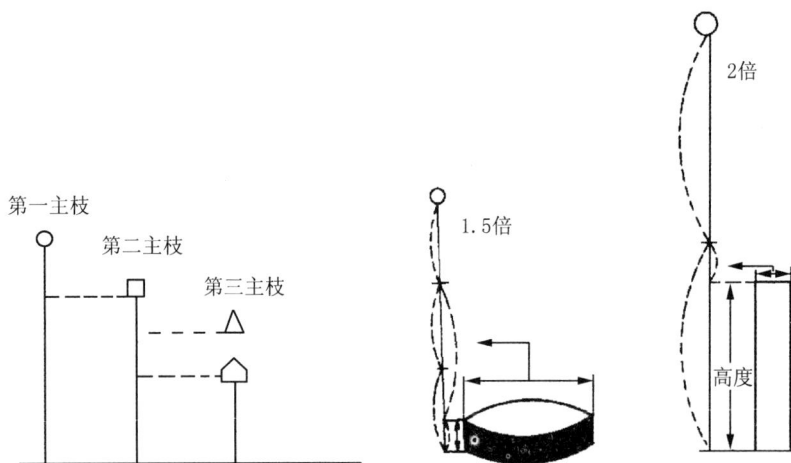

图 6-14　花材与花器的比例关系

第一主枝　是最长的枝条，一般选取具有代表性的枝条作为第一主枝。其插放位置决定花型的基本形态，长度取花器的高度与直径之和的 1.5 ~ 2.0 倍。一般盆插取 1.5 倍，瓶插取 2 倍。

第二主枝　协调第一主技、使之更为完美的枝条。一般与第一主枝使用同一种花材，以弥补第一主枝之不足，向前方倾斜的空间伸展，使花型具有一定的宽度和深度，呈现立体感。其长度应为第一主枝的1/2 或 3/4。

第三主枝　起稳定作用的枝条，主要作用是使花型得以均衡。可与第一、第二主枝取同一花材，也可另取其他花材，若第一、第二主枝用了木本花材，则第三主枝可选草本花材，以求形体和色彩有所变化，其长度应是第二主枝的1/2 或 3/4。

从枝　陪衬和烘托各主枝的枝条。其长度应比所陪衬枝条短，辅助于各个主枝的周围，数量根据需要而定，能达效果即可。一般选与主枝相同的花材，若三主枝都选择了木本花材，则从枝应选草本花材。各枝条的相互位置和插枝角度不同，则花型有所不同，可变换出许多花型，增加作品的变化性。

（2）东方式常见基本花型

①直立型　花枝直立向上插入花器中，表现刚劲挺拔或亭亭玉立的姿态，给人端庄稳重的美感。宜平视观赏。直立型总体轮廓应保持高度大于宽度，呈直立的长方形。

将第一主枝保持 10°~15°，基本成直立状插于花器左方，第二主枝向左前插成45°，第三主枝向右前插成75°。注意 3 个主枝不要插在同一平面内，故第二、第三主枝一定要向前倾斜。主枝位置插定后，插入焦点花。最后在第一主枝旁插一枝稍短的后补枝。主枝之间要留有空间。第一主枝也可插在右方，第二、第三主枝的位置、角度也要相应变化，这样形成逆式插法。最后再插上陪衬的从枝，完成造型（图 6-15A）。

直立型还有 3 个变化插法：缺少第二主枝的插法，简单而动人的摆饰（图 6-15B）；在长方形盆插中，有两个剑山的变化，第一、第二主枝用一个，第三主枝用一个，两个剑山分别置于花器对角，可作为小型的风景摆饰（图 6-15C）；第三主枝在正前下方，第一、二主枝在左右后方，分开如一把平放扇子的一个三面可观的弧形变化（图 6-15D）。

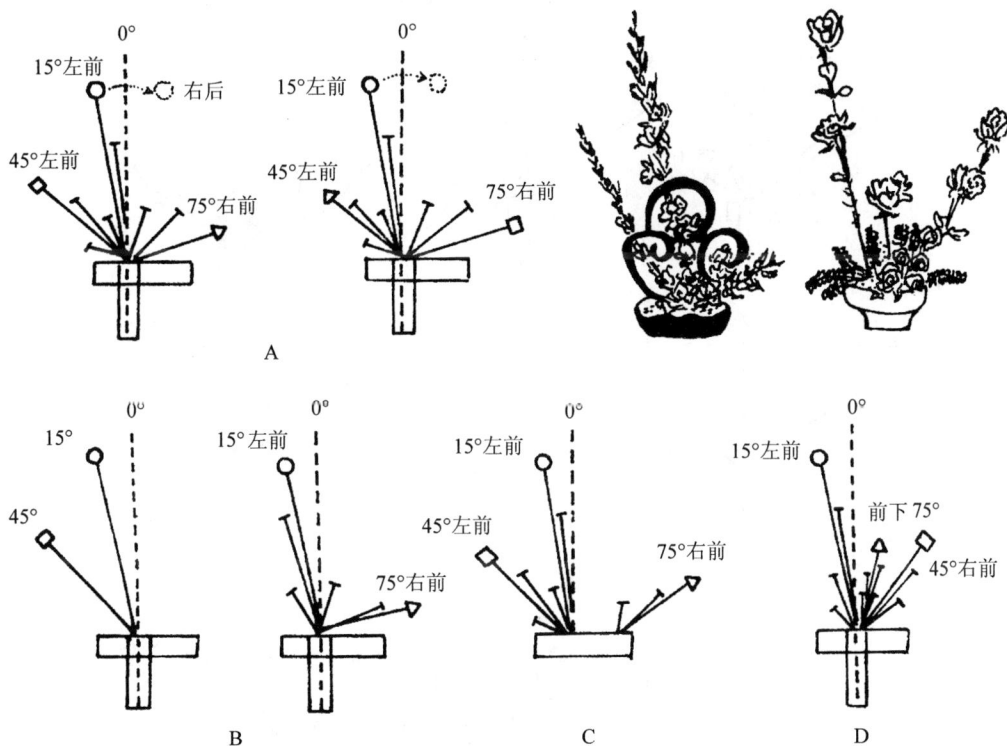

图 6-15　直立型插法

②直上型　可视为直立型的一种变形。将三主枝垂直向上竖立，各主枝张开的角度较小，花型开展较窄，强调直立向上，剑山的位置可放在花器中央。其变化情况有剑山在长水盆左侧，第一、第二主枝竖立，而第三主枝向右略微横向水平伸展（图 6-16）。

③倾斜型　将主要花枝向外倾斜插入花器中，利用一些自然弯曲或倾斜生长的枝条，表现动态的美感。宜平视观赏。总体轮廓应呈倾斜的长方形，即横向尺寸大于高度，显示倾斜之美。

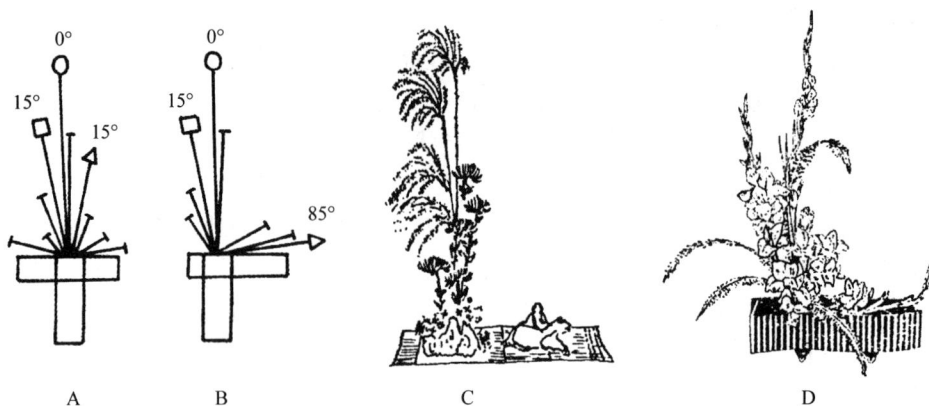

图 6-16　直上型插法

A. 标准直上型　　B. 变化一　　C. "秋日牧归"　　D. "娇女"

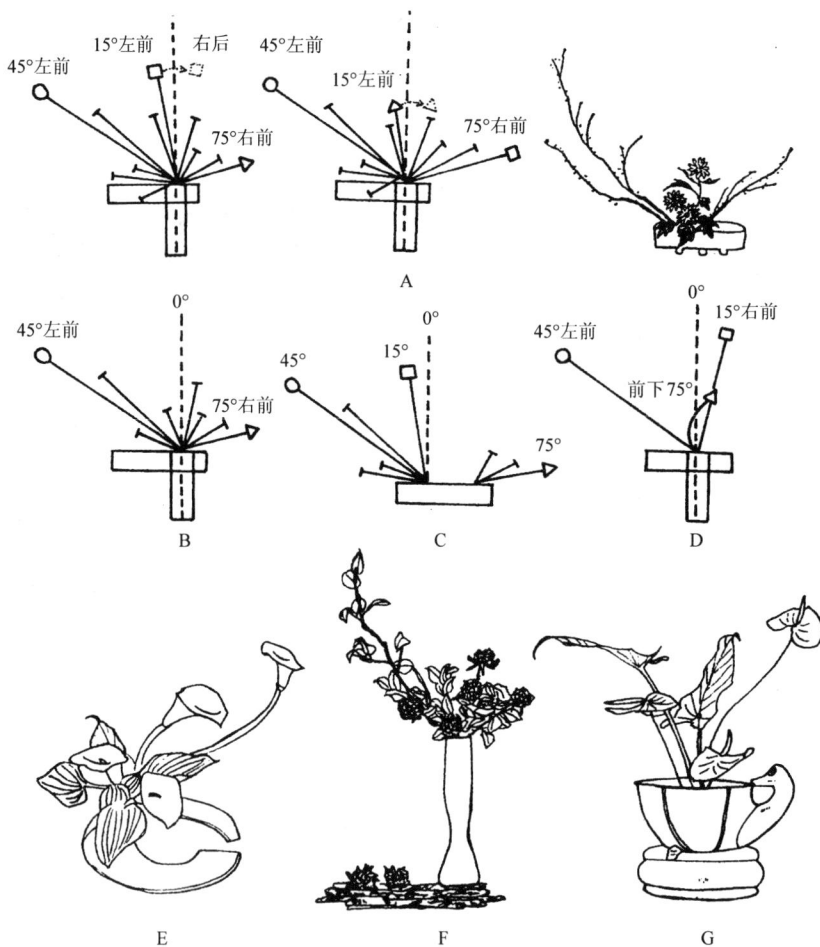

图 6-17　倾斜型插法

A. 标准倾斜型　　B. 变化一　　C. 变化二　　D. 变化三　　E. "且为忠魂舞"　　F. "新秀"　　G. "春江水暖"

插法是使第一主枝向左前成45°倾斜，第二主枝插成15°，第三主枝向右前插成75°。同样，第一主枝也可向右45°倾斜，第二、第三主枝的位置、角度也随之变化，形成逆式插法。但是要注意焦点花和后补枝(图6-17A，E~G)。倾斜型也有与直立型相同的3个变化插法(图6-17B~D)。作品"且为忠魂舞"(图6-17E)，以马蹄莲的花和叶为素材，造型简洁、舒展、柔美，喻示"舞"的动态，极富美感。

④平展型　将主要花枝横向斜伸或平伸于花器中，着重表现其横斜的线条美或横向展开的色带美。其造型占据空间大，能表现较大的动态。插法是将第一主枝下斜成80°~90°，基本上与花器成水平状造型，第二主枝插成65°左右，第三主枝插在中间向前倾75°，最后再插上陪衬枝条完成造型(图6-18)。插制时应注意左右平衡，避免有倾覆的感觉。

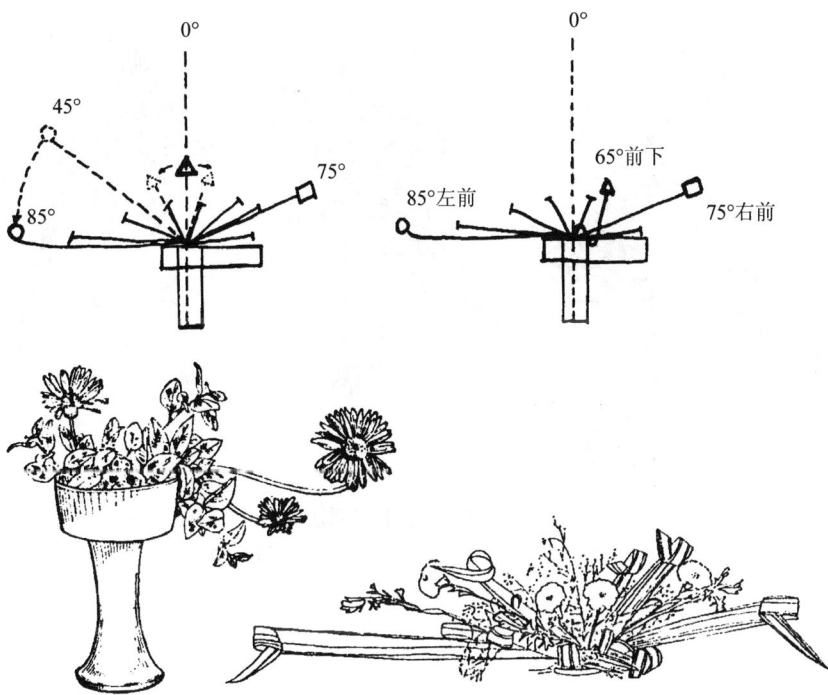

图6-18　平展型插法

⑤下垂型　由平展型、倾斜型的第一主枝下垂至水平以下45°而来。第二、第三主枝位置分别为向左15°或45°，向右75°(图6-19)。主要花枝多利用蔓性及柔韧易弯曲的植物，表现其修长飘逸、弯曲流畅的线条美。一般陈设在高处或几架上，仰视观赏为宜。总体轮廓应呈下斜的长方形，瓶口上部不宜插得太高。

⑥合并花型(组景式插花)　使用两个或两个以上的花器，将两种相同或不同的花型组合为一体，形成一个整体的造型作品(图6-20)。一般各花型之间有主次之分和呼应关系，高瓶与浅盘都能混合使用，但它们应具有相同的构造与颜色(见彩图31"春")。如果使用两种以上的花材，应每盘至少都有一种是通用的，不一定要有第三主枝。一个作品中切勿含有两个无关的花材而失去作品的统一感，示例见彩图26"春风又

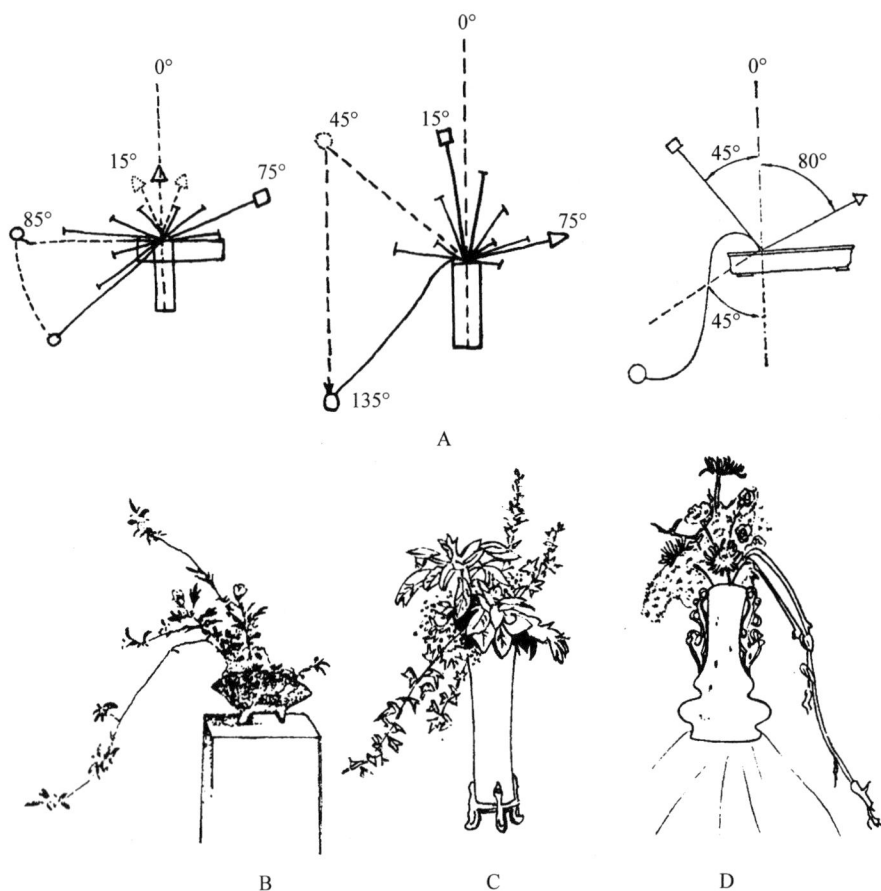

图6-19　下垂型插法
A. 示意　B. 下垂型盆插　C. "叶红秋妆"　D. "飞瀑"

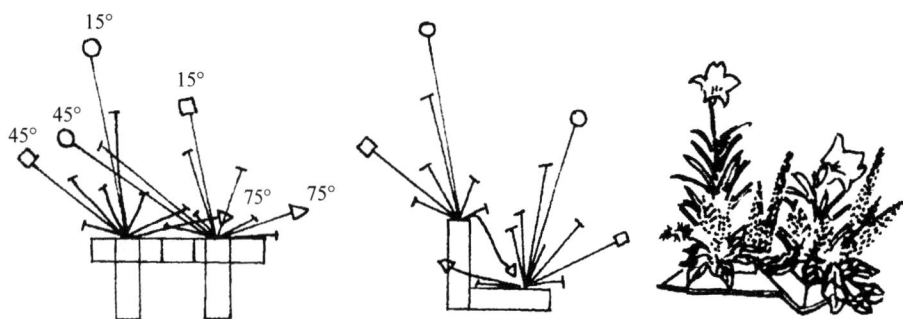

图6-20　合并花型插法

绿江南岸"。

6.6.2 西方式插花造型技艺

6.6.2.1 西方传统插花艺术的风格特点

西方插花一般指欧美各国传统的插花艺术形式，主要有以下几个特点：用花量大，多以草本、球根花卉为主，花朵丰满硕大，给人以繁茂之感；构图多用对称均衡或规则几何形，追求块面和整体效果，极富装饰性和图案之美；色彩浓重艳丽，气氛热烈，有豪华富贵之气魄。

西方传统插花艺术风格的形成可以回溯到古埃及。古埃及几何形建筑给西方文化极大的影响，西方哲学强调理性对实践的认识作用，美学也不例外，公元前毕达哥拉斯学派在此指导思想下提出了著名的"黄金分割"原理，试图从数量的关系上寻找美的因素，这种"唯理"观念以一种程式化、规范化的模式来确定美的标准和比例尺度，强调整齐一律、平衡对称，推崇几何图形等。这一美学思潮使西方文化艺术中的几何审美达到了登峰造极的地步，形成了独特的艺术风格。反映在插花艺术上，就是插花造型为几何形、图案式，强调理性和色彩，以抽象的艺术手法把大量色彩丰富的花材堆砌成各种图形，表现人工的数理之美，装饰性极强。

6.6.2.2 传统几何形插花造型设计的要求

(1) 花材的要求

几何形插花多使用花朵硕大、色彩艳丽的草本花卉。按花的形状和在构图中的不同作用，可把花材分成3类。

骨架花 外形呈长条状或线状，在插花构图中主要起骨架作用，确定造型的形状、大小、方向等。一般选长穗状花或花茎挺拔的单朵团状花或枝叶，如唐菖蒲、蛇鞭菊、金鱼草、晚香玉、月季、香石竹、苏铁叶等。

焦点花 外形呈较整齐的圆团状或呈特殊形状的花材，一般插在构图的重心位置，是视线集中的地方，因此特别注意选用丰腴鲜丽的花材，以一茎一花为好，如菊花、百合、月季、香石竹、非洲菊、卡特兰、红掌、鹤望兰等。

补花 即形体细小、丛状或羽絮的花或叶，在构图中主要起填充和过渡作用，使花型丰满，层次感强，骨架花和焦点花和谐地融为一体，如满天星、小菊、情人草、珍珠梅、文竹、肾蕨、天门冬等。

(2) 花器及花枝长度的要求

西方式插花一般选用浅色的浅盘或高脚杯等作花器。花型常把花器全部遮掩住不外露，因此无所谓花材与花器成比例，只要按摆设位置或场地来决定花型大小既可。如果花器外露，则仍按花型最大长度为1.5~2倍的花器单位来确定。

(3) 花型的要求

传统的几何形插花有许多固定花型，常见的有：圆型、三角型、半球型、椭圆型、水平型、放射型、扇型、圆锥型、球型、倒T型、L型、S型、弯月型、不等边三角型等，每种花型的表现都有相应的格式和章法，一般应符合以下 3 个基本要求。

外形规整，轮廓清晰 几何式插花外形轮廓要求清晰整齐，无论花材多少，都不能超出图形的边线。花材形状对几何式造型有很大影响，如插垂直线和水平线时，应选用花梗直挺的花材；插弧线时，要选用花梗呈弧线弯曲的花材。外形轮廓由最外围花的顶点连线组成，这些顶点连线呈现的形状就是插花作品的花型。

层次丰富，立体感强 各种几何形插花不仅从正面看其轮廓要呈相应的几何图形，而且从侧面看也要呈规则的形状。如三角型插花，实质是一个三角锥体，各花朵不只排列在轮廓的边缘，而是分布在整个空间不同的层次。插花时应通过花朵大小、花枝长短以及色彩的深浅明暗，使花型呈现清晰的立体层次。

焦点突出，主次分明 任何一个花型都有其结构重心而使图形得以稳定，其位置是各轴线的交汇点，即 1/5 ~ 1/4 高度位置。花材可密集布置于此处，一些形状特殊或较大的花朵也应插在此处，成为花型的焦点。但焦点区绝不可空、乱。

（4）色彩的要求

色彩搭配常成为作品成功与否的关键。西方式插花的色彩表现十分重要，要求浓重艳丽，创造出热烈欢快的气氛。传统西方式插法是将几种颜色的花材混插在一起，达到五彩缤纷的效果。西方式插花也有用单色花的习惯，如在婚礼上使用纯白色的花表示纯洁等。配色设计可参考有关色彩的内容。

6.6.2.3 基本花型插作示例

（1）基本花型分类

按观赏方向分 可分为单面观花型和四面观花型。单面观花型只能从正面观赏，多靠墙摆设。如三角型、扇型、倒 T 型、L 型等。四面观花型可从四面多角度观赏，多摆在餐桌或会议桌上。如球型、半球型等。

按造型结构分 可分为对称式花型和不对称式花型。对称式花型外形轮廓整齐对称，可在中轴线两侧或上下均匀布置形状、数量、色彩相同的花材，也可在中轴两侧选择不同的花材，通过量、色和形等保持两侧平衡，只要中轴两侧尺寸相等则可，如半球型、水平型、三角型、扇型、倒 T 型等。不对称式花型外形轮廓不对称，常见的有 L 型、S 型、新月型、不等边三角型等。

（2）几何式花型插作的一般步骤

①用骨架花插出花型骨架，定出花型高、宽、深等外型轮廓。

②定焦点，插焦点花。

③一般先插轮廓线，再在轮廓线的范围内高低不等地插入其他花朵。

④用补花、配叶等填充空间，遮盖花泥，完成花型主体。

（3）基本花型插作方法

①三角型 单面观赏对称构图的造型，是西方式插花中的基本形式之一。外形轮廓为对称的等边三角形或等腰三角形，下部最宽，越往上部越窄，外形酷似金字塔状。

插时先用骨架花插成三角形的基本骨架，再把焦点花插在中央高度 1/5 ~ 1/4 的位置，然后插入其他主体花朵，最后用补花填充，使花朵均匀分布成三角形，下部花朵

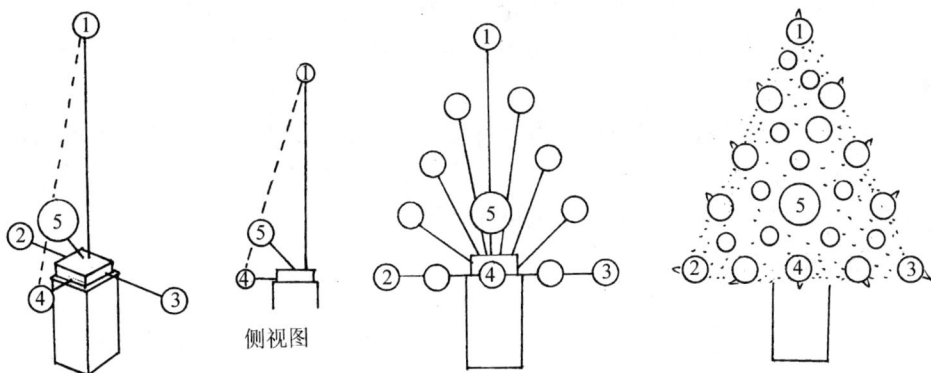

图 6-21　三角型插法

大，向上渐小。这种插花结构均衡，给人以整齐庄严之感，适于会场、大厅、教堂装饰。常用浅盆或较矮的花瓶作花器。插制步骤如图6-21。

②倒 T 型　单面观对称式花型，插制时竖线须保持垂直状态，左右两侧的横线呈水平状或略下垂，两边宽长之和与高等长，基本插法与三角型相似，但腰部较瘦，即花材集中在焦点附近，两侧花一般不超过焦点花高度，以突出"⊥"的外形轮廓（图6-22）。宜选用有强烈线条感的花材。

③半球型（圆型）　四面观赏对称构图的造型，插花的外形轮廓为半球型，所用的花材长度应基本一致，整个插花轮廓线应圆滑而没有明显的凹凸部分（图6-23）。

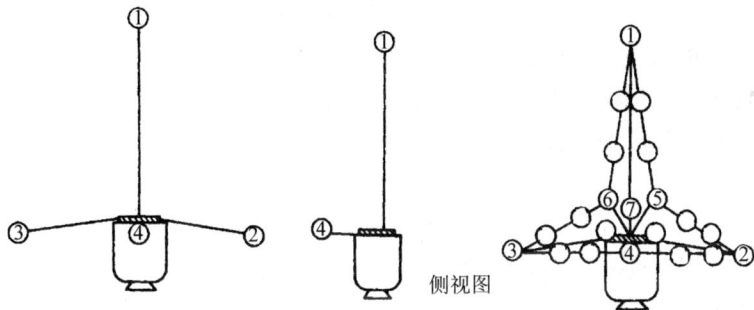

图 6-22　倒 T 型插法

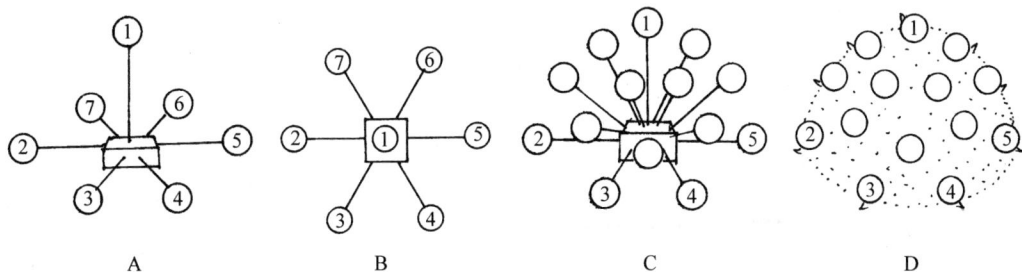

图 6-23　半球型插制示意

A. 立面图　B. 俯视图　C. 立面图　D. 成型图

先插出轮廓，再插其他主体花和补花，没有明显的焦点花。半球型的花头较大，花器不甚突出，造型时应使花朵与花器融为一体。一般用浅盆作花器。常用于茶几、餐桌的装饰。

④水平型　完全对称的四面观花型。低矮、宽阔，中央稍高，四周渐低的圆弧形插花体，多用于接待室和大型晚会的桌饰，是宴会餐桌或会议桌上最适宜的花型。花器宜用圆形或长形浅盆，以突出宽阔感。也可用高型花器，花型两侧下垂，体现曲线美（见彩图 32）。插制步骤如图 6-24。

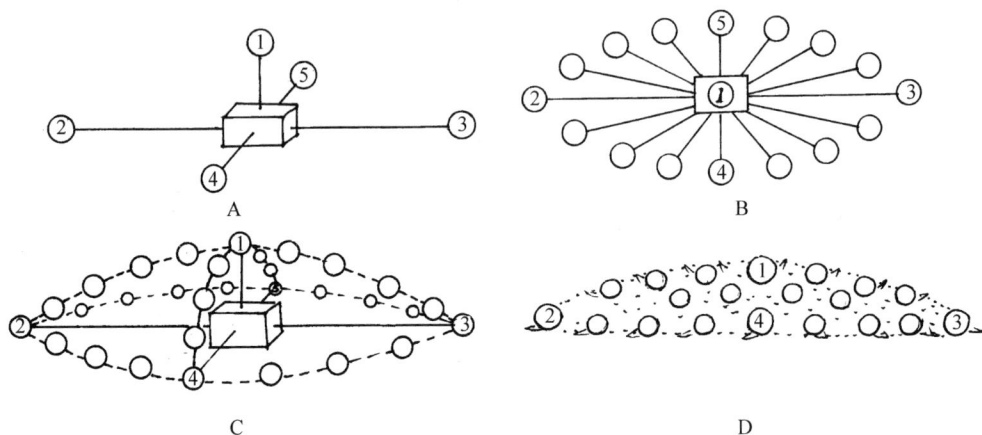

图 6-24　水平型插制示意
A. 立面图　B. 俯视图　C. 立面图　D. 效果图

⑤圆锥型　单面观的对称花型。外形如宝塔，稳重、庄严。从每一个角度侧视均为三角形，俯视每一个层面均为圆形。其插法介于三角型与半球型之间（图 6-25）。插制时，②③枝对称，长度为①枝的 1/3～1/2，其他枝条将底面圆周八等分，而且长度不超过花器口之外缘。

⑥扇型（放射型）　单面观对称花型。花由中心点呈放射状向四面延伸，如同一把张开的扇子。常用于迎宾庆典等礼仪活动中，装饰性极强。这种造型容易平面化，因此插时焦点位置可稍作变化，不一定位于正中部，插叶片时不等长，尽量插出立体感，使

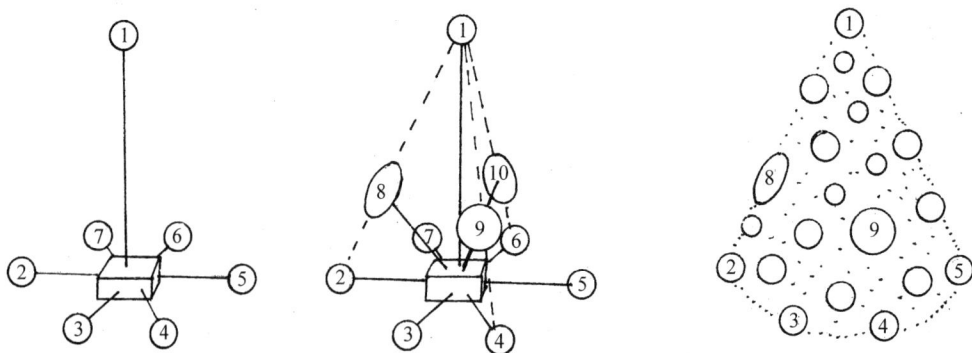

图 6-25　圆锥型插法

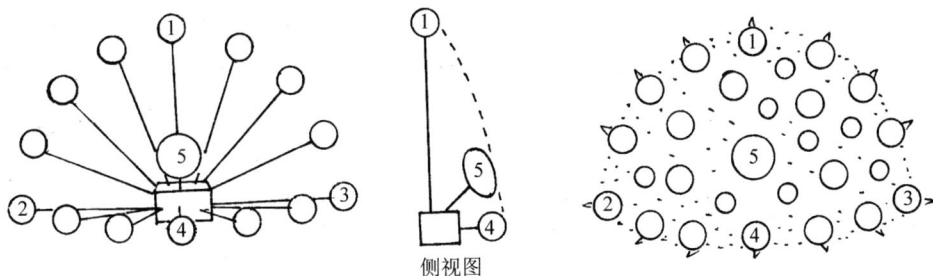

图6-26 扇型(放射型)插法

之具有景深和一定的变化。插制示意如图6-26。

⑦L型 这是一个不对称花型,适于摆设在窗台或转角的位置。基本插法与倒T型相似,但它左右两侧不等长,一侧是长轴,另一侧是短轴,强调纵横两线向外延伸,插成后像两个互相垂直放置的长三角锥体。短轴和前轴较短,在两短轴形成的三角形内,花材较密集,也是焦点位置所在,然后向外延伸花材逐渐减少。图6-27是L型插制要点。

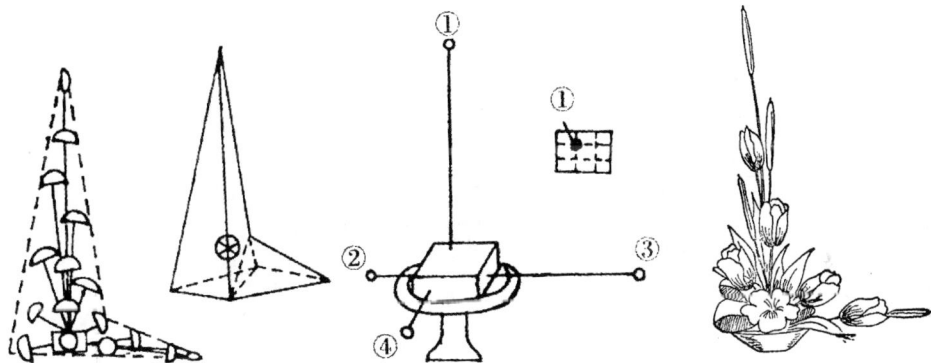

图6-27 L型插法

⑧弯月型(新月型) 花型如弯月,是表现曲线美和流动感的花型。可作室内摆设和馈赠礼品,也可用作篮式插花,是生日花篮的常用花型。宜选择弯曲的花材,使茎干能顺着弧线的走向,不破坏花型。插制时,先插轮廓,然后再插内、外侧线(图6-28)。

⑨S型 相传是由英国画家赫加斯从古老的螺旋线发展出来的,故也称为赫加斯型,是一种装饰性极强的花型。宜用较高的花器,以充分展现下垂的姿态。插法与弯月型相似,把弯月型的右侧弯线向下弯曲,即为S型(图6-29)。

⑩垂直型 以一直线向上延伸的垂直型应用,强调纵线的线条美。构成垂直型的纵线时,要注意修剪花材上多余的枝叶,以免花材横向扩张,徒增质量感。彩图33以天门冬装饰,自花器口自然流垂下来,显得纤细动人。

几何形插花造型除了上述列举的以外,还有很多形式,如火炬型、圆锥型、菱型、混合型(图6-30)等。但只要掌握基本插法要点,即可随意插制。

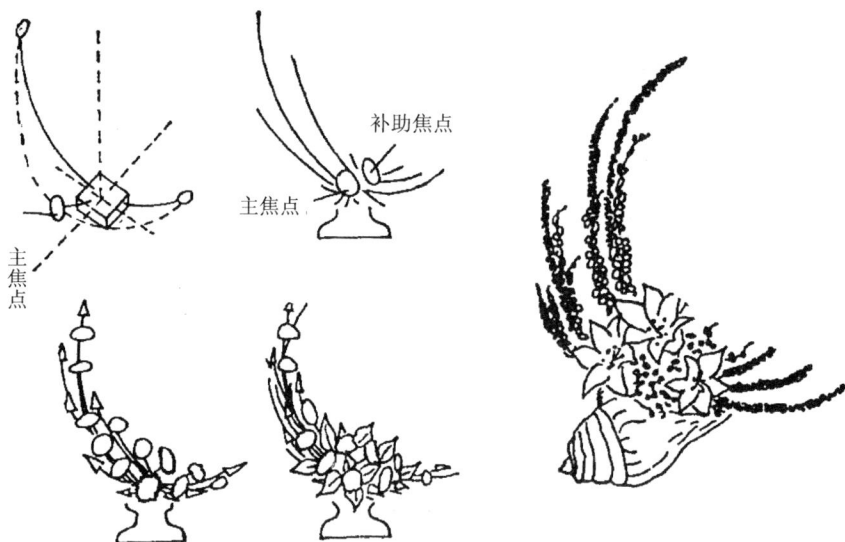

图 6-28　弯月型插法

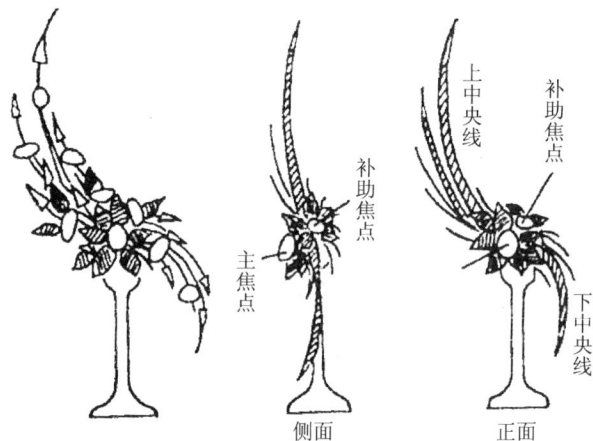

图 6-29　S 型插法

6.6.3　现代插花造型技艺

广义地说，现代社会上所流行的插花形式，皆统称现代插花艺术。为区别于传统的插花形式，常将第二次世界大战后出现的花型，称为现代插花。现代插花不要求严格地按照传统插花艺术的基本原则进行创作，主要是根据花卉装饰的情境要求来插制作品，而不只是单纯地表现自然界的和谐美。

6.6.3.1　现代插花的形式

现代插花的形式大致有两种：

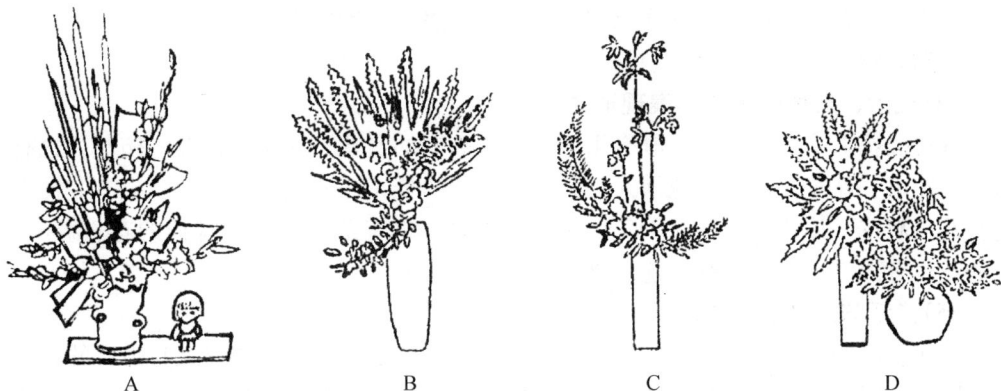

图 6-30   几何形花型的组合

A. 倒 T 型与放射型   B. 扇型与 S 型   C. 弯月型与垂直型   D. 两个容器在合并式插花中形成一体

(1) 东西方式结合，以装饰为主

这是将传统的东、西方插花艺术风格相结合的花型，既有西方插花艺术的色彩美，又有东方插花艺术的线条美，具有很强的装饰性。常用于商业橱窗、宾馆、广告宣传等。

(2) 抽象的自由式造型

现代插花在欧美及日本有较显著的发展，日本的"自由式插花"或"前卫插花"、欧美的"抽象插花"都属现代插花。题材不受花材、形式的约束，造型更体现主题的表达。

6.6.3.2   现代插花的特点

(1) 丰富多样的插花素材

随着园艺栽培与育种技术的发展，大量观赏植物新品种层出不穷，极大地丰富了插花的素材和表现力。此外，许多自然和人工的辅助材料如卵石、贝壳、麻、绳、树皮、藤、羽毛以及丝带、亮珠、金属、玻璃、仿生鸟、仿生蝴蝶等的运用，更丰富了插花语言，拓展了插花的题材和内容。

(2) 东西方艺术交融而各具民族特色

现代插花艺术是东西方文化和表现技法的相互交融，并渐成一体的结果。例如，现代几何形插花在传统西方几何形基础上，吸收了传统东方式插花中的重线条、留空白的表现手法，不再是无韵味的大堆头，减少了部分草本花材，加入了传统西方式插花几乎不用的木本花材，或将茎叶弯曲、折叠以产生线条美。图 6-31 为现代的三角型示例。

但是，各国各民族不同的文化背景始终深刻影响着本民族艺术的发展。西方崇尚理性、装饰的形式美，东方讲究虚实相生的意境美，使得各自的现代插花艺术仍保持着特有的风格。

(3) 新奇的插制技巧层出不穷

传统的东、西方式插花都不强调对花材做过多的加工

图 6-31   现代三角型

处理。现代插花为表现各种创作意图，会将花材进行各种处理，并且非常注重表现花材的色彩和质感的对比，产生强烈的视觉效果。

（4）灵活、自由、多样的表现形式

现代插花形式丰富多彩，既有用各种器皿插制的盆花、瓶花、篮花、碗花，也有无器皿的花束、花车、花架、花偶人；有装饰环境的桌花、壁挂花、花环，也有装饰人体的头花、肩花、捧花、腕花、胸花；有多层花篮，也有蔬果花篮；有插的花、绑的花、浮的花；有微型插花，也有如建筑物的绿色雕塑。

（5）广泛与深刻的创作题材

现代生活的丰富触发了人们创造力、想象力，涌现出各种反映以人为力量的新潮设计。同时，回归自然的理念也体现在现代插花艺术的设计中，产生了山水设计、田园设计、庭园设计、植物生态设计等题材。这类设计多不用花泥和不易自然降解的素材，而改用石头、枝条或一些废弃物品等，在花色搭配上也多用大自然中常见的黄、绿、白为主色，配以枯叶的褐色成"环保色"。彩图34"感受自然的魅力"即是这类佳作。

6.6.3.3　现代插花常用的设计技法

现代插花的两种类型都由形态、质感、色彩和空间等要素组成，所用素材繁多，质感对比多样。为了更好地表现作品需要强调的要素，现代插花除了对花材进行简单的弯曲、折叠、裁剪加工外，采用了更多的设计技巧。

（1）分解与重组

分解就是改变植物的自然形态，将花体分解。不是常见的花、叶、茎、果、根的分别利用，而是将花进一步分离成花瓣、花蕊，或再将叶的叶脉与叶片分离，甚至将花茎剖开。重组就是将分解后的花、叶、果、枝以另一种形态重新组合。这种技巧的应用常会产生奇妙的艺术效果，如彩图35"兰香引蝶"。

（2）构筑

构筑是融入了现代建筑、雕塑理念的一种抽象手法（图6-32），目的不是表现花材的自然美，只是将花材视为一种造型元素，以点、线、面、块的形态，形成某种无可名状的图形，表现作者的某种欲望或心声。

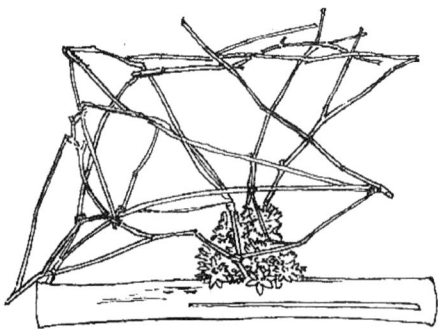

图6-32　构　筑

图6-33　阶　梯

(3)组群与群聚

组群是将同种类同色系的花材分组(两枝以上)分区(一个区域可有两种以上的组群)插,组与组之间加留空间,花材可高可低。这种技巧可令人欣赏到不同种类、色彩、形态和质感(见彩图36)。

群聚是将相同的花材紧密地集合插在一处,使同一类花的数量、形状或花材形成一个整体,如彩图37和彩图38"生命的搏动"和彩图39。

(4)铺垫

把剪短的花材一支紧靠一支地插在底部,就像平铺卵石一般,插在底部掩盖花泥。为求变化,可采用组群式的插法,块状、线状、点状、面状花材都可以(见彩图39)。

(5)阶梯

使用相同花材,以同样长度群聚在一起,宛如平台。平台与平台之间,高低不等,产生错落的层次感,表现花材的韵律美(图6-33,彩图37)。

(6)重叠

把平面状的花或叶一片重叠在一片之上,每片之间的空隙较小。通常用于最底部遮盖花泥,并表现花材的重叠之美(图6-34)。

图6-34 重叠

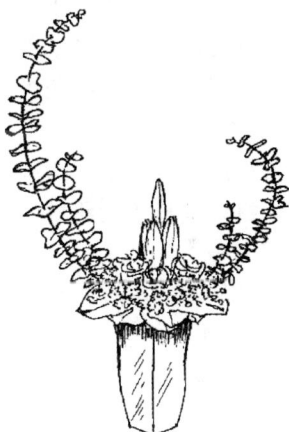

图6-35 加框

(7)加框

这是一种营造视觉焦点的设计技巧,即在花形的外面加上另外的框架或直接用花材做框架(图6-35)。框架的形状有满框、1/2框、1/4框、3/4框等,可用现成的画框(见彩图40"荷花送爽"),也可用枝条、金属、藤条制作。

(8)捆束和缠绕

捆束是指将3朵以上相同的花或枝叶集中捆成一束,用以增加花材的质量感和力度。宜用花梗较直且光滑的花材,如月季、香石竹、富贵竹、马蹄莲等(见彩图41)。缠绕与捆束相类似,捆束只捆稀疏的几道,而缠绕则需缠若干道,达到一定的宽度,常用柔性花材制作。

(9)构架

构架是用有一定支撑力度的枝条、藤或非植物材料做成各种形状的支撑架,如篱笆状、网状、箱框状、团状等，再将花材插制在架上，可重点表现花材之美态（见彩图42）。作为其依附主体的"架子"，材料可以是天然也可以是人工的，构成方法可以是规整的，也可以是随意的。采用构架的作品一般体量较大，表达的内涵也较丰富，常用来创作大型作品。

（10）编织

将柔软可折叠的植物或非植物材料以合适的角度交织组合，像编筐、织布那样编织，形成块状、网状、球状，作为设计的一部分或花型的构架、花束的底座等（图6-36）。可用同类材料，也可用几种

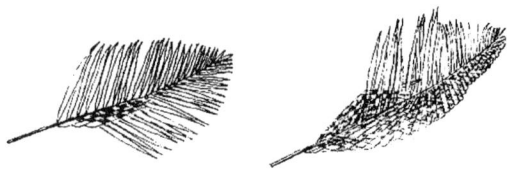

图6-36　编　织

材料混编。经编织以后的素材可产生厚重色感和线条交织变化之美，并有一定的支撑力，用来做一些特殊的造型。

（11）粘贴与串联

粘贴是把叶、花、果、枝或非植物材料、小饰物、贝壳、亮珠等用胶直接粘贴在花器、构架上。串联是把植物的花、花瓣、叶、果用金属丝线或茎干穿成串，再插入或吊在架构上。彩图43"已是悬崖百丈冰"用银芽柳的花苞粘贴，拟作一个个冰凌，下部几个小花苞象征融化的雪水，形象地表现了"已是悬崖百丈冰，尤有花枝俏，俏也不争春，只把春来报，待到山花烂漫时，她在丛中笑"的意境。

（12）透视

将素材以镂空的方式插制，表现一种空间的通透美感、朦胧美感（图6-37）。一般使用的素材以细长条状花材、叶材为主，特别是外层结构，选用的材料更应纤细柔软。

（13）包卷

把植物的花、花瓣、叶等用金属丝线卷成筒状（图6-38）。

（14）穿刺

将纤细的枝条、花茎或其他异质材料如金属丝、细玻璃棒等，穿透花材本身或穿过

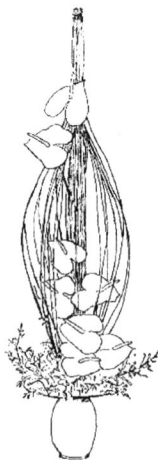

图6-37　透　视

图6-38　包　卷

由花材组成的较为平整的面。穿刺在自然情况下一般不常用，因此在插花艺术中如果以神来之笔加以运用，能产生强烈的艺术感染力，如彩图44"掌上舞"。

6.6.3.4　东西式结合的现代插花

这种类型的现代插花在传统西方插花的基础上，除了各种变化了的几何形之外，还吸收了传统东方插花的技法，采用许多线条设计，如垂直平行线设计、倾斜平行式设计、曲线设计等用于体现植物在自然界的生态，或模仿田园、庭园、自然山水，产生了现今西方的精华与东方的神韵共存的植物生态型设计、山水设计、庭园设计、田园设计、螺旋线条设计等（图6-39）。

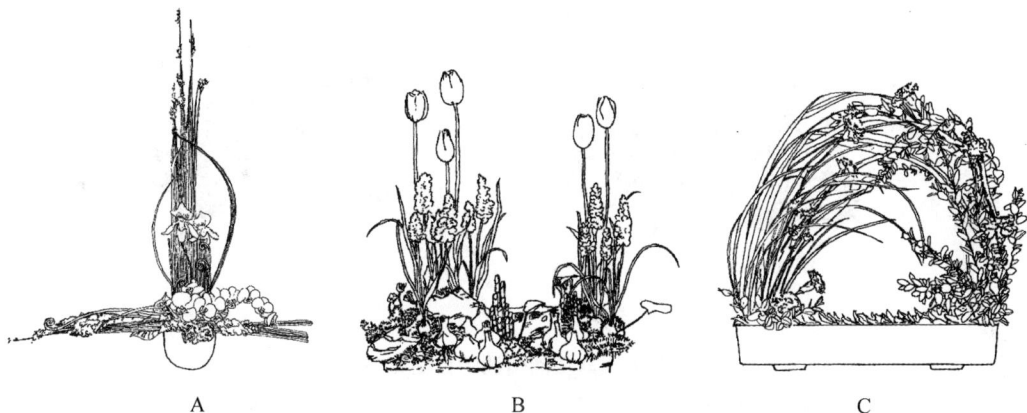

图6-39　东西式结合的现代插花
A. 现代倒 T 型　B. 庭园式设计　C. 曲线设计

6.6.3.5　自由式的现代插花

自由式的现代插花是受西方抽象派影响而出现的一种插花类型，也叫自由花，不讲求东西方传统插花的固定花型，而是为了达到美的要求，根据花材特点、个人感受对插花设计布局自由发挥，表达个人观念和意念。

现代自由式插花可分为自然情调与非自然情调的插花造型。自然情调的自由花，比

图6-40　自然情调的自由花造型

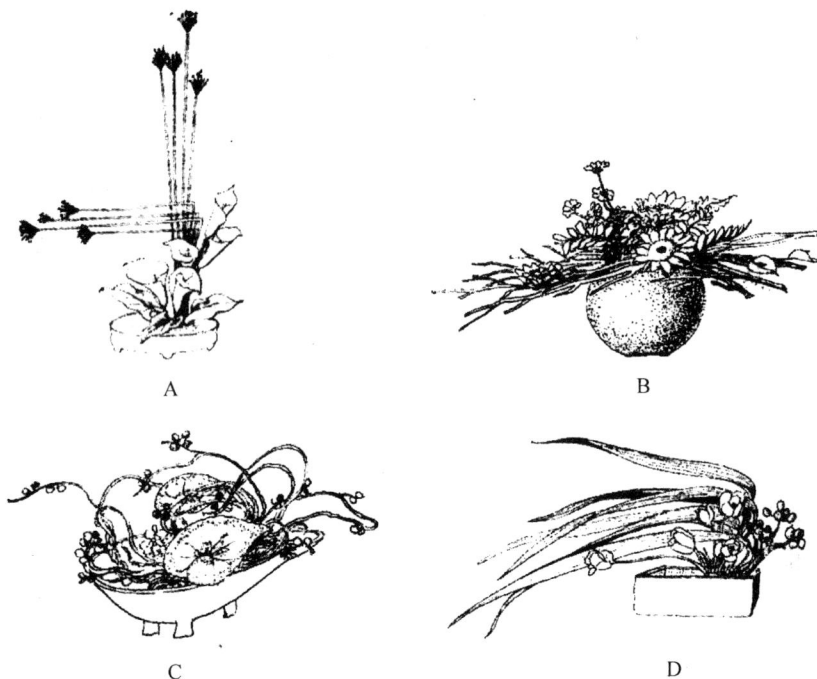

图 6-41　非自然情调的自由花造型

A. 线与面组合　B. 线与块组合　C. 线与块组合　D. 线与面组合

较尊重花材的自然形态，并予以再现和提高。不对花材进行分解（图6-40）。非自然情调的自由花则不完全着眼于表现花材本身的自然形态和神韵，而只是把花材的质感、形状、色彩看做是造型的素材，用作自我表现的媒介和手段，以构成某一需要的抽象形态，使插花作品从写实转为写意。非自然情调的自由花更注重如何将花材的特质、量感、力度、空间、色彩和动态等表现出来（图6-41）。

　　自由花虽无固定造型，但也必须遵循美学理论中的均衡稳定、韵律节奏以及造型要素的理论，运用各种技巧来表现创作意图（图6-42，见图6-13）。花器可用碗、碟、盆、罐等传统花器，也可用竹、铁、铜、银、水晶、陶瓷塑料等材料，有时需要特别设计和利用一些异形花器，根据花器本身形状来构思，或者根据要表现的意图来选择和自制有特色的花器。花材不再局限于鲜花，而是广泛使用干花、人造花、枯木，甚至胶管、贝壳等异质材料。插花不单纯是为了写意抒怀，更多的是为应景装饰而作。

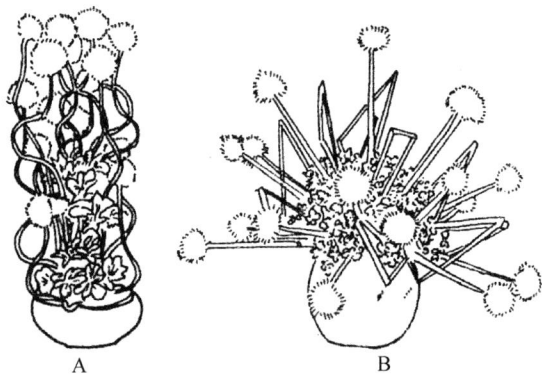

图 6-42　自由花曲线造型设计

A. 古流松藤会插花　B.“三维空间”

6.7 时尚花艺饰品应用

6.7.1 花篮插花

现代生活中，人们多以篮花作礼仪用花。因插花器具是篮子，故花篮插花俗称为花篮。一般篮花多用于各种庆贺或悼念活动，应用最多的是庆曲花篮和生日花篮。

花篮按其作用，可分为庆贺花篮、生日花篮、婚礼花篮、观赏花篮、悼念花篮等。各种用途的花篮在选材、花型和色彩上有一定的区别。

6.7.1.1 制作篮花的一般要求

(1)突出花篮的特征

篮子是花型的构成部分，插制时应根据篮子本身的特点和花篮插花的用途，确定花型及花篮的主视面，并注意将篮子的提手、篮口边缘、篮体局部显露出来，使其具有花篮插花的特色。

(2)注意花材保水和花型稳定

由于花篮不能贮水，插制前花篮内可放置适合的浅口容器及剑山，或铺垫不透水的包装纸后再放入花泥，同时将容器或花泥与花篮用防水胶带或铁丝和植物茎干固定，确保花材的供水和花篮的稳定。

(3)选择适宜的花型

花篮选用的花型不要太高，也不要插得过多过重，特别是需要携带的花篮插花作品。

(4)适当装饰

有些花篮还可加丝带花、缎带花，以增加色彩和华丽感。如高的花篮在中部进行局部腰花插制后，为了增加花篮的整体感，再配以鲜明的祝贺缎带以增添情趣。

6.7.1.2 各类花篮插花的特点

(1)庆典花篮

这类花篮一般体量较大，常用规格为 1.5~2.5m 落地式大花篮，有连体式和分解式，即分成上、下 2~3 层，用时合为一体。一般将花材插入花篮内，多为一面观赏。高的花篮还在中部花篮基部与底座交接处，进行局部插花，称作腰花。上层篮花要求端庄大方，下层腰花的构图可稍微活泼一点，但应与上层直接呼应。如果是开业志喜的装饰花篮，可选用对称构图的三角型、扇型、半球型，插制大些。如果是贺喜礼篮，则可选用不对称构图的三角型、半球型，制作小巧丰满一点。

常用花材以唐菖蒲、月季、香石竹、菊花、百合为主，不同季节搭配一些时令花材。衬叶主要用苏铁、棕榈、鱼尾葵或软叶刺葵，也可用肾蕨等。这类花篮的色彩多采用暖色调，要有主色调，花材用量较多，但种类不要太多。

（2）生日花篮

多为小型桌饰花篮，造型比较活泼多变。创作时应根据作者或赠送对象的喜好而选择花型。花材选用应有一定的针对性。习惯上送给母亲的生日花篮，以粉色香石竹为主花；送父亲的生日花篮，以百合、向日葵为主花，并加礼物；送长者的祝寿花篮，应选用松枝、鹤望兰为主花，另加菊、百合、红掌、香石竹等，寓意松鹤延年、健康长寿；送恋人的生日花篮，可全部用月季花（花枝数与年龄相同）。另外，还可同时选购一些小礼品、小饰物和贺卡与生日花篮配合一并赠送。

生日花篮一般体量较小，花型可用三角型、不等边三角型、L型、弯月型、水平型。

（3）探亲访友花篮

这类花篮可加入一些水果，插制水果或蔬果花篮（图6-43）。应根据探访对象喜好、身体状况和季节，选择花材种类及色彩。一般冬季选黄、粉的暖色调；夏季选紫、白、粉、绿色。

图6-43　探亲访友花篮

（4）悼念花篮

凭吊用的花篮，花材选择要根据不同习俗选择，但一般均以素雅为主色，表达悲痛与怀念的情感。按中国人习俗，用于追悼亡人的花篮，宜选用冷色调，花型多用等边三角型、扇型。花材可选用黄菊、百合、马蹄莲、紫色勿忘我、桔梗、青松、翠柏、万年青或亡人生前喜爱的花等。

（5）观赏花篮

这类花篮主要用于装饰环境或展览，可根据作者的创意和想表达的意趣来决定花型、花材，重在创意、技巧、神韵和艺术欣赏。造型可插制成田园式、欧陆式、植物生长式等（图6-44）。

6.7.2　小品花、微型花、浮花、壁挂花

（1）小品花

小品花，即不拘泥于形式的小型自由花，是室内插花装饰的一种形式。一般小品花的体量较小，容器多样，造型活泼多变，创作随意性强。可置于家中的茶几、床头柜、书桌、茶桌等地方，别有情趣。

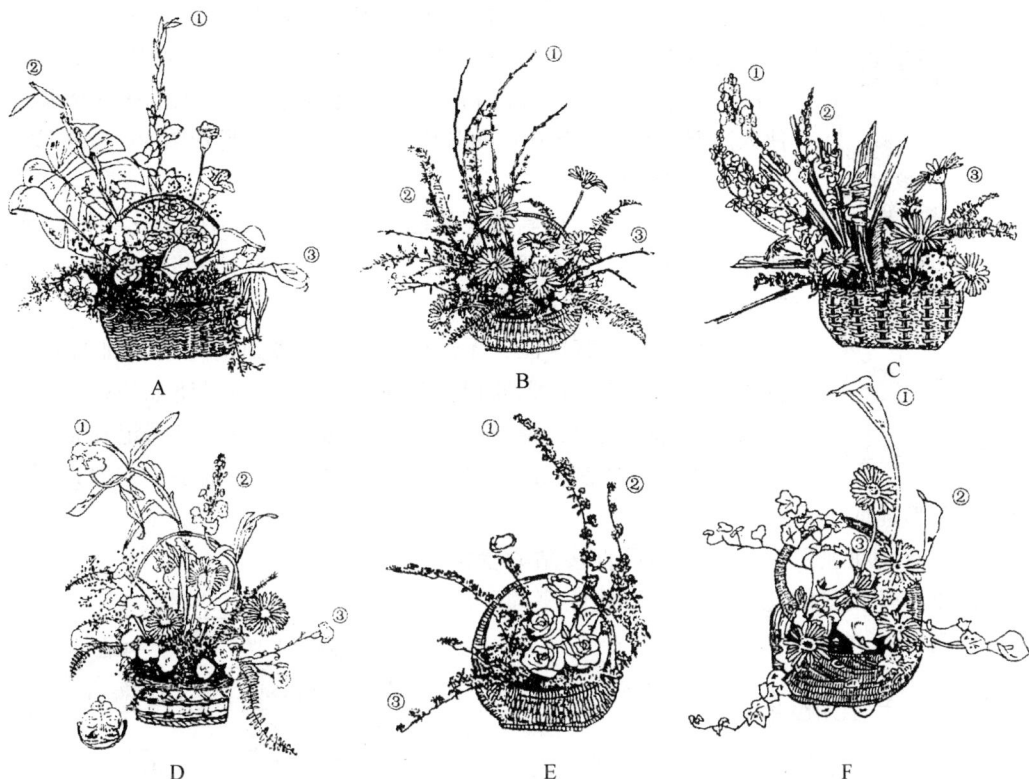

图6-44 观赏花篮

A."柔情似水" B."银树火花" C."一揽春色" D."五彩春光" E."情未了" F."流光溢彩"

制作小品花时，应注意花型、色彩与花器、环境的协调。如用于咖啡桌，可用玻璃瓶插；如用于茶桌，可用剑山固定，盆插或陶瓷小瓶插；西式小茶几上可用少许花泥固定，或用枝条固定。图6-45是风格各异的几款小品花。

（2）微型花

微型花是指大小尺寸在100mm^{3}以下的插花（图6-46）。可用香水瓶、小玩具等作花器，用碎花如雀梅、情人草、小柳枝等插制，别具一格。如彩图6-45"掌上明珠"。

（3）浮花

浮花，即漂浮在水面上的盆花，可摆放在茶几、办公桌、服务台上观赏。用材不多，制作简便，风格独特。若选用古典的浅口盆，可营造典雅的气氛，若选用现代的玻

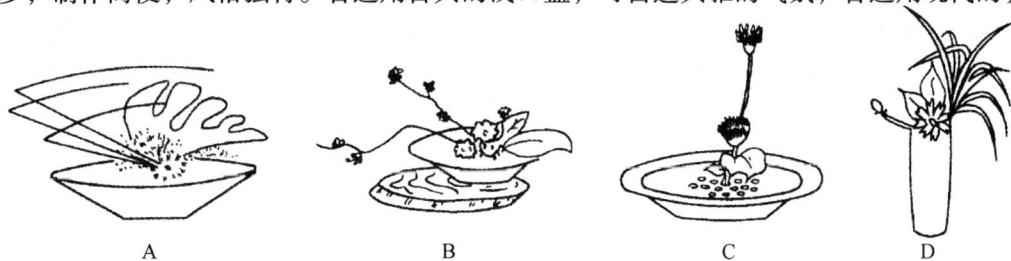

图6-45 各式小品花

图 6-46　微型花

璃浅盆、透明金鱼缸，则呈现的是浪漫的情调（图 6-47）。

浮花制作要点是挑选一两朵花型稍大而扁平一点的花作焦点，再配置几朵小花、绿叶陪衬。花材不宜多，必须留出一部分水面，使人能够品味花、叶在水面漂移、变化的乐趣（见彩图 46"滢映"）。

（4）壁挂花

壁挂花是吊挂在墙壁上的插花作品，主要用以美化装饰墙面，适用于居家室内，如客厅、书房、卧室等处。一些展览馆、会议室的墙面也宜用壁挂来美化。

壁挂花分为有器皿、无器皿两种。有器皿的应视器皿的形状、特色材料选择花型；无器皿的则应根据选用的底座如折扇、藤编框的形状选择花型、花材，并用塑料纸包住湿花泥固定在框架的某个位置，再插制。两类壁挂花的所用花材不宜多，一般选择不等边三角型插成下垂式。

现在有些花泥厂家生产一种可直接贴紧壁面、镜面的小型带吸盘的花泥底座，将此底座固定后，即可插制（图 6-48）。

6.7.3　手扎花束

手扎花束是将花材在手中插作绑扎而成，呈束把状的一种插花形式。由于插制不需要任何容器，全部由手工插作、绑扎、包装、装饰而成，因此与其他插花形式相比，插制更简便、携带更方便，在生活中是应用最广泛、最普及的插花形式。

图 6-47　浮花（观水体）

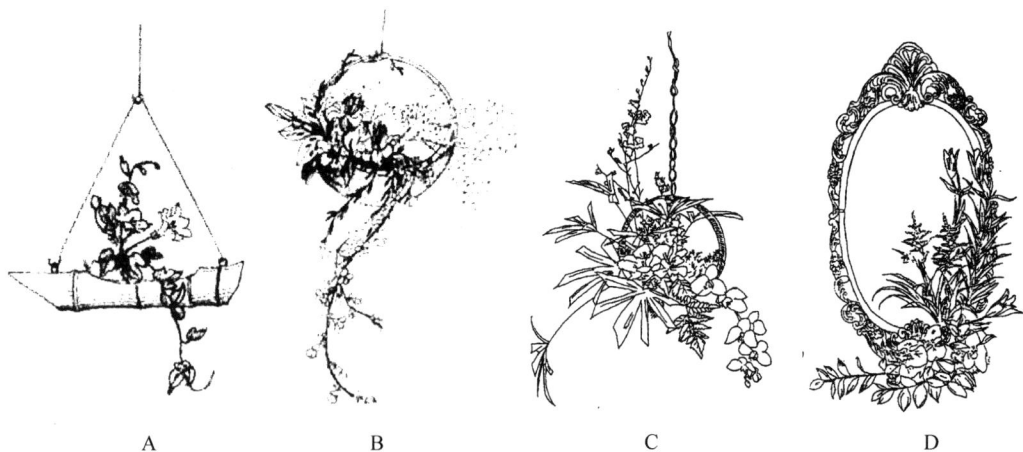

A　　　　　B　　　　　C　　　　　D

图 6-48　各式壁挂花

A，B. 有器皿的壁挂花　C. 窗口吊饰　D. 镜面壁饰

6.7.3.1 扎花束前花材的处理

手扎花束主要分为单面花束、四面花束(螺旋花束)、有骨架的花束等。在制作前都需要对花材按如下步骤进行处理:

①将选配好的主花材1/3茎下部的叶、刺全去掉,按花材种类排放在操作台上。

②对一些花头与茎干易分离成不易整形的花材,如非洲菊等,可采用铁丝加固的方法进行处理。

③主花如果开放得少,可用手强行将其打开一些。

④整理花材时,不用的断头花可放在塑料袋里,喷少许水,留作头花、胸花、浮花等。

6.7.3.2 单面花束的制作与包装

(1) 单面花束的一般制作

单面花束一般制作成近似三角形。可单手握持,也可将花材放在台面上造型(图6-49)。

① 选择条状花材作三角形的顶点,先将几支条形花材错落握在手中,如图6-49A所示,或将其放在桌上。

② 两边加入团状花材,如图6-49B,C所示,将团状花放在条状花的中间和下段。

③ 最后将配叶放在握把处,承托上面的花材并衬托色彩,如图6-49D。

④ 将手握处扎紧,根部留13~14cm长度,其余剪去,如图6-49E。

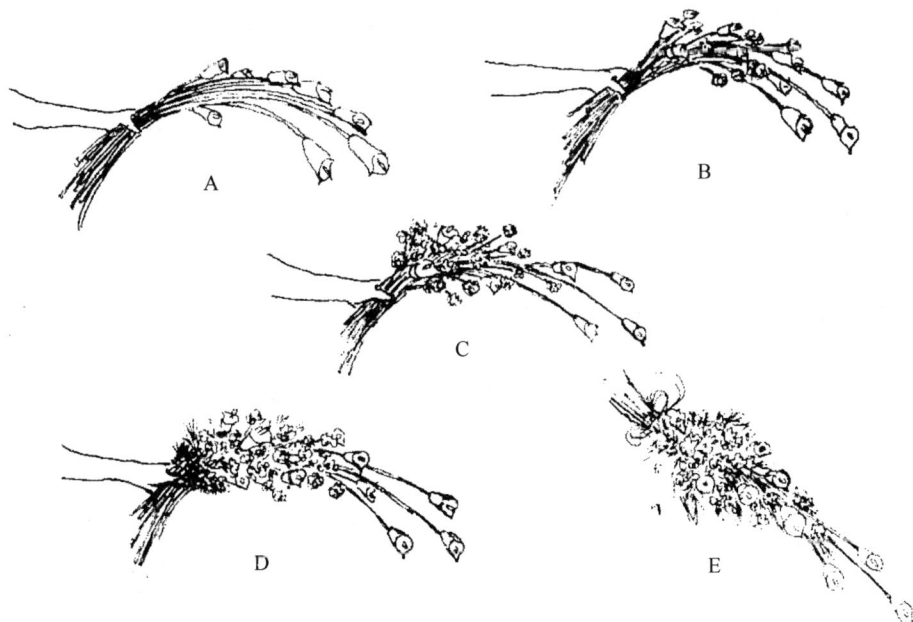

图6-49 单面花束的制作

（2）单面花束的包装

步骤如图6-50。

① 用湿棉花裹住花梗基部，然后用铝箔纸包紧，以保湿，再将一张长方形包装纸（双色皱纹纸或棉纸等）摊开，将花束放在上面。

② 先将花束下方的包装纸向上折，再将左手边多余的纸向内折。

③ 右手边的包装纸也同样向内折。

④ 左右两侧向内折好后，将花梗处握把部分的包装纸扎紧，加绑蝴蝶结即可。

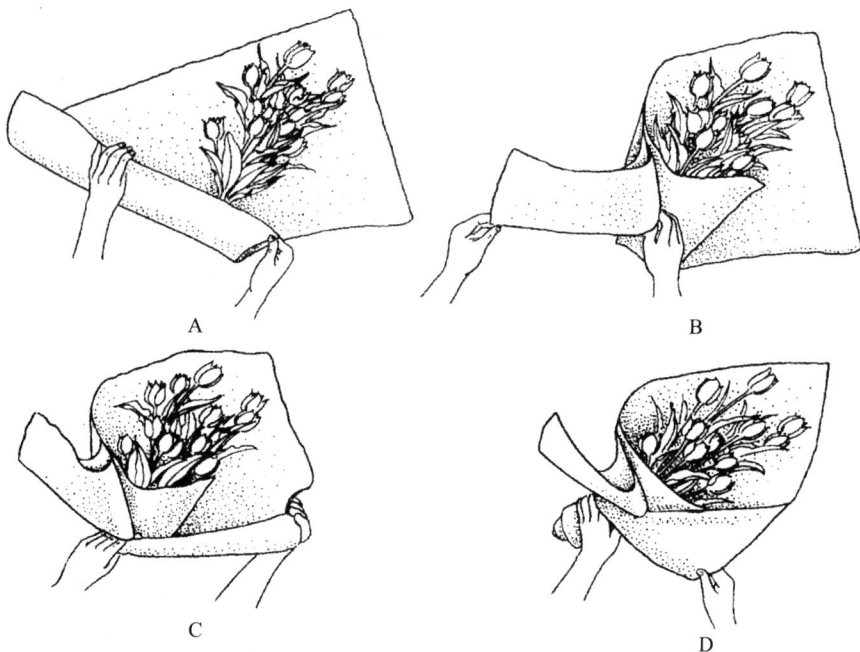

图6-50　单面花束的包装

6.7.3.3　四面花束的制作与包装

（1）螺旋花材持握法

四面花束一般制作成半球型、圆锥型、现代三角型。制作关键是螺旋花材握持法（图6-51）。

① 左手大拇指与中指形成半圈，作为花材的支撑和捆绑点位置，注意手腕要放松，除作支撑的手指外，其他手指要放松，千万不要握紧。

② 先将第一支花材距离花头2/3处（总长视所扎花束而定）放在捆绑点位置，再将第二与第一支在捆绑点交叉，再将第三支与第二支交叉，第四支与第三支交叉……注意朝同一个方向交叉加入花材，形成螺旋状，直到加完。如握持不方便，可将花束旋转一个角度再继续加花。

③ 在捆绑点处用带子系牢，把手握花束抬高至与眼平视，用剪刀剪齐根部，以能立放在台上为准。

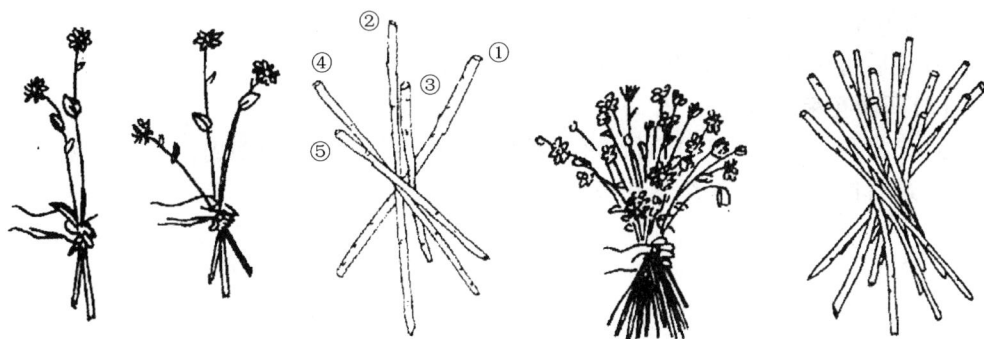

图 6-51　螺旋花材基本握持法

(2)四面花束的制作

以下是一款四面花束制作的实例(图 6-52)。

① 首先将主花(团状花材)和主配叶(条状花材)放在一起。

② 加入团状花材与条状花材。

③ 均匀放入其他 1~2 种团状花材,同时再加入几片条状花材。把花材均匀放入手

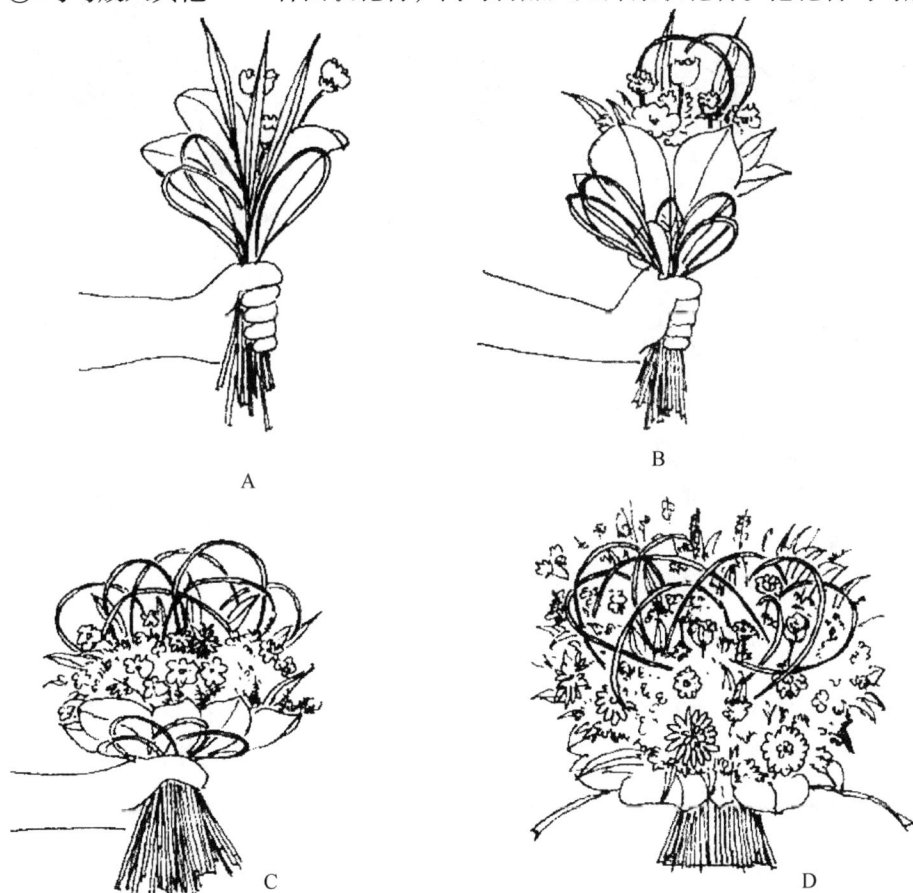

A

B

C

D

图 6-52　四面花束的制作

中，同时调整花面和条状花材弧度。

④ 最后将衬底的宽大切叶放在花材下端捆紧，剪齐。

（3）四面花束的包装

① 先将第一张包装纸对角折叠（图6-53），然后包围在花束四周，用绳捆紧。

② 最后再用一张包装纸从花束底部向上包起，绑上蝴蝶结即可。

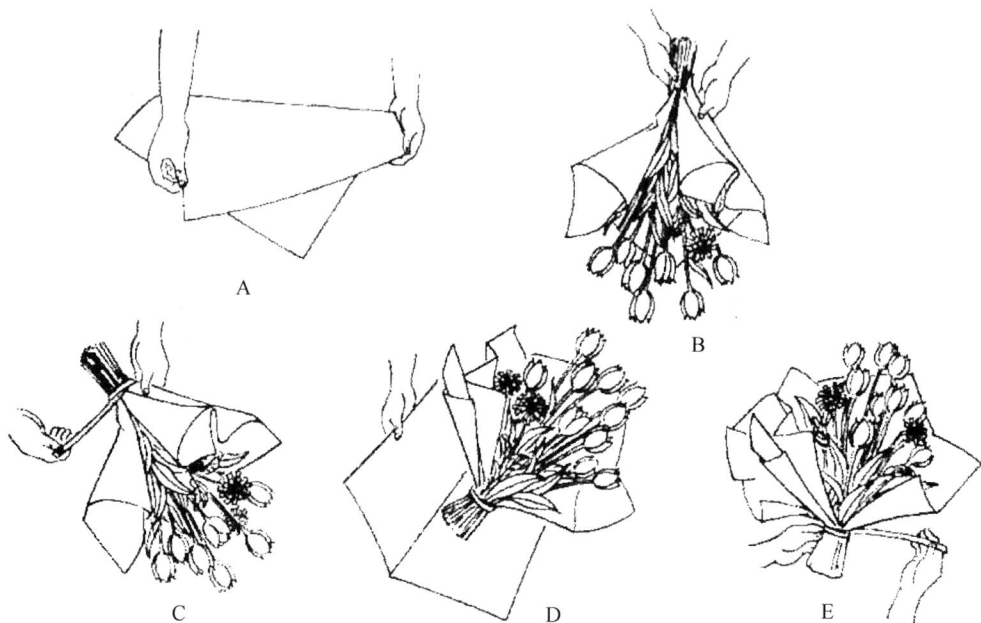

图6-53　四面花束的包装

6.7.3.4　有骨架的花束的制作

有骨架的花束（图6-54）的制作步骤如下：

① 制作或选择骨架，即用藤、枝条或金属丝做成所需形状的骨架。

② 手握骨架的支撑棍，并从架上往手握处加入花材，直到加完，再用叶材遮住捆绑点上部位置。

③ 捆紧花束，剪齐根部，令其站稳于桌面。

6.7.4　人体花饰

用来装饰人体的花饰主要有头花、肩花、胸花、腕花和手捧花等，主要用于新娘、新郎的装饰，也可用来装饰晚会主持人、会议代表、宴会来宾。此外，生活中还常见有帽子上的花卉装饰，用于妇女日常的仪表装饰、室外宴会和服装展示等。由于各个国家民族的风俗、服饰各异，制作的花饰也各有特点。

6.7.4.1　花材的加工处理

为了便于制作，一般先将花材进行加工处理。

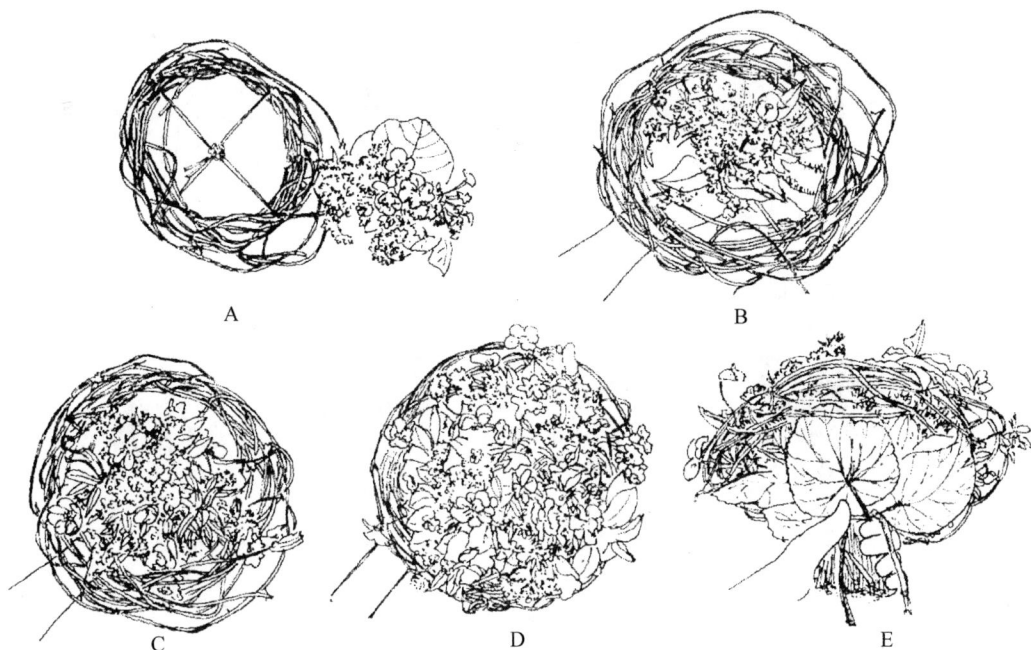

图 6-54　有骨架的花束制作法

(1)保湿处理

如图 6-55 所示,在花材的切口处裹上湿棉花或浸水的软质纸,再用绿胶带从花冠基部或叶脉基部往下重叠缠绕,裹住铁丝。

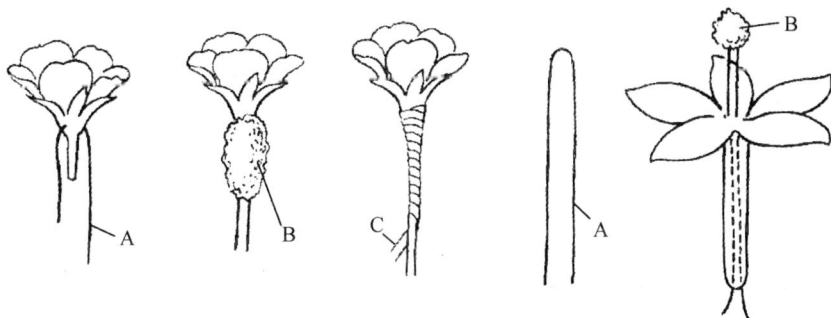

图 6-55　花材的保湿处理

A. 铁丝　B. 湿棉花　C. 胶带

(2)用铁丝加固花材的方法

① 横穿花萼加长法　把花茎剪切 1~2cm,用金属丝横穿花萼、花茎等部分,折弯金属丝两端,并将其缠在茎上。用于月季、香石竹等花材。

② "十"字横穿花茎加长法　把金属丝呈"十"字形交叉于花萼、花茎等部分加以固定的方法,用于百合、向日葵等。如花朵太大,用横穿花萼加长法不能支撑起花头,则在插制时可用两根金属丝稍微错开位置,不要合并在一起。

③ 竖插中心加长法　把弯成"U"字形的金属丝的顶端扭曲,打成一个细长的圆环,

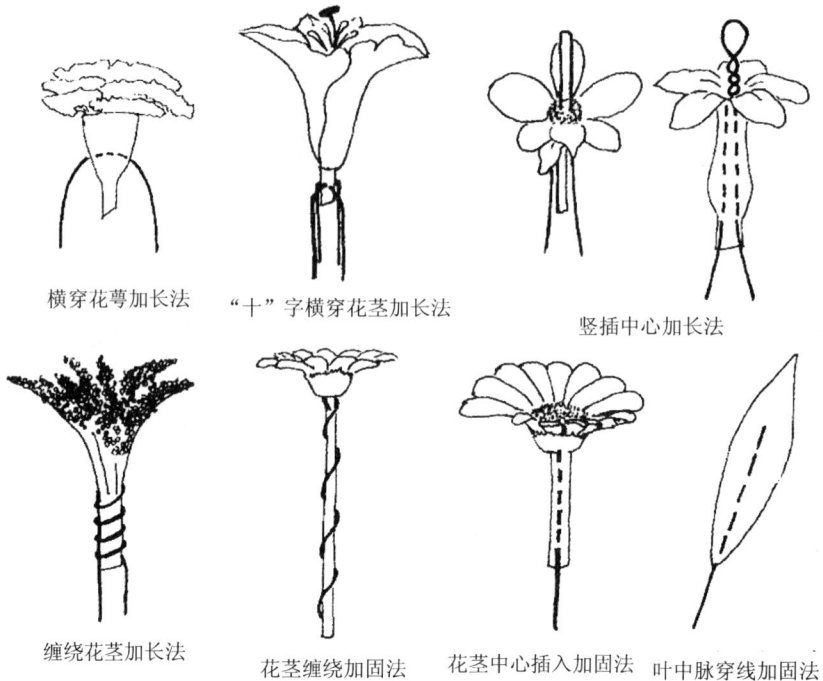

横穿花萼加长法　　"十"字横穿花茎加长法　　竖插中心加长法

缠绕花茎加长法　　花茎缠绕加固法　　花茎中心插入加固法　　叶中脉穿线加固法

图 6-56　各种花材固定法

从花的上方插下，用于小苍兰、茉莉、龙胆等筒状的花材。也可将 U 形的顶端缠上小棉花球，从花的上方插入，适用于石斛、蝴蝶兰等花材。

④ 缠绕花茎加长法　这种方法便于把补血草、满天星等的小枝捆扎在一起缠绕加固，也可在茎的根端部添加弯成"U"字形的金属丝，将根端和金属丝缠紧。

⑤ 花茎缠绕加固法　当花茎比较脆弱或想把花茎做人工弯曲时，可使用此方法。先用绿胶带把花茎缠好，再把金属丝呈螺旋状缠绕于其上，用于支撑花的质量，弥补花茎的脆弱等。

⑥ 花茎中心插入加固法　为了弥补非洲菊、雏菊等茎空的花材和柔软的花材等，把金属丝从茎的下部垂直插入加固。

⑦ 叶脉穿线法　把金属丝像缝衣服似的竖穿入叶片中间，便于将叶片弯曲造型。也可将铁丝横穿入叶片，再将两端弯下与叶柄缠绕加固。

图 6-56 是上述用各种铁丝固定花材方法的示意图。

(3) 分花法

将一朵花分解成数朵小花，适用于香石竹、月季、鹤望兰、唐菖蒲等(图 6-57A)。

用剪刀或刀子，切入花的子房约一半的深

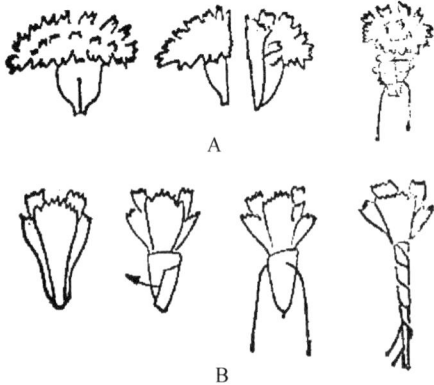

A

B

图 6-57　分花法

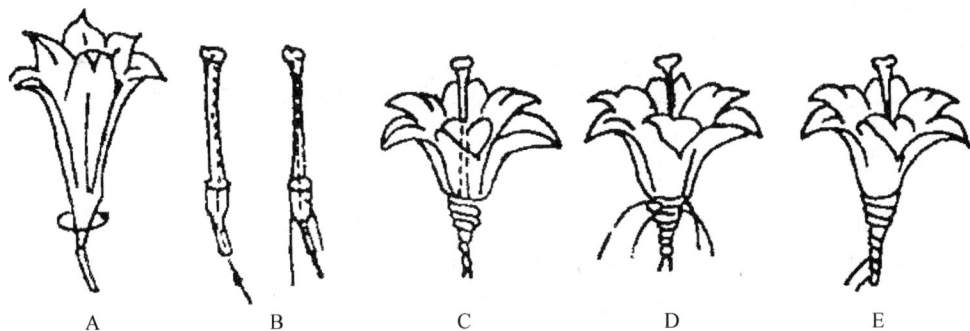

图 6-58 花材的缩短处理

A. 切花身   B. 取雌蕊穿铁丝   C. 套入花瓣   D. 穿铁丝   E. 卷胶带

度，然后剥开分成两半，再将其中半朵的子房切口对合起来，用24#铁丝缠好，即成为新的一朵花，比原来的花小了一半。

同法可将花再分成1/4朵花，用26#铁丝缠好。如将花瓣拆散，重新组合时，应先用胶带缠绕花瓣基部(6-57B)，再插入铁丝，最后用胶带卷好。

（4）缩短花朵

百合和马蹄莲的花身较长，作胸花或捧花时可将其花身缩短，只要用刀将花身（花瓣）切短（图6-58），另将雌蕊拿出来，先竖穿入铁丝，再横穿一条，套入已剪短的花身内，用胶带缠一次，再穿入铁丝加固，用胶带卷好，即成一朵短身百合。

（5）组合花

现代流行将几朵花的花瓣拆散，重新组合，变成一朵大型重瓣的花，用作新娘手捧花，或用作其他装饰。组合花的方法有3种：

①用胶直接将花瓣黏合，或将花粘在薄纱或轻柔的衣服上。

②用铁丝穿扎，将花瓣摘下，按大小分开摆放，把花瓣展开，然后三两片重叠为一组，同铁丝穿入扎好，用一朵完整的花作花心，在其周围从小到大依次添加花瓣组，将所有铁丝紧扎一起，卷上绿胶带，即成一朵大的重瓣花，最后在底部加一层绿叶即可（图6-59）。

③用纸托粘贴。一般用较硬的纸剪成圆形，中央开洞，再剪开一条半径，将剪开的

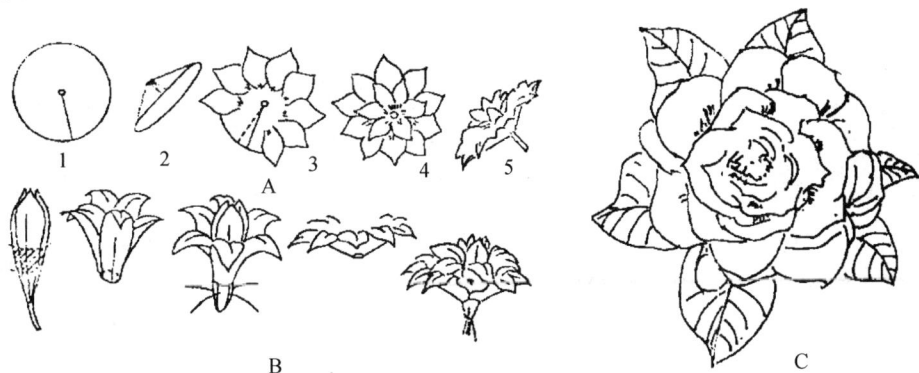

图 6-59 花材的组合处理

部分重叠1cm，用订书机固定成一个圆锥形（图6-59），然后用快干胶将花瓣贴上，贴1~3层，最后用一朵大花，插入中央的洞孔内即可。

以上方法不仅适用于月季、百合、唐菖蒲等花材，也可用叶组成花状。

6.7.4.2 新娘捧花

新娘捧花是婚礼中新娘手捧的专用花束。其设计要与新娘的婚纱照搭配和相辉映，烘托出婚礼的喜庆气氛。新娘捧花的插制要求精致，造型和色彩必须根据新娘的体形、肤色、脸形、婚纱颜色以及个性和气质来设计。

（1）新娘捧花的花型（图6-60）

①半球型　适合任意一款礼服，正好摆在腰间位置，易显花朵的魅力，即使采用普通的花材，也能制成美丽的花束。

②瀑布型　适合豪华礼服和曳地长裙，特别适合身材修长的新娘，给人典雅轻盈的印象，应放于腰部稍低位置。

③月牙型　适合格调高雅的传统型婚礼，配上蓬松曳地的长裙，微曲肘拿此款捧花，效果最好。也可配简洁大方、线条流畅的礼服。

④水滴型　此型捧花上部呈圆形，下部渐缩小。

⑤球型　此型捧花活泼可爱，能成为简洁型礼服的装饰亮点，宴会上也可使用。

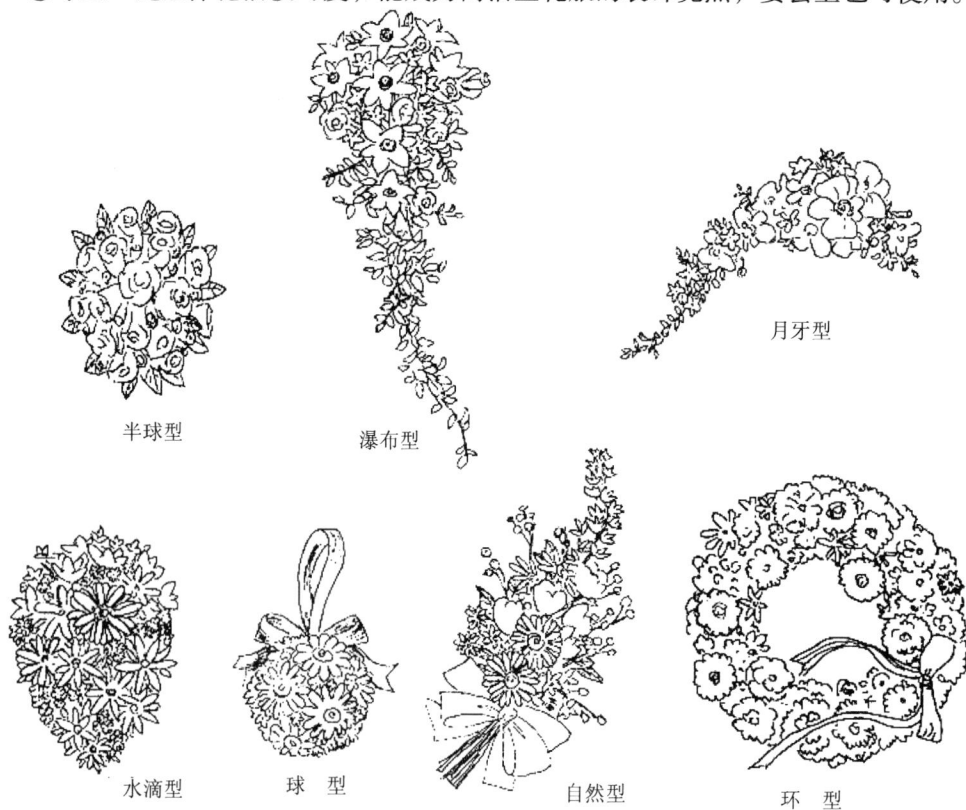

半球型　　瀑布型　　月牙型

水滴型　　球型　　自然型　　环型

图6-60　各种新娘捧花的造型

⑥自然型　将花束自然束起，既天然朴素又轻便悠闲，对肩部、胸前有装饰品的礼服起衬托作用。

⑦环型　有华丽浪漫的感觉，与长度在脚跟以上的礼服与棉质礼服最搭配，还可做成心形，很轻便。

此外，新娘捧花还有手袋型、手杖型、花篮型、抽象型等。

（2）新娘捧花的制作

①圆型捧花　最常见的花型，适应性大，制作容易，与半球型插花相似，各花枝长度相同。先将各朵花穿入铁丝代替花茎，然后选一朵作中央焦点花，高度15～20cm，其他花围绕中心焦点，在150°～180°范围内展开，均匀分布，在主花之间加入小花和叶，将所有花茎集中绑扎成握把，用绿胶带缠紧，外面再用丝带包扎装饰，调好角度即可（图6-61）。

②下垂型捧花　基本由圆型和花索组成。花索的数量和长短不同，可变化出许多花型。一条花索组成瀑布型；两条花索为弯月型或S型；三条花索为三角型或T型；多条花索可作放射型等（图6-62）。各花型的间距基本以焦点花向外延伸的长度来决定。离焦点越远，间距越大，末端以轻柔为原则。制作方法如下：

第一步　先分别做好圆型花球和花索；

第二步　将花索基部弯曲，使之与花索基本平行，距离以手掌能伸进握把为原则；

第三步　用22#铁丝把圆型花和花索绑扎起做握把，注意连接处过渡圆滑；

第四步　加入小花和叶，将所有花茎柄捆绑在一起；

第五步　加入背饰和蝴蝶结，最后用缎带卷好握把即可。

图6-61　下垂型捧花
A. 制作程序（1→2→3）　B. 变化形式

图 6-62　花托插制的圆型捧花

6.7.4.3　头花

头花是女士们用鲜花装饰头部发型的一种花饰，多用于婚礼和丧礼。常见的头花主要有单花式、圆形式、新月式、环式、小瀑布式等（图 6-63）。

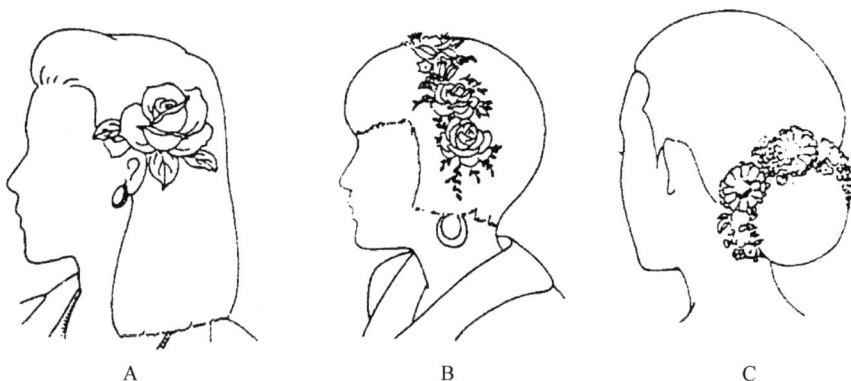

图 6-63　头花造型
A. 单花式　B. 新月式　C. 环式

婚礼中新娘佩带的头花，特称新娘头花，其造型千变万化。插作要根据新娘的脸型、发型、肤色特点等进行设计。

6.7.4.4　肩花

肩花是参加婚宴、盛大宴会或庆典时，新娘或女士们肩部佩带的花饰。肩花的设计应与着装款式、色彩和其他装饰品相协调。根据需要排列的花叶长度，前垂至胸，后垂至腰部，肩部形成一个构图中心，花饰下端可用丝带或衬叶、细枝点缀。用别针固定在肩上。以开花持久、自然下垂的花材，如蝴蝶兰等，应用较多（图 6-64）。

图6-64 肩花

6.7.4.5 胸花

胸花也称襟花，是宴会及礼仪活动中广泛应用的装饰形式。主要有3种类型：①婚礼中新郎佩带的胸花，选用花材和花色应与新娘的头花和捧花相协调，以显示新人温馨和谐；②与女士晚礼服相搭配的胸花；③与职业装相配的胸花，造型简洁大方。

男士胸花装饰在西服口袋上侧；女士佩戴在上衣胸前，显示出庄重、典雅的气质。胸花体量不宜过大，用花不可过繁，以1～3朵花形美丽的中型花作主花，再配上少量衬花和轻巧的衬叶即可。根据需要还可加入尼龙纱、丝带装饰。

胸花用别针多佩戴于左胸前，未婚者将胸花柄朝上或下均可，已婚者胸花柄应朝下，此为佩戴胸花之礼仪。

胸花的基本结构为主花、满天星与绿叶组合。精细的制作方法是每枝花、每片叶事先均用细铁丝、绿胶带加固制作成人工花柄，再一步步组合而成，这样的胸花比较轻巧，花柄结合处显得干净细致。简单的制作方法是花叶高低组合好后，留8cm左右的花柄，剪齐，扎上线或铁丝固定住，缠上绿胶带，再装饰上彩带即可。图6-65是常见的胸花造型。

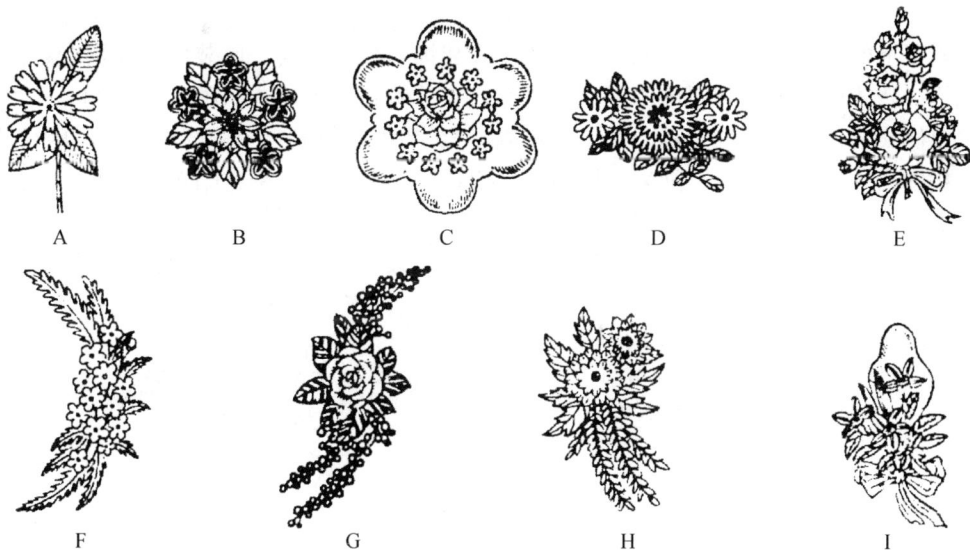

A   B   C   D   E

F   G   H   I

图6-65 胸花的式样

A～C. 圆形   D. 方形   E. 三角形   F. 新月形   G. S形   H. 悬垂形   I. 自由形

6.7.4.6 腰花

在婚礼中，新娘身后腰部佩戴的花饰称为腰花。腰花设计时一定要与新娘的体形，特别是腰部的线条相协调，腰花体量不可过大，不宜遮挡腰部线条，更不可给人以负重

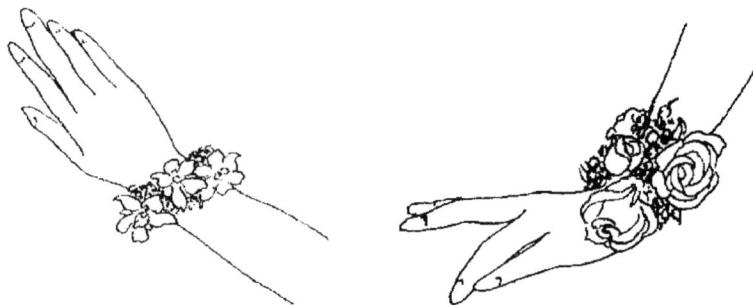

图 6-66 腕花

感。腰花应尽可能表现出轻巧优美和飘柔的美感(见彩图 47)。

6.7.4.7 腕花

佩戴在手腕上的花饰。现在文艺演出、婚礼、舞会、时装表演等场合都有运用。腕花设计应注意与服装款式之间的协调和统一。通常把饰花固定在有松紧性、舒适的丝带圈上,或固定在装饰性的长手套上,佩戴在左或右腕均可。腕花可以是单花型的,配上衬叶、尼龙纱或丝带等,也可由 3~5 朵主花形成一个构图中心,再加些衬花、衬叶(图 6-66)。

6.7.4.8 帽花

帽子上的花卉装饰,用于妇女日常的仪表装饰、室外宴会、服装展示等场合。帽饰的风格、款式应与帽子和服饰协调。主要形式有单侧式、周边式两种(图 6-67)。

单侧式装饰在帽子的一侧,由单朵花或 3~5 朵主花组成一个构图中心,再用衬花、衬叶相配,外形呈单花形、圆形。周边式是把花饰做成环形,围在帽边。环形上花朵的摆布可以有主次之分,也可均匀分布。

鲜花、干花、丝绢花都可以作帽饰的花材,但以干花和丝绢花应用较多。鲜花材以

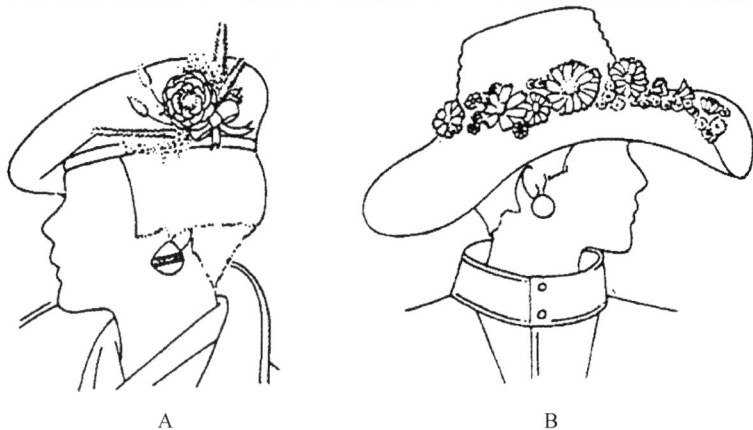

A   B

图 6-67 帽花饰

A. 单侧式   B. 周边式

中、小花型为主，种类与胸花相近。

6.7.5　车花的制作

花车一般在运动会、婚礼、节日庆祝和游行等活动中使用。特别是婚礼花车，近年从国外传入我国，目前在各城市中广泛流行。

婚礼花车装饰的部位，主要在车头、车尾或车顶和开门的把手上。相互间可拉上彩带，前后交叉，并打上蝴蝶结。在装饰花车时，要注意选用花材、色彩和构图要突出喜庆的气氛，宜低不宜高，以免车开动时风大而将造型损坏，并注意造型不可妨碍司机行车时的视线。一般装饰造型与花色要与车形和车色相协调，白色和黑色的轿车在选用花材和色彩时自由度较大，车体的其他部分，如车门把手、车头、车顶和车尾的周边，也可适当点缀一些小型花饰或用彩带加花饰相连，如长形的豪华型轿车可设计2～5组花饰。

婚礼花车的制作步骤如下：

①在需要部位固定花泥　可以在车头用带吸盘的花泥座，也可以用藤编的扁篮、篮筐，内放花泥，在底部铺放一层包装纸以防擦伤车身，用丝带将其与车身拉紧，并用透明胶加固。

②花泥上插花　可选用红掌、百合、月季、石斛、鹤望兰等象征爱情、温馨和吉祥的花材，花型较自由。

③车尾可拉彩带或用小花、小草相互连接　花型通常有圆型、圆锥型、扇型，规模比车头花小，但风格上最好与车头花一致。图6-68是香港豪华型婚车款式。

④车门手把上可绑一束小花束。取两枝与车头花中用过的中小型花枝，加少许衬叶扎成一长约15cm的小花束。

游行的花车较大，在此不再介绍。

图6-68　豪华型花车(婚车)"金碧辉煌"

小　结

本章全面系统地介绍了插花艺术的基本理论和制作技艺。主要内容包括：插花艺术的概念和特点，插花艺术的分类，插花容器和花材的基本知识，修剪、弯曲和固定的插花基本技能，与插花有关的造型设计要素和原理以及插花造型艺术原理，传统东、西方以及现代插花艺术的特点和造型技艺，各类时尚花艺饰品(花篮插花、小品花、微型花、浮花、壁挂花、花束、人体花饰、花车)的特点和制作技艺等。

思考题

1. 什么是插花艺术？如何分类？
2. 插花中按花材的作用分可分为哪几类？如何进行花材的选购、保养和催延花期？
3. 插花容器如何分类？有何搭配技巧？
4. 插花艺术中色彩设计的基本要点主要有哪些？
5. 论述插花艺术造型的基本原则。
6. 传统东西方式插花艺术的风格特点的差异主要表现哪些方面？
7. 传统东方式插花采用哪些手法来表达作品的意境？
8. 传统西方式插花造型对花材有哪些要求？
9. 造型式插花常有哪些类型？其特点与表现手法如何？
10. 时尚花艺饰品主要有哪些应用形式？各有什么特点和要求？

推荐阅读书目

1. 插花艺术基础. 2 版. 黎佩霞，范燕萍. 中国农业出版社，2002.
2. 插花——插花·作品赏析与技艺. 蔡清俊，林伟新，高永刚. 安徽科学技术出版社，1991.
3. 插花名著名品赏析. 王莲英，秦魁杰. 安徽科学技术出版社，2002.
4. 艺术插花. 郑志勇. 化学工业出版社，2009.
5. 艺术插花. 范洲衡，郑志勇. 中国农业大学出版社，2009.
6. 中国传统插花艺术情境漫谈. 马大勇. 中国林业出版社，2003.
7. 艺术插花. 广州插花艺术研究会. 广东科技出版社，1999.

7

花卉组合盆栽、艺栽
与盆景艺术应用

花卉组合盆栽是运用各种观赏植物，经过人为设计安排，从而表现花卉特有的色泽、质感、层次变化及线条美感的新兴园艺产品。近几年花卉的组合栽培非常流行，因其将花艺设计、园林设计的观念运用到组合盆栽的设计中，更有装饰、美化、绿化环境的作用，注入了新的形式，增加了产品的附加值，具有极大的发展潜力。艺栽是伴随现代紧张、拥挤的都市生活而出现的一种花卉装饰形式。以小型、精美的观赏植物作材料，经过巧妙的艺术构思种植在各式器皿中，成为一种优美和谐、趣味性强的花卉饰品。艺栽与盆景相比无论在植物材料选用，还是器皿上都有更大的随意性；与插花及切花饰品相比，使用上更有耐久性，因而在各国广为流行。瓶栽是以苔藓、蕨类等生长缓慢、喜湿润空气的低矮微型植物为主，再点缀些小石子和其他配件，经过构思、立意，种植于玻璃容器内，表现出田园风光或山野情趣。目前，瓶栽已逐步成为家庭园艺中流行的室内植物装饰品。花草盆景艺术则有着悠久的历史，经构思创意和精心制作，以表现花草盆景的整体装饰美和该题材的诗情画意。

7.1　花卉组合盆栽

7.1.1　组合盆栽的特点

花卉组合盆栽是人为地将同品种植物或习性相近的不同品种植物栽植到同一个与之相匹配且和谐的盆具中，从而组合成一个花卉的复合整体，是一种比原单株花卉更具有观赏效果、更贴近自然、更富有想象力，也更能表达出花卉寓意的表现形式。花卉组合盆栽属于艺术范畴，再现了自然美和生活美，并且具有附加价值，能产生较大的经济效益。

组合盆栽设计理念新颖，装饰艺术性强。花卉植物观赏期长，各种观赏植物组合在一起取代了单一品种的盆栽，能给人们带来更多的美感。花卉组合栽培较盆景更瑰丽，比插花更耐久，体量不一，形式多样，趣味性强。小型作品宜用于居室空间装饰，大型作品可作门厅、橱窗乃至在广场装饰中应用。

7.1.2　组合盆栽技巧

7.1.2.1　组合盆栽花卉选配的原则

(1)花卉习性基本相同的原则

花卉组合栽培，要合理配植，应首先根据它们的生物学习性确定组合种类。各种花卉在温度、湿度、光照、土壤酸碱度及养护管理条件上应大体相同，否则难以达到组合栽培的目的。

依据组合栽植的形式不同，使用的植物材料也有区别。容器装饰栽植以一、二年生草花及低矮宿根花卉为主。如三色堇(*Viola tricolor*)、雏菊(*Bellis perennis*)、香雪球(*Lobularia maritima*)和其他菊科植物等。附植装饰栽培，以低矮的观花植物为主；标牌上则适合用喜光、耐干旱的小型仙人掌科及多浆植物，如石莲花（*Echeveria glauca*）、玉米石（*Sedum album* var. *teratifolia*）、青锁龙（*Crassula lycopodioides*）等。瓶景及箱景内适合栽植低矮、喜湿的观叶植物和低等植物，如椒草（*Peperomia sandersii*）、冷水花（*Pilea notata*）、非洲紫罗兰（*Saintpaulia ionantha*）、苔藓、卷柏（*Selaginella tamariscina*）及其他蕨类植物。

（2）生态学特征相近与观赏性强的原则

组合盆栽应尽可能选择习性相近的植物，以便于今后的养护管理。植物的叶形、叶色、花形、花色、花期及果期等方面都要调配适宜，以使组合创造出奇特的效果。适于作组合盆栽的植物有花叶植物、蕨类植物及悬垂植物等。花叶植物如朱蕉（*Cordyline terminalis*）、紫鸭趾草（*Setcreasea purpurea*）、冷水花（*Pilea cadierei*）、变叶木（*Condiaeum variegatum*）、花叶芋（*Caladium bicolor*）等，能为组合盆栽带来丰富的色彩；蕨类植物中的凤尾草（*Pteris multifida*）、石苇（*Pyrrosia lingua*）、贯众、芒萁（*Dicranopteris pedata*）、铁线蕨（*Adiantum capillus-veneris*）等，叶形奇特，可使盆栽更为生动；悬垂植物，如银粉背蕨（*Aleuritopteris argentea*）、吊兰（*Chlorophytum comosum*）、常春藤（*Hedera nepalensis* var. *sinensis*）等，可柔化器皿边缘的线条，带来多姿的形态。

7.1.2.2　花卉所赋予的象征性

植物的象征性包括植物所象征的语言、植物色彩所代表的感情，以及在不同场合下组合盆栽所特有的应用价值。灵活运用植物的象征性，犹如语言般表达内心的思想，是组合盆栽植物配置的重要因素之一。不同植物代表的寓意不同。图7-1是仙人掌类花卉中一些小型品种的组合盆栽，五颜六色，小巧玲珑，妙趣横生。图7-2为组合年宵盆栽花卉，盆中栽植杜鹃花、凤梨、佛手、乳茄等植物材料，杜鹃花花朵丰满，凤梨挺拔、热烈红火，佛手、乳茄果实金黄，在墨绿的叶色衬托下显得格外热闹、红火。盆栽整体造型明快、绚丽多彩，立体感强，既可观花又可赏果，实为年宵盆栽花卉的精品之作。

图7-1　仙人掌类组合盆栽　　　图7-2　组合年宵盆栽花卉

7.1.2.3 组合盆栽的栽培方法

组合栽培可采取间播混种、苗木间植、混合扦插等法。一些草本花卉，也可先用小盆单独培养，待开花前移入大盆中。多年生花卉与一年生花卉配置（包括花前移植）时，可将大盆中的土壤从中间隔开，限制多年生花卉的根系扩展，避免移入一年生花卉时伤根。

播种法　把几种花卉或颜色不同的一种花卉的种子，混合播种在一起，经过间苗留株培育成一盆组合效果良好的盆花。

扦插法　将剪取的几种花木枝条，插在同一个盆内培育，成活成型见花后，给人的感觉就像一盆嫁接的花卉。

移栽法　将选定成活的植株移栽在一个花盆内。一般又分为3种情况：一种为幼苗移栽，大多在春季进行，成活率高，生长快，群体形态自然；一种为成株移栽，多适宜木本花卉，早春进行；还有一种为临花移栽，即把几种含苞待放的花，连带土球移植到一个较大的花盆内。

7.1.3 组合盆栽实例

(1) 多姿多彩的陶器盆栽

用具与植物材料　种植容器选择有多个种植穴的草莓盆；主要植物材料是：金鱼草、雪叶莲、矮柏、香雪球；另外选用轻石、培养土和陶粒若干。

栽培步骤　如图7-3所示，按A，B，C，D顺序，首先，在草莓盆底铺上轻石；其次，盆内放入栽培土，先种入位于下部的种植穴；最后，从下至上依次种入花苗，固定根系并用花苗覆盖土面。

A　　　B　　　C　　　D

图7-3　陶器盆栽栽培步骤

作品赏析　本作品选择了花色丰富的金鱼草等草花与朴素的陶器搭配，更加凸显了花色的艳丽。操作重点是要保持好整体的均衡感，注意植物材料的色彩搭配与层次。

(2) 木质器皿中的迷你花园

用具与植物材料　种植容器选择带有几架的长形木质艺术器皿；主要植物材料是红掌、花叶芋、黛粉叶万年青、洋常春藤、红斑枪刀药、细裂雪叶菊、彩叶草；另外选用轻石、培养土和陶粒若干。

栽培步骤　如图7-4所示，按A，B，C顺序，首先在器皿中加入适量介质，并在靠近左侧处种植一株直立的红掌，成为盆栽的主体；其次，在红掌的左右分别栽植黛粉

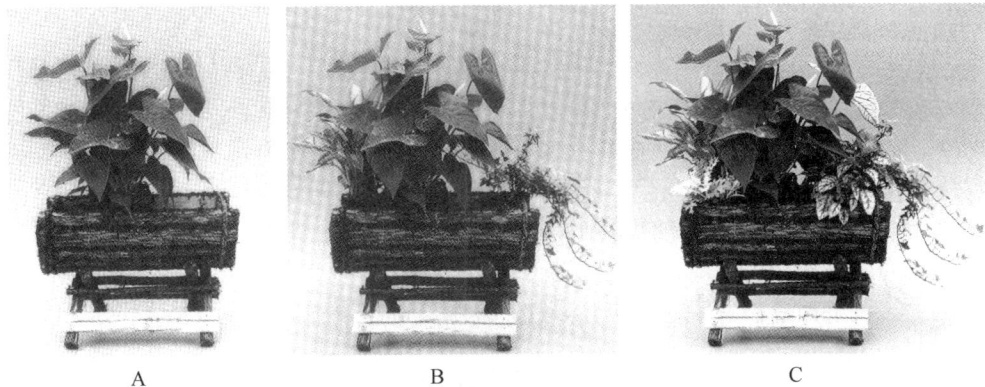

| A | B | C |

图 7-4　迷你花园栽培步骤

叶万年青和花叶芋，并在器皿的右侧种植一株洋常春藤，注意植物材料与主体的相互呼应；最后，用红斑枪刀药、细裂雪叶菊、彩叶草来填补盆栽的空当。

　　作品赏析　作品采用了均衡的不等边三角形构图，动静结合，层次丰富。色彩以红、绿、黄、白四色构成，相互呼应，并与器皿的色彩配比协调，可称之为"迷你花园"。操作重点是要注意植物材料的主次关系。

7.2　花卉艺栽

7.2.1　花卉艺栽特点

　　花卉艺栽体量小巧，可充分利用窗前、门廊、过厅和角隅的各个空间进行装饰。所使用的器皿也多具有自然情趣和充满生活气息，如蚌壳、陶盆、树根等。构图及设计形式上随意性大、个性突出，一个艺栽作品常常表现出主人的趣味或家庭的特点，并可根据季节的变化、陈列地点的不同，移动位置和重新布局，把大自然的景观引进有限的居住空间。

7.2.2　花卉艺栽应用形式

(1) 悬挂式

　　悬挂式艺栽饰品，可以用来装点家庭的门户，带来温馨豪华感。还可以悬挂在宾馆门厅，为通行者创造一个欣赏空间。总之，悬挂位置以不妨碍人们的活动又能发挥装饰作用为原则。

　　养护管理及喷水，可用长颈喷壶或摘下后喷水。所用花卉最好提前育苗，并在花期前依所需的种类进行栽植。若直接在栽植穴内进行播种，会因为养护管理期长而影响观赏。

(2) 标牌式

　　标牌既是花卉饰品，又可与实用功能相结合，如在标牌的空白处书写文字，作为路标、导游方向或单位名称的标志应用。

植物材料以体态优美、生长强健、喜光耐干旱的小型多肉类植物最适宜。较多应用的有菊科的绿玲（*Senecio rowleyanus*）、弦月（*Senecio radican*），景天科的青锁龙（*Crassula lycopodioides*）、莲花掌类（*Aeonium* spp.）、石莲花类（*Echeveria* spp.）、玉米石（*Sedum album* var. *teratifolia*）、松鼠尾（*Sedum morganianum*）等。多肉类植物扦插易成活，可选择生长饱满的茎叶直接扦插在栽植孔内。按设计构图要求，可把茎蔓较细、下垂的种类如绿玲、玉米石等栽植在下方，使竖向线条优美，造型丰富。

根据实际情况，可对栽植的花卉进行调整和修剪，以保持良好的观赏形态和造型，切勿因生长茂盛而遮挡文字或标志。另外，需用细嘴小喷壶，对准栽植穴供水。

（3）落地式

常利用陶盆、塑料果筐、废轮胎等作为栽植器皿。陶盆素雅，有粗犷质感，适合栽植花小而繁的种类，如三色堇、香雪球、美女樱（*Verbena hybrida*）等。小花盛开，在盆边自然延伸的姿态更富有天然情趣，在住宅及宾馆的门前陈设最适宜。

要注重养护管理，种植完毕应浇足水，避开直射光或进行遮阴养护，待缓苗期过后按一般盆栽要求给水、施肥即可。经常注意整形、修剪，以达到完美的观赏效果。

7.2.3　花卉艺栽实例

（1）悬挂式艺栽

选择适宜的材料作为栽植花卉的载体，在交接处开出种植穴，把营养丰富的培养土放入，并在其间栽植花卉。也可在栽植材料的表面布上铁丝，以利于植物的攀爬，增添作品的趣味性和观赏性（图7-5）。可选用的植物材料很多，如早春可以栽入三色堇、金盏花、石竹等花型较小、开花繁茂的一、二年生草花及月季等；秋季可以栽植植株低矮的各色小菊；冬春之交，可以种植水仙、郁金香等时令的球根花卉。

图7-5　悬挂式艺栽

（2）标牌式艺栽

选择符合实际环境要求的材料作为栽植花卉的载体，比如具有自然纹理的木板等，根据设计需要在适宜处开种植穴，多为圆孔或种植槽，把营养丰富的培养土放入。第八届全国组合盆栽展中，一展厅的标牌，充分体现了这一展厅以玫瑰为主题的布展设计，让人耳目一新，在兼顾标志性的同时又具有较强的装饰性（图7-6）。

（3）落地式艺栽

随着汽车的增多，废弃的轮胎也是易于得到的材料，轮胎不畏水湿，精心设计后作为艺栽的容器也很有趣（图7-7）。使用白色的水性涂料（油性涂料会与橡胶发生作用）装饰轮胎表面，使得自制的艺栽容器更加亮洁和美丽，若以草坪为底色，作落地式布置也别有一番情趣。适合这种形式的植物材料有铁线蕨（*Clematis* ssp.）、茑萝（*Quamoclit* spp.）、福禄考（*Phlox drummondii*）等。

树状柏树球的造型给人以豪华的感觉，基部搭配花叶常春藤、花叶芋、何氏凤仙、

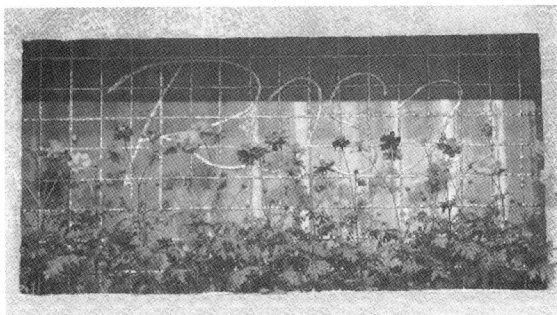

图7-6 标牌式艺栽

图7-7 轮胎为器皿的艺栽

禾草等，层次分明，提高了观赏价值（图7-8）。这样的艺栽形式，可以让人全年都享受到栽培的快乐，基部的植物材料可以根据气候更替四季应时的草花。

7.3 花卉瓶栽

7.3.1 花卉瓶栽的含义

随着室内花卉装饰的发展，花卉栽植方式也相应地丰富多彩起来。除盆、槽、篮外，瓶栽花卉目前已在世界各地逐渐流行。花卉瓶栽也称瓶景，是指经过艺术构思，将小型花卉栽植在封闭或相对开敞的透明瓶中所形成的特殊花卉装饰形式。

图7-8 落地式艺栽

7.3.2 花卉瓶栽的制作与养护

(1) 花卉瓶栽的设计原则

花卉瓶栽的设计首先应确定作品所要表现的主题内容，如田野风光或山水情趣，然后确定表现的形式及风格。再根据形式风格选择适宜的植物材料、栽培基质、栽培方式及容器的性状、配件等。设计应遵循比例适当、色彩协调、均衡统一的原则，考虑容器与植物、配件、山石之间的比例关系，以及容器的大小与植物的生长速度的关系，尤其是封闭式容器。

(2) 花卉瓶栽的容器及植物的选择

瓶栽容器可选用各种大小、形状不同的玻璃瓶、透明塑料容器、金鱼缸、水族箱等，容器除瓶口及顶部作为通气孔外，大部分是封闭的，容器内物理性状稳定，受光均匀，气温变化小，水分可循环吸收利用。瓶栽植物宜选择株型小巧、生长缓慢且较喜湿者，如小叶常春藤、文竹、网纹草、石菖蒲、卷柏、铁线蕨、兰花蕉、鸭跖草等。

(3) 花卉瓶栽的栽植与养护

栽植的方法　选好容器后，根据容器大小选择合适植物。先在容器底部铺一层约

10cm厚的小石子或碎瓦片，其上铺一薄层水苔或木炭，上面再放消毒后的混合基质(可将蛭石或珍珠岩与山泥或泥炭土混匀使用)。将瓶轻轻摇晃，使土壤铺平，用竹竿将基质稍微压实；或根据观赏需要，将土面堆成各种起伏的形态。接着将植物一株株放进去，用竹竿将它栽好、扶正，所有植物栽完后，分几次加入少量的水，让水沿瓶壁流进，使瓶土湿润，最后用软木塞将瓶口塞住，放在阴凉处缓几天，之后放在朝北向窗口光亮处养护。

养护 瓶栽喜湿植物，瓶口塞好后，不久瓶内就会形成湿润的小气候，叶片蒸发的水分在瓶壁上凝结，沿瓶壁流下，供给植物根部吸收利用。如此不断循环，保持瓶内空气湿润，适宜喜湿植物生长，因此，瓶栽植物一般不必浇水，只要温度适宜，有一定光照，植物就会正常生长。在日常养护时，如发现瓶子里每天早、晚出现雾气的时间超过1h，说明瓶内过于潮湿，需把瓶盖打开一段时间，然后再盖好瓶盖。如果瓶内2d不见蒸汽，可加入少量干净的水或进行喷雾，使基质充分吸湿后再盖上。注意瓶内如有落叶要及时取出，以免腐烂并引起病害。瓶栽花卉若制作得当，可摆放数年，置于几架、窗台或书桌上，玲珑剔透，别有意境。

7.4 盆景艺术与应用

7.4.1 花草盆景

7.4.1.1 花草盆景的含义

花草盆景，是以花草或木本的花卉为主要材料，再适当地配置一些山石配件，来表现花草景观的盆景。这一类盆景，既要突出名花芳草的观赏价值，又要着意盆景布局造型的优美。花草盆景的选材，既区别于以观赏树姿为主的树木盆景，也不同于一般的盆花。可以选用观花为主的木本花卉，如海棠、杜鹃花等；也可选用菊花、文竹等草本花卉。盆中可配置山石、牧童、仕女、老翁等小型配件，以表现花草盆景的整体装饰美和该题材的诗情画意。

7.4.1.2 花草盆景的制作

(1)取材

花草盆景所选用的植物有兰花、菊花、文竹、吊兰、伞草、石菖蒲、万年青、鸢尾、碗莲、麦冬、翠云草、虎耳草、水仙、海棠、月季、杜鹃花、山茶、迎春等。植物材料多自幼培育。花草盆景用盆与树木盆景相似，有浅有深，还常用一些装饰性很强的异形盆、象形盆等。质地有釉陶盆、紫砂盆、瓷盆或凿石盆。盆的色彩在与植物景色相协调的情况下可以丰富多彩一些，有时为突出主景花卉，盆与花的色彩对比可以较强。

配石一般用英石、太湖石、砂积石、芦管石等形态独特浑厚的石材，并以"皱、瘦、透、漏"者为佳。

（2）修饰加工

即对所植花草反复进行摘心、抹芽，控制植物生长趋势和形态，以达到造型的目的。对木质性比较强的花草还可适当加以造型，如菊花盆景，尤其是小菊盆景，主要通过摘心、抹芽和肥水管理，或用细号铅丝绑扎造型，能把小菊花培养加工成自然界大树形状，观赏价值不亚于树木盆景。不过大部分不需要绑扎造型，而且修剪也很微弱，只是将不美观的茎叶或长成后会影响美观造型的新芽除去。对水仙花种球可进行雕刻，使水仙盆景具有一定的艺术造型，增加观赏价值。

（3）配置

花草盆景的配置很重要，可以丰富景物内容和层次，体现意境，增加作品的深度，创造诗情画意，提高观赏价值。如花草盆景作品"采菊东篱"，几株秋菊，配一块奇石、几枝枯竹和一人家，使人不但观赏到秋菊的姿色，同时还联想到诗人陶渊明弃避世俗，向往大自然的休闲自得的生活情调，"采菊东篱下，悠然见南山"，意境深远，值得回味。

配置花草应该分清主次，疏密有致。可配置一种花草，亦可几种，但以一种为主，宜少不宜多，切忌繁杂。配置山石时要注意体量，只能作为花草的陪衬，不可喧宾夺主，不宜配置山峰状石块。至于人物等配件，要符合意境的创造和表现，不可盲目乱放，同时注意比例恰当。如用兰花制作盆景，多与山石相结合，模仿中国画中《兰石图》的布局方法。有的在盆钵的一端栽种几株高低不一的兰花，在距兰花不远的盆钵另一端放置一两块形状比较高大、玲珑剔透的山石，并在盆面适当位置点缀 2 ~ 3 块形态优美的小石起衬托作用。有的把大小、高低不同的 4 ~ 5 株兰花，错落有致地植于盆钵之中，在盆中适当位置摆放几块大小适宜、形态优雅的山石。在制作兰石盆景时，应注意兰与石要高低不等，如果平起平坐，主次不分，意境即不美。用春兰与山石制作的盆景，山石挺拔刚劲，兰花叶片曲柔，刚柔相济，幽雅自然，香气怡人，富有诗情画意。

制作花草盆景，最重要的是巧立名目、巧拙互用。这样，才易表现出雅致和韵味。如植物是大花大叶的种类，拙味浓一些，则石一定要选用精巧、奇特、造型通透玲珑的假山型；若植物是小花小叶型，如兰花，品质淡雅，形体精巧，则石宜选用外形古朴的真山型山石与之相配。花草盆景重在体现韵味。因此，一定要从意境上下工夫，才能做出好的作品来。

7.4.2 树桩盆景

7.4.2.1 树市盆景的含义及类型

（1）含义

树木盆景是以树木为主要材料，以山石、配件等作陪衬，通过蟠扎、修剪、整形等方法进行长期的艺术加工和园艺栽培，在盆钵中表现大自然的优美景色，同时以景抒情，表现深远意境的造型艺术品，又称树桩盆景。简单地说，凡以树木为主体材料，盆内造型取景者，统称为树木盆景。

树木是有生命的植物体，在其生长过程中，随着树龄的增长，季节的更替，而不断地产生形态变化。不同的树木种类，其取景的内容也千变万化，有的以露根、虬干取胜；有的以叶形、叶色见长；有的以花果取景。树姿力求古朴、秀雅、苍劲、奇特，色彩丰富，风韵清秀，能够达到"缩龙成寸"、"小中见大"的艺术效果。

(2) 类型

根据所用树木材料种类不同，可分为：松柏类、杂木类、花果类、稀有盆景植物类、藤蔓类。根据树木的根、干、枝、冠、形、盆的大小高矮，又可分成5种规格：高度或冠幅超过150cm为特大型、80~150cm为大型、40~80cm为中型、10~40cm为小型、不足10cm的为微型。其中特大型、大型、中型以古老树桩为多，小型、微型一般都由幼苗培养，以老枝扦插等方法获得。按照树木造型手法不同通常分为规则型、自然型两种。

7.4.2.2 树木盆景的制作

(1) 取材

树木盆景是大自然树木优美姿态的缩影，一般宜选取植株矮小、枝密叶细、形态古雅、寿命较长的树种为材料。盆栽后，再根据它们的生长特性和艺术要求，经过攀扎、整枝、修剪、摘叶、摘芽等技术措施，创造出较之自然树姿更为优美多彩的艺术品。虽然高不盈尺，却具有曲干虬枝、古朴秀雅、翠叶荣茂、花果鲜美等特色。常用作树木盆景的植物材料有罗汉松、五针松、黑松、真柏、水杉、金钱松、铺地柏、杜松、圆柏、紫杉、榕树、榔榆、雀梅、黄杨、福建茶、女贞、白蜡、九里香、梅花、迎春、杜鹃花、六月雪、紫薇、海棠、榉木、银杏、红枫、苏铁、鸡爪槭、三角枫、紫藤、金银花、扶芳藤、冬珊瑚、火棘、石榴、枸杞等。

(2) 树坯的选择

无论选择何类树种作为树桩盆景的素材，首先应进行坯料的筛选。树坯的选择来源于两个方面，一是人工繁育，二是野外采掘。一般都要选用树龄长，形态优美，在自然生长中有一定造型可塑性的老桩，若单以人工育苗从栽植到选为素材，再进行加工，则造型时间长，成型慢，所以盆景工作者大都在山野自然中采掘野生坯料来进行加工。

野外经常可以见到形态自然优美、古雅朴拙的老树桩，乃制作盆景之佳品，采回后稍加培育及加工，即可上盆，但野桩是一种资源，挖取时要注意保护环境。选择野生树坯时，要以树龄长久，生长旺盛，形态苍古奇特、遒劲曲折、悬根露爪的坯料为好，同时，要求具有萌芽性强、耐修剪、寿命长等生物学特性。树桩一般不宜太高太大，以利于成活和便于加工，适于上盆和陈设。至于采掘的时间，以树木休眠期采掘为好，尤以初春化冻而树木尚未萌芽之前为宜。对于不耐寒的树种，宜在3~4月间采掘，以免遭受冻害。

因山野采掘的树坯，一般树龄较长，因此在挖掘程序上一定要以保其成活为首要目的，如可以在挖掘时视树种确定主根或侧根、须根的截留以及多余枝条的截留。通常要保留一部分主要的造型枝干，并剪短使其萌芽，根据树坯的具体情况考虑其将来造型，但注意在截取萌发力较弱的树种时，要适当多留一些枝条，采掘时根部能带土则尽量带土，若实在不能带土，则用泥蘸糊根部后用谷草或筐、篓包装捆扎，铺之以苔藓，保护树坯在运输途中不致失水过度。野外采掘的树桩，无论其自然形态如何优美，要制成盆景还必须经过一定时期的培育，称作"养坯"。养坯最好选择土壤疏松肥沃、排水良好、阳光充足的地方进行栽植，要适当深埋，最好仅留芽眼于土外。主干较高不能埋入土中者，可用保湿材料包在主干上。栽后要注重养育管理，平时既要注意补充水分，也要注意浇水不可过多，以防烂根。对病虫害也应当及时检查防治。

自幼培植的树坯，则可在其主干、分枝长到一定程度时再行锯截造型，提根露爪，加工制作后即可栽植于盆中。

(3) 树坯的造型

加工造型是树木盆景制作中最主要的技术环节。树木盆景的制作艺术，最关键的就是充分发挥树木的自然姿态美、风韵美和色彩美。自幼培养的树苗，一般在 3~5 年后开始加工造型。野外采掘的树桩，大多在养坯 1 年后即可进行加工造型。

加工造型就是将树坯的根、干、枝按盆景艺术的规律安排，使之成为具有协调匀称、线条优美、意境深远、有生命的盆景艺术作品。加工前要先对树坯材料进行仔细观察和推敲，根据材料特点决定表现什么主题和如何造型，特别是自然类树桩造型，切不可用规律类树桩造型方法去死搬硬套。树坯的加工造型方法大致分为蟠扎法和修剪法两种。

①蟠扎法　即用金属丝、棕丝或麻皮、尼龙草等攀扎材料，将树木枝干弯曲成各种形状。金属丝扎法简便易行，屈伸自如，但拆除时稍有麻烦。最好是经过退火的铁丝或铜丝，根据所攀扎枝干的粗度来选用适宜的型号。蟠扎时，先将金属丝一端固定于枝干的基部或交叉处，然后紧贴树皮徐徐缠绕，使金属丝与枝干约成 45°角。如要将枝干向右扭旋下弯，金属丝则按顺时针方向缠绕；反之，则按逆时针方向缠绕。注意边扭旋、边弯曲才能使金属丝紧贴树皮，同时枝干也不易断裂。用力不可过猛，以防损伤树皮或扭断枝干。应当注意的是，绑扎的金属丝应在其尚未嵌入树干之前解除。

棕丝蟠扎属传统盆景树桩的造型方法，一般将树干或树枝做成半圆型的弯子，重复或变化造型。棕丝与枝干颜色调和，加工后即可供欣赏，并且不易损伤树皮，拆除方便，但蟠扎难度较大。一般先将棕丝捻成不同粗细的棕绳，将棕绳的中段缚住需弯曲的树干下端(或打个套结)，将两头相互绞几下，放在需要弯曲的枝干上端，打一活结，再将枝干徐徐弯曲至所需弧度，再收紧棕绳打成死结，即完成一个弯曲。一般弯曲不宜过分，否则易失去自然形态。棕丝蟠扎的关键在于掌握好着力点，要根据造型的需要，选择下棕与打结的位置。棕丝蟠扎的顺序为：先扎主干，后扎枝叶；扎枝叶时，先扎顶部，后扎下部；每扎一个部分时，先扎大枝，后扎小枝；在扎主干时，应从基部到顶部。在蟠扎弯曲较粗的枝干时，可先用麻布或布等包扎，并在需弯曲处的外侧衬一条麻筋，以增强树干的韧性。如枝干过粗，弯曲困难，还可用"纵剖法"，即用锋利小刀在树干弯曲处垂直于弯曲方向切开一条 3~5cm 长的切口，深 2~3mm，切面按上述方法包扎，这样既便于弯曲，又不易折断。为利于切口愈合，最好使切面与弯曲所在的平面垂直。

②修剪法　即剪除枝干的多余部分，留其精华，以使树形美观。修剪是树木盆景造型的一种主要手段，一般是在蟠扎基本造型后再进行的，但也有纯粹用修剪方法进行造

型的，如岭南派盆景造型就是用纯粹修剪的"蓄枝截干"的方法进行的。修剪的作用是削弱、矮化、改变树形。修剪的方法有摘心、摘叶、短截，疏剪、刻伤、环剥、拧枝、扭梢、拿枝等措施。生长期将新梢顶端嫩尖去掉称摘心，摘心可促进腋芽生长，多长分枝，抑制高生长，有利盆景造型美观；摘叶就是去除部分叶片，可促进萌发新叶。短截是将当年生枝条进行短剪，使中短枝增多，母枝增粗，所谓枝疏则截，截则枝密，有利于枝片造型。疏剪是将病虫枝、过密枝从基部剪去，有利于改善通风透光条件，促进留下枝条旺盛生长。观花、观果盆景则常采取刻伤、环剥等方法，促使开花结果。对杂乱的交叉枝、重叠枝、平行枝、对生枝等进行调整，即剪掉其一或疏一截一。对于留下枝条，则养分集中，长得粗壮。当培养枝长到适合粗度时，再进行强度修剪，使之短缩，生出第二节枝；待第二节枝长到适合粗度时，再加剪截，第三、第四节枝依次类推。一般每一节枝上两个小枝，一长一短。经多年修剪后，枝干短、粗壮，苍劲有力，逐步形成需要的树形。

　　另外为了显示树木自然枯朽的苍老姿态，有时可用凿子或锋利刻刀对树干进行雕琢，呈自然凹凸变化，或剥去部分树皮，甚至将树干劈去一半。该法多用于松柏类及体量较大的老树桩。

　　树木盆景讲究悬根露爪、盘根错节，这也是盆景欣赏的重要内容之一。因此为了增加树桩盆景的艺术价值和欣赏情趣，对一般树根都要进行提根处理，使其基部一部分造型有力、稳健的根部显露在盆的表面，给人以苍古雄奇的审美意境。提根技法通常先将树木种在深盆中，以后逐年去掉上面的壅土，使粗根提出土面。同时还可将根部进行盘曲艺术处理，使其更显得苍古奇特，古朴野趣。

　　提根法通常用深盆高栽壅土法，深盆平栽水冲法，桶、筐状砂土或砂石培根法。深盆高栽壅土法，是树桩栽植于盆中，在根部堆土，使树桩基部高于盆沿但不外露，待树桩定植成活后逐年用竹棍由上而下掏去壅土，广露根部，最后定型后再翻入浅盆中。深盆平栽水冲法，是把树桩深植于盆中，当其成活后，在每次冲水时，有意识让水流稍强冲击树苑部，使泥土脱落树根逐渐显露，再行翻盆，粗根即可露出。桶、筐状砂土或砂石培根法，则是用无底的木桶或无底筐将树桩围住，装入河砂或砂夹小卵石，并时常在桶、筐内注入水肥，待树桩的根部成活深入砂上下部泥土中时，再分若干次自上而下逐渐扒去砂石，每次间隔半年或一年，最后去掉桶筐后展露根部，再植入相宜的盆内。另外也可直接将树根埋入地下堤埂壅土，逐年去埂扒土，渐露根部。

　　(4) 盆钵的配备

　　树木盆景的配盆要根据树桩的造型特点进行配备。在大小、深浅、款式、色调、质地上都要协调一致。

　　从选择盆钵的大小看，要根据花木植株大小选择相应口径的花盆。若用盆过大，则使盆内显得空旷，树木显得矮小，而且盆大土多不易掌握水肥量，往往会蓄水过多，轻则引起树木徒长，影响造型，重则造成烂根现象。用盆过小，又会使盆景显得头重脚轻，缺乏稳定感，且造成水分、养分不足，影响植物生长。

　　从选择盆钵的深浅看，盆钵深浅应适度。用盆过深，会使盆中树木显得低矮，同时不利于喜干植物的生长；用盆过浅，又会使主干粗壮、枝叶丰茂的树桩显得头重足轻，有不稳定感，并且难以栽种，不利于喜湿植物及花果类植物的生长。直干式宜用较浅的盆；斜干式、卧干式、曲干式宜用深度适中的盆；悬崖式宜用最深的签筒盆，但大悬崖式有时反而用中深盆，以对比显示下垂枝的长度。

另外，矮壮型的树木，单株栽植时盆口面积应小于树冠面积；盆长要大于树干的高度；而高耸型的树木，孤植时所用的盆口面积则必须大于树冠范围；盆的长度可小于树干的高度；树桩组合类盆景，盆长要大些，要留有布景组合空间。

盆钵款式应与景物内容格调一致和协调。传统规则式造型的树木，宜用长、宽、高三项尺寸相差不大的正方形盆或圆形盆，也可用海棠形、六角形、梅花形等式样的盆；无明显方向性的树木宜用圆形、方形一类较浅的盆；斜干式宜用长方形、椭圆形一类较浅的盆；多干式、丛林式、连根式、附石式盆景内容较复杂，宜用形状简单的长方形、椭圆形一类的浅盆。若盆栽树木的姿态苍劲挺拔，则盆钵的线条宜于刚直，应选用四方形、长方形及各种有棱角的盆钵，以集中表现阳刚之美；若盆内树木的姿态虬曲婉转，则盆钵的轮廓以曲线条为佳，应选用圆形、椭圆形及各种外形圆浑的盆钵，以显示阴柔之美。

盆钵质地应与盆景内容协调。松柏类一般宜用紫砂陶盆；杂木类一般多用釉质陶盆；观花、观果类宜用瓦盆培养，观赏时再外加瓷盆或釉质陶盆；微型盆景宜用紫砂陶盆或釉陶盆；特大型盆景可用石盆或水泥盆。

盆钵色彩的选择方面，盆与树木景物的色彩要既有对比又能调和。松柏类四季苍翠，配上红色、紫色类深色的紫砂陶盆，更见古雅浑朴；花果类色彩丰富，宜配上色彩明快的釉陶盆，使花果的色彩更加艳丽。如金弹子，树干黑褐，树叶深绿，宜选用色彩较淡的紫砂盆或土陶盆；而六月雪树干浅黄，树叶翠绿，则应以深色盆为好。

同时在盆的形状上也应有所变化，树木扭曲蜿蜒、遒劲变化，则可选圆盆或椭圆盆。树木刚劲有力则可选棱角分明的盆钵。盆钵上的装饰线条也不宜太多，若太花哨会影响树桩本身美的展示。

（5）上盆与栽植

①上盆

准备盆土 盆土必须符合所栽树种的生物特性。新盆在使用前应"退火"。方法是在栽花前将盆放在清水中浸1昼夜，以去其燥性，然后刷洗、晾干、备用。旧盆在使用前应先杀菌、消毒，以防止带有病菌、虫卵。具体方法是把换下的旧盆放在阳光下暴晒杀菌，在重新使用前将其内外刷洗干净，清除可能存在的虫卵。没在阳光下暴晒过的旧盆，或原盆栽有严重的病虫害，还应对其喷洒药剂消毒。

试作布局 先将选好的树木放于盆中适当位置，一边观察，一边调整，使构图和谐，意境深远。若摆放山石、亭榭、动物或人物等饰物，在试放过程中，还应设计出曲折婉转的水岸线、山石、建筑、人物等配件的位置，使树石配合协调，布局自然而富有意境。

②栽植树木 先在贮土一边的盆面铺上一层土，放入树木，以垫土的厚薄来调节栽植的高度。定位满意后，将土填入根系周围，并用小竹签将土扦实，使根与土结合紧密，以利于成活。栽植的同时，适当做出起伏的地形。花木栽植好后，浇1次透水，使盆内的土全部吸足水，然后放置在室外荫蔽处，不要施肥，等树木逐步恢复生机适应盆

土环境后再转入正常护理。配合布置有如下两种：

点缀　树木盆景中常用山石与树木配合布置，配置的方式可模仿山野树木与奇峰怪石的自然配合，也可模仿庭园中人工布置树石的情景。

铺种青苔　青苔在盆景中好比草地，有了青苔的铺衬，盆景便生机盎然。布苔时，先用喷雾器将土面喷湿，然后将带土铲来的青苔一片一片地贴在土面，轻轻压实。树与石之间有了青苔作中介物，更显自然，盆景的色彩也变得丰富起来。盆内铺种青苔，还可以保护土面，避免因浇水或雨水冲刷造成水土流失。青苔铺种结束，用喷壶将盆土浇透。

（6）树桩盆景的配石与配件

树木盆景中常用山石或配件与树木配合布置，这是我国盆景艺术的一种独特造景手法。在一盆松柏盆景中，配置一些山石，会使盈尺之树，显出参天之势。在悬崖式的盆景中，放置尖削的峰石于根际，就仿佛树木生长在悬崖绝壁之上。树木盆景增加配件后，可进一步丰富意境，突出主题，或增添生活气息，增添诗情画意和自然趣味。松树配石的盆景和竹配石的盆景，都是一种衬托和对比的手法。

配石可分自然式和庭园式，自然式配石即模仿山野树木与奇峰怪石的自然配合；庭园式配石即模仿庭园中人工布置树石的配景。配件是指亭、台、楼、阁、动物和人物等小型陶瓷质或石质模型。树木盆景增加配件后，可增添生活气息。应用配件时，要注意符合自然环境和景趣，注意远近、大小比例及色彩的调和。配件通常放置在盆景的土面上或配石上。平时一般不放置配件，以免影响树木的浇水、施肥等管理工作。

7.4.2.3　树桩盆景的养护与管理

（1）浇水

浇水是树桩盆景管理的最重要、最频繁的措施之一，是一项长期的工作。树桩栽植于盆中，不论是深盆，还是浅盆，泥土总是有限的，所含水分也是有限的，如长期不浇水进行水分补充的话，树桩就会因缺水而枯萎，因此要及时观察，根据其土壤干湿情况浇水，保持土壤水分。当然浇水也不可过量，若浇水过量，盆土长期过湿，则易引起根部缺氧和腐烂；同时浇水的多少还要视具体树种不同、季节变化、天气冷暖而定。一般说来，夏季或干旱时，最好早晚各浇一次水，春秋季节每天或隔日浇一次水，春天树桩萌动，也可视情况早晚浇一次水。梅雨季节或雨天时，则不需要浇水，还要注意排水。砂质土壤可多浇水，黏性土壤要少浇水。浇水可以叶面喷水，也可以根部灌水，一般二者结合，先叶面喷水，再根部灌水灌透，注意不要浇"半截水"造成盆面湿、盆内干的现象，而且叶面喷水也不可过多，易引起枝叶徒长。

不同的树种，喜干湿不一。松类及杂木中的榆树等喜干，而柏类及杂木中的赤楠、水杨梅等则喜湿，要合理地调整浇水的次数及水量。耐旱的要在其干透时再浇，以防根系长期处在潮湿缺氧的盆土中发生腐烂；而喜湿的就要在其盆土稍干时及时补水，以防其毛细根失水干瘪影响正常生长。浇水还要具体看桩景叶子的多少大小而定，叶片越多，根系越旺，蒸腾作用越大，盆中的水分也就消耗越快，宜勤浇；反之叶少的盆土就不易干，宜少浇。另外浇水与盆的大小深浅有关，成型的桩景一般上盆较浅，由于根系较多，土的比例就相对少些，应及时进行补水。相同大小的树木，深盆可适当少浇。

（2）施肥

树桩盆景的盆钵内土壤有限，因而养分也有限，应注意肥料的补充。树桩盆景因其小中见大的艺术特性，不可施肥太多、太频繁，要掌握施肥含量、种类，把握施肥季节。植物生长的养分三要素为氮、磷、钾，氮肥可促进树桩枝叶生长；磷肥可促进其花、果实形成；钾肥可促进茎干和根部的生长，所以选用肥料应根据树桩种类和其生长态势而确定。

需要使树桩枝繁叶茂，可多施氮肥类；需要树桩多出花果，则可增加磷肥含量；需要根干粗壮、发达时，则可多施钾肥。施肥方式一般又分迟效性施肥和速效性施肥。迟效性施肥一般是将有机肥粉碎、腐熟后按一定比例混入土壤中，在换土时，掺入盆中，让其慢慢提供养分；速效性施肥则是将有机肥或化肥稀释后，根据树桩的季节性生长需要进行施肥，但要注意，不可过浓，新栽树桩不宜进行此类施肥，雨天施肥，肥效流失，效果不好。

（3）病虫害的防治

盆景常见虫害主要有天牛、介壳虫、红蜘蛛、夜蛾、蚜虫等。这些害虫有的危害茎叶或钻蛀枝干，造成枝干中空，黄叶，树势衰弱，甚至死亡；有的危害嫩梢、嫩叶、花器，造成落花、落叶或叶片残缺不全，影响观赏效果，因此，要注意及时防治。

根据病害的发生部位，一般分为：

枝干病害　表现在枝干韧皮部、形成层腐烂，枝干上出现茎腐和溃疡，干心腐朽，枝条上发生斑点等现象，通常应喷洒波尔多液与石硫合剂，并刮去腐烂局部等。

叶面病害　叶面病害通常出现黄棕色或黑色斑点，叶卷缩、枯萎、早落等症状，有可能是黄化病、叶斑病、煤烟病、白粉病等。叶斑病可摘去病叶，喷洒波尔多液；黄化病可用 0.1% ~0.2% 硫酸亚铁溶液喷洒叶面；白粉病可用 0.3 ~0.5Be° 石硫合剂喷洒。

根部病害　树桩盆景根部老化，易产生各种细菌、真菌引起的根腐病或根瘤病，应注意盆土的消毒和浇水量的控制。

以下是主要虫害的处理方法：

介壳虫治理　盆景中常见的有吹绵介壳虫和盾介壳虫。吹绵介壳虫白色蜡质纤毛状；盾介壳虫盾形，褐色。介壳虫主要以其刺吸口器刺吸植株汁液，树桩受其害后易引起煤烟病，出现生长不良，枝叶枯黄，提早落叶等现象，甚至整株枯死。防治方法是除人工刷除杀死外，在幼虫孵化初期，可用 40% 的乐果乳油 1000 ~1500 倍溶液，或用 80% 敌敌畏 1000 ~1500 倍溶液喷杀。此外，还要适当修剪，以通风透光。

红蜘蛛治理　红蜘蛛体型极小，常为红色。在高温干燥的环境下，繁殖很快，每年可繁殖 14 ~18 代，几乎所有的盆树都易受其害。它是以吸取树叶叶汁对叶片进行危害的，虫害后，叶片呈灰斑色，并引起枯黄脱落，影响树的长势，有的甚至全株死亡。防治方法是用 40% 乐果乳剂 1500 ~2000 倍溶液或 50% 亚胺硫磷可湿性粉剂 1000 倍溶液喷杀。同时还要注意增加空气湿度。

蚜虫治理　蚜虫体形小，繁殖力极强，危害普遍，被害树桩一般叶片卷曲下垂，严重时叶表污黑、干枯而脱落。每年 3 ~10 月间为繁殖期，蚜虫群集于幼嫩枝叶上，以刺吸口器吸取植株汁液，使嫩梢萎缩，嫩叶卷曲，产生瘤状突起，并招致蚂蚁，传染其他病害。

防治方法是一般用 40％ 乐果 1000～2000 倍水溶液喷杀，每周 1 次。如榆树、朴树、石榴等对乐果较为敏感，喷后会落叶，则可用鱼藤精 2.5％ 800～1200 倍水溶液喷杀。

(4) 修剪与修根

修剪　盆景树木仍在不断生长，如任其自然生长，不加抑制，势必影响树姿造型而失去其艺术价值。所以要及时修剪，长枝短剪，密枝疏剪，以保持优美的树姿和适当的比例。修剪分生长期修剪和休眠期修剪两种情况。生长期根据具体情况进行摘心、摘芽、摘叶、修枝、短剪等处理。树木盆景为抑制其高生长，促使侧枝发育平展，可摘去其枝梢嫩头；在其干基或干上生长出许多不定芽时，应随时摘芽，以免萌生叉枝，影响树形美观；观叶树木盆景，其观赏期往往是新叶萌发期，如槭树、石榴等新叶为红色，通过摘叶处理，可使树木一年数次发新叶，鲜艳悦目，提高其观赏效果；树木盆景常生出许多新枝条，为保持其造型美观，须经常注意修枝。修枝方式应根据树形而定，如为云片状造型，则将枝条修剪成平整状。一般有碍美观的枯枝、平行枝、交叉枝等，均应及时剪去。

休眠期修剪大多在自然落叶半月以后，待植株完全进入休眠状态。如生长过于旺盛或病虫害严重，可摘叶、扣水，强制其休眠。此时盆景骨架清晰，便于观察。将枯、病、伤、劣、交叉枝剪除，强枝重剪，弱树轻剪或不剪，使其枝条分布均匀，并有利于来年的造型。方位不理想的枝条可适当攀扎、牵引。对于常绿树种可先疏去老叶、病叶，使其轮廓清楚，不可过分剪枝，只做常规修剪即可，如水蜡、罗汉松、黄杨、枸骨等；观花、观果类树种，如火棘、金弹子、梅花、杜鹃花等，疏掉小、弱、病、密、畸形果，短截无花枝、徒长枝，集中营养供给花果，增加其观赏价值。整修完成后最好能喷布一次托布津及杀虫剂，杀灭潜伏过冬的病菌、害虫。管养结合，可使盆景年年生机勃勃。

修根　翻盆时结合修根，根系太密太长的应予修剪，可根据以下情况来考虑。树木新根发育不良，根系未密布土块底面，则翻盆可仍用原盆，不需修剪根系。根系发达的树种，须根密布土块底面，则应换稍大的盆，疏剪密集的根系，去掉老根，保留少数新根进行翻盆。一些老桩盆景，在翻盆时，可适当提根以增加其观赏价值，并修剪去老根和根端部分，培以疏松肥土，以促发新根。

(5) 翻盆换土

盆景树木在盆中生长多年后，须根密布盆底，浇水难以渗透和排出，肥料也不易吸收，会影响树木的正常生长，这时就应翻盆换土。翻盆可用原盆或换稍大一号的盆，根据树木大小而定。换土可改善土壤的通气透水性，增加土壤养分，有利盆景树木健壮生长，提高其观赏效果。

树桩换盆的土壤以腐殖土、稻田土、山泥等为主，换土时可先在土中适当加上一些养料，使其在土中发酵挥发成为迟效性养料，这样能使树桩缓慢受益。至于土壤酸碱度的把握，要视树种的具体情况而定。换盆时，一般先在盆底孔处固定筛网或瓦片，先加入颗粒较大土壤以利排水，然后放入树桩，填入颗粒较细的培养土，用竹、木棍插紧，并视树种情况确定浇水量。

树木盆景的翻盆可视具体情况而定：一般小盆景每隔 1～2 年翻盆 1 次，中盆景

2~3年翻盆1次，大盆景3~5年翻盆1次。如老树桩景，可多隔几年翻盆1次；生长旺盛且喜肥的树种，翻盆次数要多些，间隔年限要短些；生长缓慢、需肥较少的树种，翻盆次数可少些，间隔年限可长些。松柏类老桩景不宜多翻盆。枝叶茂盛，根系发达的树种要勤翻盆。

翻盆可通过根部生长情况来决定，当盆土不干不湿时，将盆倒翻过来，用手拍打盆底，使树木连土带根全部倒出来，检查土块板结情况以及根系分布情况，如土块板结、根系密布土块底面，则说明必须翻盆。翻盆时间以选择树木休眠期为好，大多在早春或晚秋进行。如保留原土较多，则随时可翻盆，不受季节限制。如需换去大部或全部宿土，则应严格选择恰当的翻盆时期。

（6）放置与保护

树桩盆景的放置，也应据树种的特性确定位置，一般应放置在通风透光处，要有一定的空间、湿度，阳光不充足，通风不畅，无一定空间、湿度，可使植株发黄、发干，导致病虫害发生，直至死亡。但有的树种喜阴，有的树桩需要阳光多一点，这样就要采取如遮阴或补光措施。如常绿的一些阔叶或非阔叶树种黄杨、杜鹃花、山茶花等大都喜阴，而紫薇、银杏、海棠等喜光，因此要根据具体情况来定。有的树桩盆景还有耐寒或非耐寒性，对非耐寒性的树桩一般冬天还要进入温室维护管理，如榕树、福建茶等。

小　结

本章前两节重点介绍花卉组合盆栽的特点、技巧，花卉艺栽特点、应用方式，并分别举出实例加以分析。第三节介绍了花卉瓶栽的含义、特点，以及瓶栽的方法和养护管理要点。第四节介绍了花草盆景及树桩盆景的含义、特点，以及制作的方法和养护管理要点。

思考题

1. 何谓花卉组合盆栽？它有何特点？组合盆栽花卉选配的原则有哪些？组合盆栽有哪几种方法？
2. 何谓花卉艺栽？它有何特点？花卉艺栽有哪几种应用形式？
3. 什么是花卉瓶栽？瓶栽有哪些方法？怎样养护瓶栽花卉？
4. 什么是花草盆景、树桩盆景？
5. 花草盆景的制作应考虑哪些方面？
6. 怎样进行树桩盆景的取材？

推荐阅读书目

1. 实用家庭花卉栽培. 王照蓉. 上海文化出版社, 2001.
2. 家庭养花一点通. 弘石, 卢振谦. 中国社会出版社, 2005.
3. 观花盆景培育造型与养护. 马文其. 中国林业出版社, 2003.
4. 盆景制作与养护. 刘旭富. 中国劳动社会保障出版社, 2005.
5. 现代家庭园艺. 黛安·雷尔夫. 周武忠, 陈筱燕, 译. 三联书店, 1992.
6. 盆景制作. 卜复鸣. 中国劳动社会保障出版社, 2004.

8

花卉装饰

配套素材

花卉装饰应用除花卉植物材料外，其配套素材也是必不可少的，最主要的配套素材包括栽植容器、几架、附属装饰品、栽培基质等，此外，人造花卉因具有仿真度高，永不凋谢，持久、耐用、省时省力，易于清洁，品种多样，美化效果好，可塑性强，适用范围广等特点，成为当今花卉装饰应用中的重要辅助材料。只有将这些装饰元素相互合理搭配使用，才能取得最佳装饰效果。如花卉栽植容器的种类很多，在进行花卉装饰应用时，应根据各种花卉植物的形态特点，选择与其相配套的花卉种植容器，不仅要考虑花与盆的大小，还要考虑花与盆的搭配及协调，同时也应考虑花盆的质地、性能及用途等，这样才能达到最佳装饰效果。同时，花卉装饰应用时还应选择合适的装饰器具如几架、迷你素材和附属装饰品等加以烘托、点缀，更能突出花卉装饰的整体布置效果。为延长花卉观赏效果，栽培基质的选择和配比也十分重要。栽培时应根据植物的特性及不同的需要，将几种栽培基质按一定比例加以调配，做到取长补短，发挥不同基质的性能优势，使之更适于花卉的生长发育。

8.1　花卉种植容器

用于栽植各类花卉的容器，简称为花卉种植容器。花卉种植容器不仅提供花卉生长的空间，也方便所种花卉的搬移，既可陈设于室内，又可布置于庭园。盆花是花卉与种植容器的统一体，种植容器是盆花的一个有机部分，可以对花卉起到很好的烘托作用。因此有好花还需好盆配之说。而花卉种植容器的选择，应根据种植花卉的大小、形态、用途、风姿及神韵等来选配。花卉种植容器可分为花盆、花钵、吊篮等。

8.1.1　花盆

花盆是花卉栽培中使用的栽培容器，本身具有一定的观赏价值。花盆的种类很多，各有特点，种植花卉时，应根据需要选择合适的花盆。

8.1.1.1　花盆的种类

(1) 根据用材质地分类

素烧盆　又称瓦盆，是最常用的种植容器，有红盆和灰盆两种。素烧盆以黏土烧制而成，制作工艺简单，质地粗糙，盆壁有细微的孔隙，有利于土壤中养分的分解，排水透气好，适于花卉生长。素烧盆通常为圆形，直径从 7~60cm 不等，规格齐全。但因瓦盆过大容易破碎，因此栽培中常用的盆径一般为 14~33cm。素烧盆价格低廉，但不够美观，难登大雅之堂，且较易破碎，不利于长途运输。较适用于普通家庭及一般场所养花用。

瓷盆　以白色高岭土烧制而成，工艺精致，质地细腻，坚硬，常附有各种图案，外形美观，色彩鲜艳，有光泽，以江西景德镇和福建德化产品为上品。瓷盆可以制作大型花盆，栽植较大的观赏植物或作室内栽培、展览之用。但瓷盆因外涂彩釉，排水透气性较差，栽培效果不如素烧盆，因此种植花卉时须配以疏松多孔的栽培基质，以利于根系呼吸生长。除直接栽培或作山水盆景用盆外，也可用作套盆。

陶盆与釉陶盆　以陶泥烧制而成，叫陶盆或素陶盆，有一定的排水透气性。在陶盆外涂一层彩釉，即为釉陶盆。釉陶盆加工精美，质地牢固，色彩鲜艳，主要产于广东及江苏宜兴。陶盆与釉陶盆形状多样，常见的有圆形、方形、六角形、菱形等，外形美观。但釉陶盆因外涂釉层，排水透气较差，一般用作室内装饰或作套盆使用，是高雅场所的常用花盆。

紫砂盆　以紫砂泥烧制而成，因泥料配比及烧制的火候等因素，使紫砂盆呈现颜色深浅不一的褐、赤、紫、黄等各种瑰丽色泽，为江苏宜兴特产。紫砂盆质地细腻、坚韧，排水透气虽不及素烧盆，却比瓷盆和釉盆好。紫砂盆历史悠久，风格古朴，色彩淡雅，有各种艺术造型，盆上常刻各种花草及书法等图案，较适合作为摆设于室内台面的各种名贵花卉用盆，常用于桩景、山水盆景，也可作套盆使用。

塑料盆　由塑料制成，质地轻巧，坚固耐用，方便运输，在盆花生产及流通运输中应用广泛。塑料盆造型多样，色彩鲜艳、美观，价格也经济实惠，但排水透气性差，使用时应选择疏松通气的栽培基质。塑料盆是室内花卉种植常用的容器之一，常作套盆使用。

石盆与水泥盆　石盆由天然石料如汉白玉、大理石或花岗岩等雕凿而成，造价高。水泥盆由水泥制成，通常以白水泥为主要原料，价格便宜。石盆和水泥盆坚固耐用，可根据需要制作成各种造型，大小灵活，特别适于制成大型的花盆，摆放于公园、绿地及小区造景之用。石盆和水泥盆排水透气较差，使用时应注意培养土的理化性质并经常松土通气。由于笨重、不易搬运，一般用于大型山水盆景或栽植较大的花木，或在观赏位置突出的公共场所等不必搬动之处使用。

竹木盆　以竹子或木材为材料加工而成，因制作材料的不同有竹盆、木盆及树筒盆等。竹木盆排水透气性较好，适于花卉生长。其风格自然纯朴，搬动灵活，但不耐用，使用时应注意防腐、防虫，可于盆内外漆上不同的色彩，以提高使用寿命，且与植物色彩协调。竹木盆常用于桩景或挂壁盆景的制作，也适于栽植大型观叶植物，可用于布置各种场所。

此外，还有由各种不同材料制成的如玻璃缸盆、藤制品盆具、不锈钢套具等花盆，这些花盆美观大方，为美化绿化花卉增添华丽多彩的气氛。

8.1.1.2　花盆的选配

花盆种类多样，大小、形状、色泽也各不相同。常见的花盆形状有圆形、圆筒形、方形、长方形、扇形、菱形、六角形等；还有浅盆、深盆之分，浅盆有浅方盆、浅椭圆盆等；高盆也有高签筒方盆、高签筒圆盆等之分。花盆的颜色更是丰富多彩，有白色、蓝色、黄色、褐色等各种颜色。因此在选择花盆时，既要考虑花与盆的大小，也要考虑花与盆的搭配及协调，同时还要考虑花盆的质地、性能及用途等。花盆选配时应注意以下几点：

(1) 花盆大小应适宜

花盆过大显得盆内空虚无物，影响美观。盆大土则多，浇水后，盆土长时间保持湿润，会影响植物根部透气，容易导致烂根。花盆过大还容易造成水浇不透等问题，不利于花卉正常生长。花盆过小则拥挤紧迫，不仅影响植物根部的生长发育，也显得头重脚轻，搭配不协调。所以应根据所栽植物的大小来选配适宜的花盆。一般来说花盆盆口直径要大体与植株冠径相等或略小 1～3cm 即可。

(2) 根据风格选择花盆的形状

花盆的形状不同，所表现的风格也不同，比如长方形花盆刚直有力，圆形花盆和椭圆形花盆则柔美有加。植物本身也有刚柔之分，一般来说直的枝干与硬的枝干为刚，弯曲下垂的及软的枝干为柔。

种植观赏植物时应考虑花盆与所栽植物刚中有柔、柔中有刚，这样盆与植物才能构成刚柔相济、生动优美的画面。比如盆景中的直立式、曲干式、临水及传统的规则式树木盆景，应选造型端庄稳重的圆盆、方盆、六角盆、八角盆和梅花盆等；悬崖式树木盆景多用方形或圆形的签筒盆，浅口花盆盆面宽阔，适宜配置斜干、卧干、多干、连根与丛林式盆景。

(3) 花盆的颜色应与所栽植物相协调

花盆的颜色应与所栽植物相协调，一般以朴素、淡雅者为好。可沉静调和，可朴素淡雅，可秀丽明亮、可古朴庄重。但有时为了突出所栽植物，也可采用对比色或跳跃色的花盆，以突出主体。一般来说山水盆景常用白色大理石浅盆和浅色宜兴陶釉盆为主；而树木盆景则宜选用清静素雅的紫砂盆、石盆或水泥盆；花果盆花则选择色彩与花果颜色协调的花盆。

8.1.2 花钵

花钵是大型的花卉种植容器，常用于城乡建筑密集的地方或一些难以绿化之处的临时应急绿化美化需要，也可用于商店、住宅门前等较小空间处的绿化美化，因其随处可用，灵活多样，因此有"可移动的花园"的美称。

花钵形式多样，可方可圆，可高可矮，可散置式随机点缀一二，也可进行多种多样的艺术组合。美化环境时，可根据花钵的样式、大小及要美化地点的具体情况进行艺术组合。在较宽敞的地方，可布置成几何式、混合式的布局形式，形成样式多变、五彩缤纷的小花坛。而在商店前等较小空间处，则可用散置式随机点缀一两个花钵。

制作花钵的材料有木材、水泥、金属、陶瓷、玻璃钢、天然石材及塑料等。花钵的样式多种多样，平面的有圆形、半圆形、三角形、方形、长方形、扇形、菱形、六角形、多边形、圆筒形等造型，立面可以分单层、多层或高低不等的造型。

8.1.3 吊篮

吊篮是用于栽植各种垂吊植物的花盆，吊篮可悬挂，也可放置于台面上。悬挂的吊篮常用来装饰空旷的墙面、柱子、门廊及花园的空闲处，它不占地，不影响室内外陈设及人们的活动，装饰效果好，能在空间有限的居室中获得更富层次感的立体装饰效果，现已广为采用。

吊篮一般由竹条、藤条、果壳或金属丝编制而成，也可由塑料盆等改制而成。制作吊篮的材料应质地轻巧、安全牢固且悬吊容易。吊篮的色彩丰富、造型多样，常见有球形、半球形、方形和长方形等。

按照吊篮在环境中的应用形式，可将吊篮分为悬挂式吊篮、壁挂式吊篮、吊箱式吊篮和几架式吊篮等。

悬挂式吊篮　由各种不同材质制成形状、大小各异的用吊钩悬挂起来的吊篮。该吊篮悬在空中，因此，必须有牢靠的支点和牢固的吊钩，而吊篮则应选用轻巧材质的花盆，且花盆内有垫盆，浇水后尽量使水不下滴。

壁挂式吊篮　由塑胶制品、粗铁丝、藤条或其他带状材料做成的半圆形壁盆或壁篮，用来装饰墙面。壁挂式吊篮通过钩子或钉子将半圆形壁盆或壁篮固定在墙面。

吊箱式吊篮　由木板或铁皮制成长方型的箱体，将箱体用粗铁链或钢丝悬挂起来。吊箱式吊篮常固定于阳台或窗台上，一般与阳台或窗台等宽。

几架式吊篮　在几架上悬挂或放置垂吊花卉植物，用于装饰室内一角、阳台或庭园等处。

8.2　配套装饰器具

在进行花卉装饰应用时，应根据各种花卉植物的形态特点，选择与其相配套的花卉种植容器，选择合适的摆设形式和最佳的摆放位置。此外，如果有协调的装饰器具加以烘托、点缀，更能突出花卉装饰的整体布置效果。如高台几架能使悬垂植物尽显其飘逸的线条和绰约的风姿，而低矮的台架更能突出花卉的色彩斑斓。可以说花卉花卉装饰犹如一幅静物立体画，而配套的装饰器具就好比是画龙点睛的几笔，能使该画构图合理、比例合度，使花卉装饰达到最佳效果。

花卉装饰的配套装饰器具主要有几架、迷你植物和附属装饰品等。

8.2.1　几架

几架是指用来摆放盆花或盆景的托架。几架对盆花或盆景起到装饰和烘托作用。几架不仅能调节盆花或盆景的最佳观赏位置，还可装饰盆花、盆景，使树、盆、架三者相得益彰，相映成趣。因为几架在盆花与盆景中的作用，才有"一景、二盆、三几架"的审美程式。

8.2.1.1　几架的分类

(1)按材料划分
木质几架　由硬木制成，做工精细，式样繁多，常见的有红木、楠木、紫檀木、银杏木、黄杨木、柚木、樟木、柏木、枣木等，其中，红木的色泽古朴庄重，使用最为普遍。而紫檀木、黄杨木的纹理清晰，质量为最佳。

竹质几架　由斑竹、紫竹等制成，也可用普通竹类制作。竹质几架自然朴实，轻巧淡雅。

树根几架　由树根、根墩制成，也有用名木雕刻成树根形状。由于树根的天然弯曲和古朽的特点，可制作成各种样式的树根几架，尽显自然之趣。树根几架自然、古朴、高雅，欣赏价值极高，深受人们的喜爱。

石质几架　用汉白玉、大理石或花岗岩等雕琢而成的石墩、石架。

陶瓷几架　用陶土烧制而成的紫砂陶质几架或釉陶几架。有各色各样的形式，古朴典雅、浑厚大方。

水泥几架　由钢筋、水泥浇制而成的石架、搁几，也可与窗结合做成窗式架等。水泥有灰色的普通水泥，也有白色水泥，或加颜料，配制成褐色、紫褐等其他色彩。水泥坚固耐用，多为大型几架。

木质几架、竹质几架、树根几架上清漆或外层打磨涂漆后，既可保持原材料的自然色，又有利于防腐、防虫、经久耐用。

石质几架、陶瓷几架和水泥几架不怕日晒雨淋，适合应用于室外、庭园陈设盆景。

(2) 按放置的位置划分

落地式几架　这类几架较高大，需放置地上，所以叫落地式。落地式几架有长条桌、方桌、半圆或圆桌、博古架、方高架、圆高架、高低组合架等之分。

桌案式几架　这类几架较为矮小，一般放置在桌上，故称桌案式。其样式有方形、长方形、圆形、椭圆形、枕头形、海棠形、扇形、六角形、书卷形、什锦式、多边式、套式、高低式等。

挂壁式几架　把博古架安置在墙上，称挂壁式几架。其样式常见的有圆形、长方形、六角形、花瓶形等，几架内的小格变化更多。

8.2.1.2　几架的选配

几架应与树、盆的形态、色彩相协调，才能形成完美的艺术结构。否则不仅起不到烘托作用，还可能适得其反。因此在选配几架时，不仅要考虑到盆花、盆景与几架的协调互补关系，还应考虑到盆花、盆景与几架的格调与造型，力求二者在形状、大小、色泽、质地等方面和谐统一。几架的选配应注意以下几方面：

几架要略大于盆，在形状上一般是圆盆配圆几架、方盆配方几架、长盆配长几架，讲究外形上的统一。深盆应配置高架，浅盆应配置矮几；悬崖式树木盆景宜用高几架；长方形和椭圆形盆景宜用低几架；斗方盆和圆盆宜用一般高度的几架；浅口盆宜用四搁几和书卷几。在选配时应力求景、盆、几三者的协调与平稳。

一般大型盆景、观叶植物宜选配石质几架、陶瓷几架或水泥几架，中小型盆景、观叶植物则可放置在造型优美自然的木质几架、竹质几架或树根几架上，风韵雅致，以显超凡脱俗之美。而造型小巧别致的观叶植物、仙人掌类植物及微型盆景，应放置于博古架上，才会有震撼的群体美。

8.2.2　迷你植物

随着人们生活水平日益提高，回归自然、享受绿色休闲生活已成为都市生活的新时尚，然而空间狭小的居住条件与自然条件的制约，使大面积地种植绿色植物，显得遥不可及。而迷你花卉因其造型小巧轻便、雅致时尚，在尽可能小的空间里尽显风韵和自然气息，令现代人足不出户就可领略大自然的神韵，越来越受大家的喜爱和欢迎，已逐渐成为时尚生活的点缀。

迷你植物雅致时尚，款式多样，温馨富有情调。迷你植物种植方便，且善变多变，能满足消费者不断变化的需求。价格适中，相对于大型植物来说可谓是物美价廉。因其体型小重量轻方便了携带，在养护方面也比大型植物容易。符合现代人观念新、工作忙的需求。

迷你植物可分为：迷你盆景、迷你盆栽植物、迷你组合盆景、罐头花卉和瓶中花等。

(1)迷你盆景

迷你盆景是最小规格的盆景，又称微型盆景。迷你盆景体量小，却以精致小巧取胜。造型千姿百态，具旷野古木之态、名山大川之景。它具有小中见大、以少胜多、不占空间、花费较少、取材容易、制作时间短、管理容易和搬动方便等特点。迷你盆景可放置于博古架或配以精小的几座置于案头，别具雅趣，逗人喜爱。

(2)迷你盆栽植物

迷你盆栽植物是小型的盆栽植物，具有小巧精致、不占空间、便于搬运且观赏性强等特点。用于迷你盆栽植物的品种可达100多种，常见的有迷你绿元宝、迷你红掌、迷你凤梨、迷你发财树、迷你人参榕、袖珍椰子、迷你仙人掌等。迷你盆栽植物花瓣小且厚，储存较多的养分，因此花期比相应花卉长。再配上造型独特的盆具如小巧时尚的陶瓷盆、木盆甚至小咖啡杯，以及五颜六色的栽培基质如水晶泥、彩虹沙、陶砾等，显得格外可爱，令人爱不释手。迷你盆栽植物便于日常养护，更加卫生，没有污染，较少病虫害，适于摆放居室和办公室的书桌、床前等处。

(3)迷你组合盆栽

迷你组合盆栽是把几株同种或不同种的迷你植物按照搭配、衬托、互显、对比、均衡等手法，组合在一个容器中。它能充分展现植物形态、色泽的美感及不同植物线条的层次变化，使整个组合更丰满、漂亮。迷你组合盆栽可创造出优美的植物造型，增强盆栽的观赏艺术性，因此国外将组合盆栽称为"迷你小花园"。

制作迷你组合盆栽时应注意：

①选择开花期长、易于培育的迷你花卉作为主栽品种再与季节性草花、观叶植物进行组合。

②选健壮、株型好、开花期一致、生态习性相似的植物进行组合。

③进行植物组合时应注意植株的形态、大小、花形和花色的合理选配。一般来说，如果组合植株的花形和大小相似，则应选不同色系的花卉为宜，选用同色系的花卉就会缺乏变化；相反，如果选用植株的花形和大小不同的话，则采用同色系组合整体感较好。

④选配适宜的花盆。应注意花盆与植物组合、周围环境的协调关系，选配好花盆的形状、大小和花盆的材料。

(4)罐头花卉

罐头花卉是一种长在罐头里的花卉，小巧精致，环保卫生，易携带。易开的花罐内装有环保型的栽培基质、改良后的花种、特效花肥及详细介绍栽培过程及注意事项的说明书等，按照说明书的方法进行播种浇水，使种花变得简单易行。开花期因种植的花卉品种、种植环境、温度及人为种植因素而有所不同，短的从种子萌芽到开花只需3d时间。罐头花卉是一种新型的无土栽培花卉，它符合了都市人对现代产品的新颖、环保、便捷、情趣等诸多要求，且不受时间地点的限制，随时均可种植。

适合罐头花卉栽培品种有：迷你月季、跳舞草、薰衣草、猫儿脸、香石竹、草莓、含羞草、紫罗兰、向日葵、观赏葫芦、文竹、驱蚊草、捕蚊草、虞美人、羽衣甘蓝、百日草、樱桃萝卜、五彩辣椒、玩具南瓜、报春花、羽扇豆、月见香、神香草等。

罐头花卉有"星座系列"、"魔豆系列"和"朋克头"的等几大系列。

①"魔豆系列" 即通过激光在豆皮上刻上时尚流行的爱情物语或温馨的祝福语，易拉罐里面装有特制肥料，拉开易拉罐盖子，两三天浇一次水，7~10d内豌豆就可以发芽，长出后豆瓣上会展现与罐头上相同的祝福语。

②"星座系列" 分别是与星座相对应的12种"宠物花卉"，如狮子座的向日葵、处女座的美女樱、山羊座的三色堇等。

③朋克头 又叫草娃娃，就是使卡通人物头上长草。采用优质树脂材料制成卡通人物的朋克头造型，朋克头帽子内有生命力旺盛的黑麦草品种，适应性强，耐粗放管理。只要取下帽子，播种后浇水，一周后黑麦草即可发芽，长出"绿发"。种植者可根据自己喜好，将其修剪成各种时尚发型，如阿福型、刷子型、冠状型、马尾型等，满足了年轻时尚人士的猎奇心理。

(5)瓶中花

生长在瓶子里的最小的迷你花卉，又叫迷你宠物花，可以挂在手机、钥匙上或者拴在包上。瓶中花采用植物组织培养技术，把植物种在试管里的水晶胶上。水晶胶色彩艳丽丰富，能提供给植物足够的养分和水分，使植物生长发育并开花，从花蕾到花开、花谢可长达3个多月，绿色植物则可在瓶中维持更长时间。瓶中花使自然景致浓缩到超小的空间里，具有小巧精致，时尚新奇，可以随身携带，不需养护等特点，给人带来前卫与个性化的享受，具有较高的观赏价值。

8.2.3 附属装饰品

一盆好的盆栽或盆景，虽然和"一景、二盆、三几架"有很大的关系，但如果能适当地配上附属装饰品，往往会给作品起到画龙点睛、烘托意境的作用，使人浮想联翩。盆栽常用的附属装饰品有丝带花、纱网、蕾丝等，还可用一些小型的工艺品与摆设作为配件，来增加盆栽的气氛，如小动物造型、贝壳、圣诞节用的小铃铛、石头等。而盆景上附属装饰品应用一般来说多于盆栽。盆景上的装饰品又称摆件(配件)。盆景配件虽小，但如果安置恰当，一方面可深化意境，点明主题，起到画龙点睛的作用；另一方面小配件有一定的尺度效应，能扩大空间感。但配件点缀要因景制宜，以少胜多，不可滥用。盆景上配件种类主要有亭台楼阁、塔寺庙宇、建筑、人物、动物、舟楫、车船等。

不管是盆景上的配件还是盆栽上的装饰品，都要求能对作品起到画龙点睛的作用，能与作品浑然一体，不可画蛇添足、喧宾夺主。附属装饰品的使用应注意以下几点：

①应注意附属装饰品与盆花或盆景的比例　附属装饰品过大，会喧宾夺主，难以达到烘托作用，只有比例协调，才能使作品相得益彰。比如盆景中的配件要掌握"丈山尺树寸马分人"比例关系，要注意山石树木等与配件的比例：以配件的小来烘托山体之大；人物等小配件不能大于树木等。还要注意配件之间的比例关系：同样的景深，人物要小于亭、阁、房屋，桥要大于船只；而不同的景深，则远景宜小，近景宜大，山脚配件宜大，山顶配件宜小。

②应注意附属装饰品与盆花或盆景色彩的统一与和谐　附属装饰品的色彩过于鲜艳，往往会恰得其反，使作品显得庸俗。一般应以淡雅为宜，表现自然之美。"画龙点睛"，以少胜多，不可滥用、堆砌。一般情况下，只放一两件，并非多多益善。

③应注意附属装饰品的摆放位置　比如盆景中山川宜置亭台楼阁；山野田园宜配茅屋草舍，且以深隐为佳；宝塔宜安放在主峰旁的配峰上；亭阁常置于山腰；开阔的水面要有舟楫，水流湍急漂来竹筏，两岸之间搭以桥梁，山脚临水筑以水榭。

④附属装饰品要与作品所表现的主题一致　戏曲讲究"一台无二戏"，盆景也应"一盆无二景"。附属装饰品一般具有某种隐含的意境，亭台楼阁、塔寺庙宇、建筑、人物、动物、舟楫、车船等配件都应具有作者赋予它的艺术生命。要与主题思想相一致，应服从并服务于主题的表达。

8.3　人造花卉

"花无百日红"，"花开终有花落时"，许多爱花的人总觉得鲜花花期短，换水麻烦，而人造花卉却可省去这些麻烦。随着技术的进步，现在的人造花卉的仿真度越来越高，多数可达到以假若乱真、与鲜花相媲美的地步，且可长时间地摆放，非常符合快节奏都市人的消费需求。因此人造花越来越被大多数人所接受。

8.3.1　人造花卉的种类

根据所用材料的不同，可将其分为布质花、塑料花、纸花、木制花、泡沫花、树脂黏土花、丝网花、水晶花和仿真树。

①布质花　是指以绢纱、丝绸、棉布、麻布、化纤布等布质为原料制成各式花瓣、叶，染色后用铁丝将花瓣、叶等串扎成的人造花卉。布质花具有颜色柔和、色彩稳定、质地细腻、花型多样、不褪色、不变形、不霉蛀、保存时间长等特点。其中以绢、绸、缎、绫、罗制成的花富丽高贵、美妙绝伦；以化纤制成的花色泽娇艳，不易损坏；麻布材质易呈现花瓣的纹理，以麻布制成的花平和朴实，古朴自然，有返璞归真的效果；以涤纶纺制成的涤纶花造型生动、色彩鲜艳。

②塑料花　是以塑料和其他物质混合后的材料制成的人造花卉。具有造型漂亮、价格低廉、保存时间长等特点。随着新材料香味塑料、发光塑料等的加入，使塑料花有香味，能发光，更具观赏性。

③纸花　利用各种彩纸制成的人造花卉，纸花能制造出独特的晕染色彩；易于造型、上色，绚丽多彩，价格相对较低，但保存时间略逊于布质花。

④木制花　以木片为材料制成的人造花卉，先用木片制成花瓣形状，再黏合制成。木制花的花瓣饱满坚挺，单纯质朴，造型简洁，视觉效果完美，易于清洗，保存时间长。

⑤泡沫花　用泡沫制成的人造花。一般用来制作坚果、水果或球茎植物，易于上色，如涂以金银粉的莲藕等造型很受欢迎，而泡沫极轻的分量使它适于各种插花造型。

⑥树脂黏土花　又叫面包花、面粉花，由树脂黏土经人工制作而成，是近年风靡日韩、欧美及中国港台地区的一种新型手工仿真花。由于树脂黏土具有黏性及柔性，因此可塑性高，富柔软性，可任意塑造，仿真度高，透明感、光泽度好，可随意调和颜色，花色艳丽，质感细腻、光滑。制作简单，可随意搓、捏成不同形状，也可以黏附于各种材料。能制作仿真鲜花、蔬菜果等，造型别致、鲜活逼真、保存时间久。

⑦丝网花　又称丝袜花，起源于日本，以五彩铁丝及普通的丝袜为基本材料纯手工制作而成。丝袜花制作简单，易于掌握，造型丰富，色彩艳丽，不易褪色，具有半透明的特性，质感强，可任意变形。

⑧水晶花　起源于美国，用一种特殊的树脂材料经人工制作而成，富有艺术创造性。水晶花晶莹剔透、色彩缤纷，富有质感；高贵亮丽，别具一格，并且结实，不怕摔不碎，不怕气温的冷热变化，可以长时间摆放。

⑨仿真树　采用真树干，人造叶、仿真果的做法制作而成，树干通常使用经干燥处理的荔枝木，再根据枝叶自然生长形态来安装仿真枝叶及仿真果，形态逼真到以假乱真的地步。

人造植物款式多样，雨淋日晒不褪色。还能制成各类奇花异草、植物、大型树木、山水园林等仿真产品，应用范围由普通的家居美化向大型室内园林、广场园林、娱乐场所等领域进军，功能也由简单的模仿向发光、发声、除臭、供氧等多功能方面发展。

8.3.2　人造花卉特点

①仿真程度高，无论在外观上、颜色上、质感上都和真花极为接近，可达到以假乱真的地步。

②四季常开、永不凋谢，持久、耐用、可较长时间摆放，所以说人造花卉定格瞬间美丽。

③省时省力，易于清洁整理，一次购买可多年受用，管理简便，只要及时清除灰尘即可。最宜大型舞台、橱窗的装饰，婚礼、家庭居室中也多有应用。

④品种多样。人造花卉品种多样，不胜枚举，凡是自然界中有的花卉植物人造花卉都能"盗版"，甚至还有一些独具创意者令真花也难以媲美。

⑤美化效果好。人造花卉色彩艳丽，变化丰富，有仿旧、低调如同经过风吹日晒的暗淡色彩，还可做出洒金、幻彩、异形等许多艺术效果来，再加上永不凋谢、可塑性强等特点，使人造花卉使用弹性大，适用范围广，已成为居室、宾馆、商场等场所常用的装饰材料。

⑥材料环保化。无毒无害的材料越来越多地被应用在人造花卉的制作上，化纤布、丝绸、绢纱、纯棉布、麻布、纸张、木材、泡沫等皆可入"花"，使人造花卉越来越

环保。

8.3.3 人造花卉应用

由于人造花卉具有独特的特点，使其使用弹性大，适用范围广，已广泛应用于居室、宾馆、商场等场所。人造花卉的应用主要表现在以下几个方面：

(1)用于插花作品

人造花不需水养，可用砂、砾石或花泥固定，插于各类容器中，可免除花材更换与保鲜的麻烦，省事方便。还具有长久保持、可塑性强等特点，使花艺设计师有更大的创作空间，可以通过弯、折、串、剪等多种花艺制作手法灵活造型，随心所欲地表现独创的艺术构思，插制时比鲜花更容易。

(2)用于各类装饰

人造花卉可直接布置于各式各样的器物上，或利用工艺品之类的附属品进行装饰，置于门上、窗口、吊顶上，贴在墙上、橱门上、灯具上、铁艺或镜框上等，广泛用于室内装饰的每一个方面，丰富室内装饰的美化手法，并产生特殊的装饰美化效果。

(3)用于宾馆、商场、娱乐场所等大型厅堂的装饰

由于人造花卉可制成各类奇花异草、大型树木、山水园林等仿真产品，有着持久、耐用、以假乱真和管理方便等特点，现已广泛应用于宾馆、商场等的大型装饰、造景上。尤其是大型厅堂里平地造树，与彩灯喷泉巧妙搭配，再加上小桥流水、野草闲花，亦真亦假，再造一个清静幽雅的自然景观。人造花、树由于增加了发光、发声、除臭、供氧等多功能方面的功能，使其更适合应用于大型室内园林和娱乐场所等公共场所。

8.4 花卉栽培基质材料

盆栽花卉是在有限的盆土中生长发育，对盆土的要求较高，且花卉种类多样，习性各异，不同的花卉和同一种花卉在不同的生长发育阶段，对土壤的要求也各不相同，而单一的花卉栽培基质往往不能很好地满足花卉生长的需要，因此盆栽用土常需根据各种植物的特性及不同的需要，将几种花卉栽培基质按一定比例加以调配，做到取长补短，发挥不同基质的性能优势，使之更适于花卉的生长发育。

目前常见的花卉栽培基质材料有以下几种：

(1)园土

又称菜园土、田园土，因经常施肥耕作，一般含有较高的有机质，团粒结构好，保水持肥能力较强，属砂壤土，是花卉栽培的主要原料之一。缺点是层易板结，通气透水性差，往往有病害孢子和虫卵残留，使用时必须充分晒干，并将其敲成粒状，必要时进行土壤消毒。园土经常与其他基质混合使用。

(2)塘泥

塘泥是养鱼池塘中鱼类的排泄物、禽畜粪便等有机肥料和雨水季节冲刷下的泥沙的不断沉积而逐渐形成的，于冬季清整养鱼池塘而挖掘出来的淤泥。塘泥富含有机养分，有丰富的有效磷和有效钾。通透性良好，是配制培养土常用的栽培基质。

(3) 腐叶土

腐叶土又称腐殖质土，是利用树叶、杂草等掺入一定比例的园土、人粪尿，经过堆积、发酵腐熟而成的培养土。而天然的腐叶土则是由阔叶树的落叶长期自然堆积腐熟而成的。腐叶土疏松透气，有机质丰富，腐殖质含量多，保水保肥能力强，呈酸性或微酸性，适合栽种各种喜酸性土壤花卉，是优良的盆栽用土，也是配制培养土的一种重要材料，它常与其他土壤混合使用。

(4) 泥炭土

泥炭土又称黑土、草炭，是古代湖沼地带的植物遗体经几千年堆积，在淹水和缺少空气的条件下形成的。泥炭土有两类，即褐色泥炭和黑色泥炭。①褐色泥炭主要分布于高寒地区，有机质丰富，分解程度较差，氮及灰分含量较低，酸度高，使用时必须调节其酸碱度。②黑色泥炭主要分布于西南、华北及东北，分解程度较高，氮及灰分含量较高，酸度较褐色泥炭低。

泥炭土质地疏松，透水透气性能好，且含有大量的有机质，保水保肥能力较强。泥炭土有防腐作用，不易产生真菌，无病害孢子和虫卵，且含有胡敏酸，能刺激插条生根，是配制培养土常用的栽培基质。但是，泥炭土在形成过程中，经过长期的淋溶，本身的肥力有限，所以使用时可根据需要加入氮、磷、钾和其他微量元素肥料；配制后的泥炭土也可与珍珠岩、蛭石、河沙、园土等混合使用或单独使用。

(5) 河沙

河床冲积后留下的。不含有机养分，但排水透气好，清洁卫生。河沙可与黏重土壤调配使用，以增加土壤排水通气性，改善土壤物理结构。也可单独作为播种、扦插繁殖的基质。

(6) 木屑

木屑是木材加工时留下的残留物。疏松质轻，干净卫生，无病虫害传染，孔隙度大，通气排水性能好。是改良黏质土的良好材料。保水保温性强，较易分解沉积。多和其他栽培基质混合使用，以增加培养土的排水透气性。使用时木屑要经发酵腐熟。

(7) 砻糠灰和草木灰

砻糠灰是稻壳燃烧后的灰，草木灰是稻草等作物秸秆或其他杂草燃烧后的灰，二者都富含钾元素。与塘泥、园土等混合后，可改变土壤的通透性和吸水性，并增加培养土的钾肥含量。砻糠灰和草木灰呈微碱性。

(8) 煤渣

煤炭燃烧后的残体，体轻松散，透气排水能力强，无病虫残留。经过粉碎过筛后可作盆栽基质，和其他培养土混合使用，增加排水通气性。煤渣呈酸性，含有较多养分，所含元素有一部分能溶解于水，可供花卉吸收利用。

(9) 椰糠

椰糠是椰子果实外皮加工过程中产生的粉状物。干净无毒，无病虫害传染，质轻、通气排水性能好。经适当腐熟后与塘泥、园土等混合，可改变土壤的通透性和吸水性。

(10) 水苔

亦称白藓，由生长在林中的岩石峭壁上或溪边泉水旁的苔藓植物，经除杂、洗净、晒干后制成。干燥后的水苔质轻疏松,通气透水性能强,干净无菌,可减少病虫害的发生。水苔作为栽培基质,既可减少水分蒸发,又能维持土温恒定,保温、保湿能力强。富含的有机质及氮、磷、钾、钙、镁、硫、铁等多种营养元素,是兰科植物(尤其是国兰和洋兰)常用的栽培基质。

(11)骨粉

动物骨头磨碎发酵而成,含大量磷元素,加入量不超过1%。

(12)珍珠岩

珍珠岩是天然的铝硅化合物,用粉碎的岩浆岩经高温处理(1000℃以上)所形成的膨胀材料,具有封闭的多孔性结构。质地均一,为白色无菌的小颗粒,材料较轻,通气良好,有特强的排水性,不含肥分,不分解。多用于扦插繁殖及改善土壤的物理性状。

(13)蛭石

蛭石是硅酸盐材料经高温处理(800~1100℃)后形成的云母状物质。无菌、疏松透气,保水能力好,但长期使用,容易致密,常用于播种、扦插及土壤改良等。

小 结

本章以介绍花卉装饰应用的配套素材为主,重点介绍花卉栽植容器的种类、分类、功能特点和应用;学习如何在装饰应用中根据各种花卉植物的形态特点,花盆等容器的大小、质地、性能及用途等加以选择;学习根据美化地点的具体情况对花钵、吊篮等进行艺术组合。重点介绍几架、迷你植物的种类、分类及装饰特点,以及盆景、附属装饰品的应用效果和注意事项。同时,还着重介绍人造花卉的种类和特点,栽培基质的种类和特点等,以达到装饰元素之间相互配合,取长补短,优势互补,使花卉与配套材料的应用相得益彰,实现和谐统一。

思考题

1. 花盆有几种分类方法?各分为哪几种?如何选配花盆?
2. 用组合花钵设计一个高低不等的艺术造型。
3. 吊篮有哪几种应用形式?
4. 几架有哪几种类型?如何选配?
5. 盆景配件的使用应注意哪些问题?
6. 人造花卉有哪几种?各有何特点?可应用于哪些方面?
7. 列举5种常见的花卉栽培基质,并说明各有何特点。

推荐阅读书目

1. 花卉学.2 版.包满珠.中国农业出版社,2008.
2. 人造花干花艺术插花.蔡仲娟.上海科学技术出版社,2001.
4. 花卉布置艺术.刁慧琴,居丽.东南大学出版社,2001.
5. 吊篮花卉彩色图说.梅慧敏.中国农业出版社,2002.
6. 微型盆景艺术.林三和.上海科技教育出版社,2004.
7. 迷你组合盆栽.贾尼丝·伊顿·基尔比.刘玉杰,译.贵州科技出版社,2004.

参考文献

S A 康兹,魏润柏.1985.人与室内环境[M].北京:中国建筑工业出版社.

坂梨一郎.2000.供四季欣赏的立体花坛吊篮[M].徐惠风,译.长春:吉林科技出版社.

包满珠,义鸣放.2003.花卉学[M].2版.北京:中国农业出版社.

包满珠.2008.花卉学[M].2版.北京:中国农业出版社.

北京插花艺术研究会,王莲英、秦魁杰、尚纪平等.2000.礼仪插花鉴赏[M]..北京:中国农业出版社.

北京林业大学园林系花卉教研组.1990.花卉学[M].北京:中国林业出版社.

卜复鸣.2004.盆景制作[M].北京:中国劳动社会保障出版社.

蔡俊清.1993.花艺[M].合肥:安徽科学技术出版社.

蔡清俊,林伟新,高永刚.1991.插花——插花作品赏析与技艺[M].合肥:安徽科学技术出版社.

蔡仲娟.2001.人造花干花艺术插花[M].上海:上海科学技术出版社.

陈宝玉.1986.绿化室内设计[M].台北:五洲出版社.

陈国菊,赵国防.2009.压花艺术[M].北京:中国农业出版社.

陈俊愉,程绪珂.1993.中国花经[M].上海:上海文化出版社.

陈容茂.1993.室内观叶植物栽培与观赏[M].福州:福建科学技术出版社.

陈守亚.1994.中山国际酒店园林[J].中国园林,10(2):35 - 37.

邓建平,余正编,乐嘉龙.2001.居住区绿化环境与空间设计图集[M].北京:机械工业出版社.

刁慧琴,居丽.2001.花卉布置艺术[M].南京:东南大学出版社.

董丽.2003.园林花卉应用设计[M].北京:中国林业出版社.

范洲衡,郑志勇.2009.艺术插花[M].北京:中国农业大学出版社.

冯天哲,周桦.1993.室内常绿花卉栽培与装饰[M].北京:科学普及出版社.

盖尹·塞奇.1999.室内盆栽花卉和装饰[M].范晓虹,译.北京:中国农业出版社.

高永刚.2005.庭院设计[M].上海:上海文化出版社.

广州插花艺术研究会.1992.广州插花[M].广州:广东科技出版社.

广州插花艺术研究会.1999.艺术插花[M].广州:广东科技出版社.

郭锡昌.1994.绿化装饰艺术[M].沈阳:辽宁科学技术出版社.

韩敬祖,张彦广.2003.度假村与酒店绿化美化[M].北京:中国林业出版社.

弘石,卢振谦.2005.家庭养花一点通[M].北京:中国社会出版社.

胡长龙.1997.现代庭园与室内绿化[M].上海:上海科学技术出版社.

胡长龙.2005.园林规划设计[M].北京:中国农业出版社.

黄金锜.1994.屋顶花园设计与营造[M].北京:中国林业出版社.

黄智明.1998.珍奇花卉栽培[M].广州:广东科技出版社.

基口淮.1991.宾馆园林综议[J].园林,(2)10 - 11.

贾尼丝·伊顿·基尔比.2004.迷你组合盆栽[M].刘玉杰,译.贵阳:贵州科技出版社.

金煜.2008.园林植物景观设计[M].沈阳:辽宁科学技术出版社.

柯继承,戴云亮.2001.室内绿化艺术[M].北京:中国轻工业出版社.

孔德政,李永华,杨红旗.2007.庭园绿化与室内植物装饰[M].北京:中国水利水电出版社.

来增祥,陆震纬.1992.室内设计原理[M].北京:中国建筑工业出版社.

赖尔聪.2000.昆明世博会插花大赛获奖作品集1[M].合肥:安徽科学技术出版社.

黎佩霞,范燕萍.2002.插花艺术基础[M].2版.北京:中国农业出版社.

黎佩霞.1998.实用插花要领与示例[M].北京:中国农业出版社.

李芳.1999.插花与花艺[M].杭州:浙江大学出版社.

李赓,林魁,林清.2008.药用观赏植物在园林绿化中的应用[J].台湾农业探索,(3)62-64.

李玲.1997.庭园空间的植物造景[J].福建林业科技,24(2)75-77.

林春梅,张羡.2002.时尚家居装修指南[M].福州:福建美术出版社.

林其标,林燕.2000.住宅人居环境设计[M].广州:华南理工大学出版社.

林三和.2004.微型盆景艺术[M].上海:上海科技教育出版社.

刘翠玲,等.1995.室内绿化装饰技巧[M].沈阳:辽宁科技出版社.

刘飞鸣、邬帆.2002.创意插花[M].南京:江苏科学技术出版社.

刘庭风.2001.日本小庭园[M].上海:同济大学出版社.

刘旭富.2005.盆景制作与养护[M].北京:中国劳动社会保障出版社.

刘燕.2009.园林花卉学[M].2版.北京:中国林业出版社.

刘玉楼.1999.室内绿化设计[M].北京:中国建筑工业出版社.

卢圣,候芳梅.2004.植物造景[M].北京:气象出版社.

鲁涤非.1998.花卉学[M].北京:中国农业出版社.

马大勇.2003.中国传统插花艺术情境漫谈[M].北京:中国林业出版社.

马文其.1993.盆景制作与养护[M].北京:金盾出版社.

马文其.2003.观花盆景培育造型与养护[M].北京:中国林业出版社.

梅慧敏.2002.吊篮花卉彩色图说[M].北京:中国农业出版社.

莫宁捷,吕长平,成明亮.2007.浅谈岩生植物及其在园林中的应用[J].林业调查规划,32(6)152-155.

深圳市人民政府城市管理办公室.2002.首届中国国际插花花艺博览会作品精选集[M].北京:中国林业出版社.

沈渝德.2000.室内环境与装饰[M].重庆:西南师范大学出版社.

石平,尹素娟,刘明,等.2003.庭园的植物景观配置原则探析[J].沈阳农业大学学报,34(4)272-275.

苏雪痕.1994.植物造景[M].北京:中国林业出版社.

孙伯筠.2006.花卉鉴赏与花文化[M].北京:中国农业大学出版社.

王立平.2002.时尚插花艺术技法与提高——插花艺术中级[M].北京:中国林业出版社.

王立平.2002.新概念插花艺术设计——插花艺术高级[M].北京:中国林业出版社.

王莲英,秦魁杰.2002.插花名著名品赏析[M].合肥:安徽科学技术出版社.

王莲英.1993.插花艺术问答[M].北京:金盾出版社.

王路昌.2001.时尚花艺[M].上海:上海书店出版社.

王伟,李梅.1995.室内植物养护与布置[M].南京:江苏人民出版社.

王照蓉.2001.实用家庭花卉栽培[M].上海:上海文化出版社.

韦力生.2002.插花要领200答[M].南京:江苏科学技术出版社.

温扬真.1993.室内花卉布置[M].北京:农业出版社.

邬烈炎,袁熙旸.2001.外国艺术设计史[M].沈阳:辽宁美术出版社.

吴涤新.1999.花卉应用与设计[M].修订本.北京:中国农业出版社.

吴方林,何小唐.2001.室内植物与景观制造[M].北京:中国林业出版社.

谢秉曼.1992.建筑环境绿化[M].北京:中国水利电力出版社.

徐惠风,金研铭.2008.室内绿化装饰[M].北京:中国林业出版社.

徐玉安.2005.花卉基础与插花艺术[M].武汉:湖北科学技术出版社.

徐玉红.2006.园林植物观赏性与园林景观设计的关系[J].山东农业大学学报,37(3)465 – 470.

叶徐夫,王晓春.2009.私家庭院景观设计[M].福州:福建科学技术出版社.

臧德奎.2008.园林植物造景[M].北京:中国林业出版社.

张鲁山.2002.人—建筑—环境[M].上海:上海远东出版社.

张文英.2000.住宅环境设计实录[M].昆明:云南科技出版社.

张相平.植物种类在小庭园设计中的应用[J].科技信息.

赵梁军,徐峰,孙阿琦.1996.室内植物装饰[M].北京:中国农业大学出版社.

郑志勇.2009.艺术插花[M].北京:化学工业出版社.

中村次男.2001.门廊庭院绿化装饰实例集[M].陈瑶,廖为明,译.南昌:江西科学技术出版社.

中国花卉协会,中国插花花艺协会.2004.花艺时空——中国首届插花花艺大赛专辑[M].北京:中国林业出版社.

钟玉冰,黎佩霞.1996.香港插花——钟玉冰插花作品集[M].广州:广东科技出版社.

周道瑛.2008.园林种植设计[M].北京:中国林业出版社.

周清,衣彩洁,李保明.2003.可食用观赏植物[M].北京:科学技术文献出版社.

周武忠,陈筱燕,黛安·雷尔夫著.1992.现代家庭园艺[M].上海:三联书店.

朱宣烨.1998.西洋插花设计[M].广州:广东科技出版社.

朱迎迎.2005.花卉装饰技术[M].北京:高等教育出版社.

附录　我国立体花坛造景中常见植物材料一览表

序号	中文名	学　　名	科属名	叶（花）特征	习　性	用　途
1	红绿草	*Altemanthera* cv.	苋科钳菜属	叶色十分丰富，是目前最理想的造景材料。经常使用的有黑草、小叶（深）红草、大叶红草、红莲子草、玫红草、三色粉草、驰红、展叶红草、黄草、小叶绿草、大叶绿草、绿白草、圆叶绿草等十几个品种	抗性强，喜高温，耐旱，耐修剪	优良立面材料
2	蓝石莲	*Echeveria* 'Blue Learve'	景天科莲花掌属	叶蓝灰色，扁平，叶莲座状排列	喜温，耐半阴	优良立面材料
3	特叶玉莲	*Echeveria* 'Topsy Turry'	景天科莲花掌属	叶蓝灰色，叶先端圆钝	喜光，耐半阴	优良立面材料
4	细叶蜡菊	*Helichrysum petiolaris* 'Lcecycle'	菊科蜡菊属	叶细长条形，银灰色株形紧凑	喜光，耐热，怕涝，耐修剪	优良立面材料
5	佛甲草	*Sedum linarea*	景天科景天属	肉质草本，叶披针形，无柄，在阴处呈绿色，充分光照下呈黄色	耐半阴，忌潮湿，不耐修剪	优良立面材料
6	白草	*Sedum lineare* var. *alba-margina*	景天科	叶白绿色	喜光耐寒，耐半阴，耐旱，耐修剪	优良立面材料
7	银边百里香	*Thymus citriodorus* 'Siver Queen'	唇形科百里香属	叶边缘银白色，花丁香紫色，花期6～8月	抗性强，适应性强	优良立面材料
8	细叶针茅	*Miscanthus sinense* 'Gracillimus'	禾本科芒属	叶直立纤细，花期9～10月，花色由粉红转为红色，秋季转为银白色	对气候适应性强	细部点缀
9	波缘半柱花	*Hemigraphium repanda*	萝藦科半柱花属	叶条形、有锯齿、匍地生长，叶终年深紫色；较半柱花颜色淡	高温季节生长迅速，耐修剪	人物造型衣着
10	半柱花	*Hemigraphius colorata*	萝藦科半柱花属	叶条形、有锯齿、匍地生长，叶终年深黄色	高温季节生长迅速，耐修剪	优良立面材料
11	四季海棠	*Begonia semperflorenso*	秋海棠科秋海棠属	花、叶颜色丰富。有绿叶红花、绿叶白花、铜叶红花等品种	喜温暖湿润和半阴环境	图案点缀
12	朝雾草	*Artemisia pedemontana*	菊科蒿属	羽状叶，叶灰白色，叶质柔软顺滑，株形紧凑	高温季节生长缓慢，病虫害较少，不耐水湿，耐修剪	流水效果或动物身体

（续）

序号	中文名	学名	科属名	叶(花)特征	习性	用途
13	彩叶草	*Coleus* cv.	唇形科鞘蕊花属	叶绚丽多彩	喜温暖向阳及通风良好环境	优良立面材料
14	苔草	*Carex oshimensis*	莎草科苔属	草本,常见品种有蓝苔草、金叶苔草等	喜光,耐半阴,对土壤适应性强	细部点缀
15	五彩鱼腥草	*Houttuynia cordata* 'Triclor'	三百草科蕺菜属	叶三色镶嵌,花白色	耐阴,喜湿润	优良立面材料
16	艾伦银香菊	*Santolina virens*	菊科神圣亚麻属	羽状叶纤细翠绿色,株形紧凑	耐旱、耐贫瘠,耐修剪,抗性强	优良立面造型材料
17	银瀑马蹄金	*Dichondra argentea* 'Silver Falls'	旋花科马蹄金属	叶银灰色,圆形,蔓生	耐半阴,对土壤适应性强	适合作流水瀑布
18	花叶南芥	*Arabis* 'Variegata'	十字花科南芥属	叶长条形,呈伞状,边缘金黄色,中心绿色	注意施肥,怕涝,病害少,易虫害	图案细部点缀
19	芙蓉菊	*Crossostephium chinense*	菊科芙蓉菊属	羽状叶,叶灰白色	喜光,忌高温多湿	图案点缀
20	观音莲	*Sempervivum* sp.	景天科长生花属	多浆植物,叶倒卵形光滑,端有蜘蛛网状细毛,排列成小型莲座状	耐干旱	立面细部点缀,不适宜大面积配置
21	血草	*Iresine herbstii*	禾本科白茅属	叶丛生,剑形,常保持深红色	喜光、耐热	图案点缀
22	蜡菊	*Helichrysum lanaturm*	菊科蜡菊属	叶圆形,银灰色	喜光,耐热,怕涝,耐修剪	立面流水造型、人的眼泪等
23	大叶过路黄	*Lysimachia fordiana*	报春花科珍珠菜属	叶金黄色,卵圆形,茎匍匐生长	喜光,怕涝,耐修剪	优良立面材料
24	金边过路黄	*Lysimachia* 'Aurea'	报春花科珍珠菜属	叶金黄色,卵圆形,茎匍匐生长	喜光,怕涝,耐修剪	图案细部点缀,不适合大面积配置
25	金叶景天	*Sedum* 'Aurea'	景天科景天属	枝叶短小紧密,叶圆形,金黄色	喜光,耐半阴,较耐寒,耐旱,忌潮湿,不耐修剪	立面细部点缀,不适宜大面积配置
26	鹃点草	*Hypoestes phyllostachia*	爵床科枪刀药属	叶长圆形至狭卵圆形,叶深绿色,有火红色的脉和斑点,花浅紫色	喜温暖湿润和半阴环境	图案点缀
27	矮麦冬	*Ophiopogon japonicus* 'Nanus'	百合科山麦冬属	常绿草本,叶丛生,线形,稍革质	喜阴湿耐寒	镶边
28	头花蓼	*Polygonum capitatum*	蓼科蓼属	叶绿色有青铜色"V"形斑纹,花小,头状花序粉红色,花期夏秋季	喜光,耐半阴,耐旱	图案点缀

资料来源:林雪苹. 浅谈立体花坛造景中植物的应用. 福建热作科技. 2007(3)

彩图1 干叶风姿

彩图2 刚与柔

彩图4 点线面的结合

彩图3 折线

彩图6 色环图

彩图5 "腾蛟起凤"

彩图7 同色系配色

彩图8　近似色配色

彩图9　对比色配色　彩图11　现代三角形插花　彩图10　三等距色配色

彩图12　力的平衡

彩图13　"林木参天"

彩图14　线构成面

彩图16　疏密渐变的韵律感

彩图15　"晨曦"

彩图17　"雨后莲塘"

彩图18　"雨后"

彩图19　"韵"

彩图20　"至尊"

彩图21 "秋野"

彩图27 "采菊东篱下"

彩图22 "冰雪消融"

彩图23 "嘉陵春色"

彩图24 "浮云秀色"

彩图25 "日出"

彩图26 "春风又绿江南岸"

彩图29　"一帘幽梦"

彩图30　"大约在冬季"

彩图31　"春"

彩图28　"对月佳人"

彩图32　水平型

彩图33　垂直型

彩图34　"感受自然的魅力"

彩图35 "兰香引蝶"

彩图36 组群

彩图37 阶梯和群聚

彩图38 "生命的搏动"

彩图39 铺垫

彩图40 "荷花送爽"

彩图41 捆束

彩图42 构架

彩图43 "已是悬崖百丈冰"

彩图44　"掌上舞"

彩图46　"滢映"

彩图45　"掌上明珠"（微型插花）

彩图47　腰花